Unbestimmt und relativ?

Helmut Fink · Meinard Kuhlmann
(Hrsg.)

Unbestimmt und relativ?

Das Weltbild der modernen Physik

 Springer

Hrsg.
Helmut Fink
Institut für Theoretische Physik I
Universität Erlangen-Nürnberg
Erlangen, Deutschland

Meinard Kuhlmann
Philosophisches Seminar
Universität Mainz
Mainz, Deutschland

ISBN 978-3-662-65643-3   ISBN 978-3-662-65644-0   (eBook)
https://doi.org/10.1007/978-3-662-65644-0

Die Deutsche Nationalbibliothek verzeichnet diese Publikation in der Deutschen Nationalbibliografie; detaillierte bibliografische Daten sind im Internet über http://dnb.d-nb.de abrufbar.

© eicronie, shutterstock

Planung/Lektorat: Caroline Strunz
Springer ist ein Imprint der eingetragenen Gesellschaft Springer-Verlag GmbH, DE und ist ein Teil von Springer Nature.
Die Anschrift der Gesellschaft ist: Heidelberger Platz 3, 14197 Berlin, Germany

Unbestimmt und relativ? Das Weltbild der modernen Physik – Vorwort

Die Beiträge dieses Buches gehen überwiegend auf ein populärwissenschaftliches Symposium zurück, das unter gleichem Titel von 20. bis 22. September 2019 im Aufseß-Saal des Germanischen Nationalmuseums in Nürnberg stattfand. Veranstalter waren die drei Organisationen, deren Logos unten zu sehen sind: die Heisenberg-Gesellschaft e. V., die Arbeitsgemeinschaft Philosophie der Physik der Deutschen Physikalischen Gesellschaft (DPG), sowie das gemeinnützige Institut für populärwissenschaftlichen Diskurs KORTIZES gGmbH. Einige der damaligen Vorträge sind bei Auditorium Netzwerk als Mitschnitt auf DVD erhältlich. Zwei Beiträge in diesem Buch (Bartels und Passon) wurden zusätzlich aufgenommen.

Dieses Buch ist ein Sammelband, kein Lehrbuch. Die Beiträge bauen nicht aufeinander auf, sondern sind unabhängig voneinander lesbar. Kriterien bei der Themenwahl waren Grundlagencharakter, Weltbildrelevanz und Philosophiebezug. Der Anspruch ist eher systematisch als historisch und eher langfristig als tagesaktuell. Zielgruppe sind alle wachen Personen, die sich ernsthaft für die angesprochenen Fragen interessieren. Die Autoren wenden sich an ein breites Publikum. Die verbliebenen Formeln dienen der Einladung, nicht der Abschreckung.

Unser Dank gilt den genannten Organisationen für die Durchführung des Nürnberger Physik-Symposiums sowie Frau Dr. Lisa Edelhäuser, Frau Carola Lerch und Frau Caroline Strunz vom Springer Verlag für die freundliche und kompetente Betreuung. Ein ganz besonderer Dank gebührt den in aller Regel vielbeschäftigten Autoren für ihre Bereitschaft, an diesem Projekt mitzuwirken. Möge das vorliegende Resultat ihrer und unserer Arbeit zum öffentlichen Verständnis der modernen Physik positiv beitragen.

Nürnberg und Mainz   Die Herausgeber
im April 2022

Inhaltsverzeichnis

Einleitung
Wechselwirkungen zwischen Physik und Philosophie

Helmut Fink

1 Unbestimmt und relativ?

Die Physik hat im 20. Jahrhundert zwei große Revolutionen erlebt. Relativitätstheorie und Quantentheorie haben die mathematische Naturbeschreibung und in der Folge das Bild vom Aufbau der Natur gründlich „durchgeschüttelt". Ehemals festgefügte Überzeugungen sind ins Wanken geraten: Der universelle Determinismus der Naturvorgänge, der universell ordnende Zeitablauf sowie die Vorstellung eines „gefäßartigen" Raumes, der als ewige und starre Arena des physikalischen Geschehens der Lichtausbreitung ein Medium und jeder Beschleunigung einen objektiven Status gibt, sind seither verloren. Man hört, in Wahrheit sei alles Naturgeschehen „unbestimmt" und alles Wissen über die Welt „relativ". Das sage die moderne Physik. Sagt sie es wirklich? Sehen wir genauer hin.

Die spezielle Relativitätstheorie bringt die „Konstanz der Lichtgeschwindigkeit" nicht nur zur Geltung, sondern setzt sie voraus und denkt sie zu Ende. Das war eine der großen Leistungen Albert Einsteins. „Konstanz" bedeutet hier, dass sie in jedem beliebigen Bezugssystem stets denselben Wert hat. Nichts daran ist „relativ", im Gegenteil: Die Lichtgeschwindigkeit ist im uns bekannten Universum eine „absolute" Größe.

H. Fink (✉)
Institut für Theoretische Physik I, Universität Erlangen, Erlangen, Deutschland
E-Mail: helmut.fink@physik.uni-erlangen.de

© Der/die Autor(en), exklusiv lizenziert an Springer-Verlag GmbH, DE, ein Teil von Springer Nature 2023
H. Fink und M. Kuhlmann (Hrsg.), *Unbestimmt und relativ?*,
https://doi.org/10.1007/978-3-662-65644-0_1

Dies hat fundamentale Auswirkungen für alle Vorgänge in Raum und Zeit und begründet die „Lichtkegel"-Struktur der relativistischen Raumzeit.

Die spezielle Relativitätstheorie gibt an, wie beliebige physikalische Größen umzurechnen sind, wenn sie in einem raumzeitlichen Bezugssystem beschrieben werden, das bezüglich des ersten gleichförmig bewegt ist. Die Theorie drückt somit aus, wie sich *dieselben* physikalischen Objekte und Phänomene unter *verschiedenen* Geschwindigkeitsperspektiven darstellen. Sie ermöglicht die *eindeutige* Umrechnung zwischen *relativ* zueinander bewegten Bezugssystemen.

Die Menge der Raumzeitpunkte, die zu einem gegebenen Punkt der Raumzeit gleichzeitig sind, hängt in der speziellen Relativitätstheorie vom gewählten Bezugssystem ab (Relativität der Gleichzeitigkeit), ebenso hängen rein räumliche und rein zeitliche Abstände zwischen zwei Raumzeitpunkten davon ab, in welchem Bezugssystem sie gemessen werden (Längenkontraktion bzw. Zeitdilatation). Es gibt jedoch einen raumzeitlichen Abstandsbegriff, der invariant ist, d. h. der gerade *nicht* vom Bezugssystem abhängt (Minkowski-Metrik). Wir sehen: Keineswegs ist „alles relativ".

Die allgemeine Relativitätstheorie bezieht die Gravitation ein und beschreibt ihre Wirkung in geometrischen Begriffen: Die Materie krümmt die Raumzeit in einem mathematisch präzisen Sinn. Auch beschleunigte Bezugssysteme sind nun für die Naturbeschreibung grundsätzlich gleichwertig, d. h. die mathematische Form der Naturgesetze bleibt auch in ihnen unverändert (allgemeines Relativitätsprinzip). Beschrieben werden dabei stets objektive physikalische Prozesse in der Raumzeit.

Die Quantentheorie bietet nicht weniger Missverständnismöglichkeiten als die Relativitätstheorie. Eine ihrer bekanntesten Folgerungen ist die Heisenberg'sche Unbestimmtheitsrelation, oft auch „Unschärferelation" genannt. Sie schätzt das Mindestmaß der Streuung der Messwerte bei Messung komplementärer Größen ab. Das bekannteste solche Größenpaar ist Ort und Impuls: Da nicht beiden zugleich durchgängig Werte zugeordnet werden können, löst sich für Quantenobjekte der klassische raumzeitliche Bahnbegriff auf. Zudem gibt es Unbestimmtheitsrelationen auch für andere Paare von Beobachtungsgrößen: für Winkel und Drehimpuls, für zwei Spinkomponenten, für Zeitspanne und Energie. Quantenzustände sind nicht „universell schwankungsfrei". Flapsig gesagt: Irgendeine Größe streut immer.

Aber was besagt das? Ist die Theorie deswegen unpräzise? Keineswegs, ganz im Gegenteil: Die Quantentheorie erlaubt hochpräzise Berechnungen und ist experimentell mit geradezu unglaublicher Genauigkeit bestätigt. Sie liefert die bestmöglichen Voraussagen für diffizile physikalische Situationen, auf atomaren Skalen und bei stellaren Objekten, in der Hochenergie- und Elementarteilchenphysik, in der Halbleiterphysik und Quantenoptik – um nur einige Anwendungsfelder zu nennen. Typischerweise beinhalten diese Voraussagen jedoch Wahrscheinlichkeitsverteilungen für mögliche Messwerte. Jeder Quantenzustand gestattet nämlich die Bestimmung der Wahrscheinlichkeiten aller am jeweiligen Quantenobjekt erwartbaren Messwerte für alle dort wählbaren Messgrößen. So ist die Theorie gemacht.

Den Zufall wird man in der Quantentheorie nicht los – dies ist jedenfalls die verbreitete Standardauffassung, der wir hier folgen wollen. In der klassischen Physik konnte man sagen: Wenn man genau dasselbe macht, kommt auch genau dasselbe heraus. Das ist in der Quantenphysik nicht mehr so. Hier zeigt sich „echter" Zufall, auch „primärer" oder „ontischer" Zufall genannt. Die Rolle der Wahrscheinlichkeit liegt dann nicht mehr – wie z. B. in der klassischen statistischen Mechanik – in praktischen Erwägungen oder in „subjektiver Unkenntnis" des genauen Geschehens begründet, sondern in „objektiver Unbestimmtheit". Plakativ könnte man sagen: Vor der (Quanten-)Messung weiß die Natur selbst nicht, welcher Messwert herauskommt. Der universelle Determinismus der klassischen Physik ist tot. Die Natur ist (auf der Quantenskala) indeterministisch.

Ähnlich wie bei der Relativität muss man auch hier genauer hinschauen: Trotz Zufall ist nicht etwa „alles unbestimmt". Messungen haben klare und eindeutige Ergebnisse. Die Quantentheorie setzt das voraus, und im Labor sieht man es. Messergebnisse entstehen als Fakten und liegen nach der Messung als Dokumente vor. Die Unbestimmtheit endet mit der Messung. Sie endet – das sei hier betont – am Messapparat, nicht erst „im Bewusstsein des Beobachters", wie eine spektakuläre, aber haltlose Deutungstradition glauben machen will. Quantenphänomene sind daher eingebettet in eine klassisch immer noch ziemlich gut beschreibbare und verstehbare Welt, in der nicht zuletzt Präparationsapparate für Quantenzustände (z. B. Elektronenquellen oder Laser) und Registrierapparate für Quanteneffekte (z. B. Detektoren oder Beobachtungsschirme) beheimatet sind.

Zwar gibt es auch makroskopische Quantenphänomene und die Experimentierkunst macht gerade bei deren Hervorbringung Fortschritte – aber dass die ganze Welt „irgendwie unscharf" oder „fundamental mehrdeutig" sein soll oder dass „alles mit allem zusammenhängt", wird man daraus nicht ableiten können. Schließlich sind die Eigenschaftszuschreibungen für die unterscheidbaren makroskopischen Objekte der klassischen Physik in ihrem bewährten Geltungsbereich nicht plötzlich falsch geworden.

2   Weltbildfragen

Nicht alle Aussagen der letzten beiden Absätze werden von allen Quanten-interpreten in dieser Form geteilt. Tatsächlich gibt es immer noch eine *Deutungsdebatte um die Quantentheorie,* die keineswegs abflaut, sondern in den letzten Jahrzehnten eher noch zugelegt hat. Das ist erstaunlich bei einer physikalischen Theorie, deren mathematische Formulierung seit über 90 Jahren in den Grundzügen vorliegt und deren Anwendung unstrittig höchst erfolgreich und überaus fruchtbar ist.

Eine zentrale Frage in dieser Deutungsdebatte ist von jeher, ob die objektive Unbestimmtheit quantenmechanischer Eigenschaften, die erst durch „Messung" der entsprechenden Größe zu Ende geht, wirklich das letzte Wort ist. Kann man die Quantentheorie vielleicht durch „verborgene Variablen" so ergänzen, dass die allgegenwärtigen Wahrscheinlichkeiten doch nur Ausdruck mangelnder Kenntnis wohldefinierter Werte dieser Variablen sind – ähnlich wie bei Wahrscheinlichkeiten in der klassischen Physik? Dann wäre die Quantentheorie nur eine summarische, letztlich unvollständige Beschreibung der Natur.

Höchst fraglich ist auch der Mechanismus, der zur Entstehung von Fakten am Messgerät führt. Sind die Werte gemessener Größen dem Quantenobjekt nur näherungsweise zuschreibbar oder liegen sie (nach der Messung!) mit derselben Sicherheit vor, die man in der klassischen Physik voraussetzen würde? Was zeichnet „Messwechselwirkungen" mit Quanten-objekten innerhalb der Vielzahl physikalischer Wechselwirkungen aus? Welche Materieansammlung, die ja selbst aus Quantenobjekten zusammen-gesetzt ist, taugt als Messgerät? Generell ist gar nicht so klar, wie man sich den Übergang vom Geltungsbereich der Quantentheorie zur „klassischen Welt", die uns umgibt, vorstellen soll.

All diese Fragen haben zu sehr unterschiedlichen Auffassungen darüber geführt, was die Quantentheorie über die Struktur der physikalischen Reali-tät aussagt. Es geht dabei – daran sei noch einmal erinnert – nicht um irgendwelche technischen Nutzanwendungen, mit denen schlaue Leute Geld verdienen, sondern um fundamentale Erkenntnisse über den Aufbau der Natur. Woran kann man sich orientieren, wenn auf dieser Ebene ein Meinungsstreit tobt?

Ein verlässlicher Ausgangspunkt ist der mathematische Formalismus der Quantentheorie, denn er ist präzise, umfassend und unstrittig. Auch seine Anwendung in konkreten physikalischen Situationen im Sinne einer Minimalinterpretation (Vergleich der berechneten Wahrscheinlichkeiten mit den relativen Häufigkeiten experimentell erzeugter Messwerte) unterliegt keinem Zweifel. Erst bei weitergehenden Folgerungen beginnt der Streit. Gleichwohl liefert die Mathematik strenge Vorgaben, die bei Deutungsaussagen berücksichtigt werden müssen. So gibt es aussagekräftige Theoreme zur Nichtexistenz von verborgenen Variablen, sofern diese mit der Relativitätstheorie verträglich sein sollen (d. h. keiner Beeinflussung mit Überlichtgeschwindigkeit unterliegen).

Dieses Herangehen an Weltbildfragen lässt sich wie folgt verallgemeinern: Man nehme die am besten bestätigten Theorien der Physik und frage danach, welche Vorstellungen von den beschriebenen Gegenständen und ihren Eigenschaften die jeweilige Theorie erlaubt, wenn sie als exakt wahr angenommen wird. Dies ist ein idealisierter Standpunkt, der die Aussagen der Theorie zu Ende denkt. Die Elemente des mathematischen Formalismus der Theorie werden dabei gedanklich auf (mögliche) Elemente der physikalischen Realität bezogen. Auf diese Weise wird konkretisiert, was mit „Interpretation einer physikalischen Theorie" gemeint ist.

Da sowohl die Relativitätstheorie als auch die Quantentheorie mathematisch anspruchsvoll formuliert sind (die erste setzt Differentialgeometrie voraus, die zweite Funktionalanalysis), erleichtert ein solcher Zugang nicht gerade die populärwissenschaftliche Vermittlung. Wer etwa die Vektorraumstruktur des quantenmechanischen Zustandsraums (Hilbertraums) nicht kennt, wird sich kaum ein eigenes, begründetes Urteil über verschiedene Interpretationsansätze bilden können. Dennoch sollte hier nicht verheimlicht werden, dass der Interpretationsbegriff in der theoretischen Physik unter härteren Randbedingungen steht als in der Lyrik, der Musik oder der bildenden Kunst.

Das Ringen um die Feinheiten des physikalischen Weltbildes ist seit der frühen Neuzeit voraussetzungsreicher geworden: Zwischen Galileis Entdeckung der Jupitermonde und dem Nachweis von Gravitationswellen ist die Bedeutung von Zufallsfunden gesunken und die technologische Komplexität der Beobachtungsmittel gestiegen. Vor allem aber ist die Rolle des theoretischen Vorwissens immer offensichtlicher geworden: Ohne Einsteins Relativitätstheorie hätte man z. B. niemals nach Gravitationswellen gesucht. Notgedrungen bleibt das Weltbild der Physik dort vorläufig und lückenhaft, wo es noch gar keine empirisch bestätigte Theorie gibt (etwa bei der Quantengravitation als erstrebter Vereinheitlichung von Quantentheorie und allgemeiner Relativitätstheorie). Aber auch in Bereichen, in denen die Physik weit genug entwickelt ist, um verlässliche Antworten zu liefern, ist bei Weltbildfragen neben der Expertise der Physiker die Einbeziehung naturwissenschaftsnaher Philosophen anzuraten.

3   Philosophie der Physik

Philosophen sind Spezialisten für Begriffe, Argumente und Methoden – und dies in den unterschiedlichsten Bereichen. Dass diese Kompetenz bei Deutungs- und Weltbildfragen nutzbringend eingesetzt werden kann, leuchtet sofort ein. Zugleich ist selbstverständlich Vertrautheit mit der von der jeweiligen Fragestellung berührten Fachwissenschaft nötig: Wer das Erklärungsschema der Evolutionsbiologie methodisch einordnen und erläutern will, sollte biologische Kenntnisse haben. Wer die Auswirkungen der Hirnforschung auf das Menschenbild untersuchen oder kritisieren will, sollte die neurowissenschaftlichen Forschungsergebnisse kennen. Und wer als Philosoph die Aussagekraft physikalischer Theorien beurteilen will, sollte mit der Physik ernsthaft in Berührung gekommen sein. Diese Anforderungen sind heute in der akademischen Philosophie zumeist gut erfüllt. Die Zeiten des autonomen Spekulierens fernab der Naturwissenschaften sind vorbei.

Die großen Fragen nach der Rolle des Menschen im Kosmos, nach dem Verhältnis von Natur und Kultur oder von Körper und Geist werden dann oftmals heruntergebrochen auf kleinteilige Fragestellungen und Kritikpunkte, die für Außenstehende unspektakulär, vielleicht sogar uninteressant erscheinen. Naturphilosophie wird auf Naturwissenschaft bezogen. Der große Vorteil dieses wissenschaftsbasierten Vorgehens liegt aber in der größeren Verbindlichkeit und Verlässlichkeit der gewonnenen Erkenntnisse, auch wenn die Fortschritte dabei nur langsam und mühsam zustande kommen. Der Austausch zwischen Fachwissenschaftlern und Philosophen kann dabei jedenfalls – gegenseitige Aufgeschlossenheit vorausgesetzt – sehr fruchtbar sein.

Der Teil der Philosophie, der sich mit dem „Funktionieren" des wissenschaftlichen Erkenntnisgewinns befasst, heißt *Wissenschaftsphilosophie* (engl. *philosophy of science*). Wissenschaftsphilosophen versuchen zu ergründen, worin die Verlässlichkeit wissenschaftlicher Erkenntnis besteht, worauf sie beruht und wie weit sie reicht. Sie untersuchen, wie sich Theorie, Beobachtung und Experiment zueinander verhalten, welche Rolle Idealisierungen und Modellbildungen spielen, was Beschreibungen von Erklärungen unterscheidet oder welches Verständnis von Kausalität angemessen ist. Dabei geraten sowohl die Gemeinsamkeiten als auch die Unterschiede verschiedener Wissenschaften in den Blick. Mit spezifischen Fragen zu einzelnen Wissens- bzw. Wissenschaftsbereichen befassen sich dann die jeweiligen Bereichsphilosophien, so etwa die Philosophie der Biologie, die Philosophie der Psychologie – oder eben die *Philosophie der Physik*.

Generell sind drei Arten der Wissenschaftsreflexion zu unterscheiden, zwischen denen enge Bezüge bestehen: Die oben genannte Wissenschaftsphilosophie oder (allgemeine) *Wissenschaftstheorie* fragt vorrangig nach den Geltungsbedingungen wissenschaftlicher Aussagen und untersucht systematische Aspekte wissenschaftlicher Erkenntnis (z. B. Hypothesenbildung und Falsifizierbarkeit, wie einst von Karl Popper betont). Die *Wissenschaftsgeschichte* fragt dagegen nach den konkreten Entstehungsbedingungen wissenschaftlicher Aussagen und untersucht historische Zusammenhänge beim Erkenntnisgewinn. Hierzu dienen insbesondere Fallstudien zu bedeutsamen Entdeckungen oder zur Entwicklung bestimmter theoretischer Konzepte. Die Wissenschaftsgeschichte liefert Prüfsteine und Beispiele (oder Gegenbeispiele) für wissenschaftstheoretische Thesen und Programme. Und schließlich fragt als drittes die *Wissenschaftssoziologie* nach dem tatsächlichen Verhalten von Wissenschaftlern und dessen gesellschaftlichen und organisatorischen Voraussetzungen.

Für die Weltbildfragen, die von Relativitätstheorie und Quantentheorie aufgeworfen werden, sind weniger die historischen oder soziologischen Aspekte von Interesse, sondern eher systematische Betrachtungen, insbesondere zum Theorieverständnis. Von jeher sind in der Philosophie der Physik außerdem die Debatte um ein angemessenes physikalisches Realitätsverständnis angesichts der relativistischen Raumzeit und die verästelte Interpretationsdebatte um die Quantentheorie zuhause. Somit lassen sich innerhalb der Philosophie der Physik zwei Typen von Fragestellungen unterscheiden: einerseits die wissenschaftstheoretischen und andererseits die naturphilosophischen – je nachdem, ob in erster Linie nach der Arbeitsweise der Physik oder nach dem Aufbau der Natur gefragt wird. Beides wird jedoch bei der Interpretation von Theorien auch wieder aufeinander bezogen.

Die Philosophie der Physik steht zur Physik in einem Meta-Verhältnis und manche ihrer Aussagen wären früher vielleicht in den Bereich der „Metaphysik" gefallen. In Zeiten einer sinnvollen Arbeitsteilung zwischen Physikern und Philosophen auf der Grundlage eines weithin gesicherten (wenngleich nie völlig sicheren) physikalischen Wissens über die Natur ist es aber wohl treffender, hier von „wissenschaftsbasierter Naturphilosophie" zu sprechen. Sie umfasst interpretationsbewusste Aussagen über das „Mobiliar der Welt" und deren inhaltliche Synthese zu einem „Weltbild der Physik".

Die Rolle der Philosophie sei zuletzt noch gegen mögliche Missverständnisse in Schutz genommen: Zwar ist die Wissenschaftsphilosophie gegenüber der modernen Physik alles andere als sprachlos, aber das heißt keineswegs, dass die analytische Kritikfähigkeit und Methodenkompetenz der Wissenschaftsphilosophie normative Vorgaben gegenüber der Physik begründen würden, etwa in Gestalt von Ratschlägen, „wie am besten zu forschen ist". Diese werden nicht gegeben und wären nicht willkommen. Andererseits beschränkt sich die Rolle der Philosophen auch nicht darauf, lediglich die Ergebnisse der Physik zusammenzufassen und zu popularisieren. Vielmehr liegt die Schnittstelle von Physik und Philosophie in einer Zone gemeinsamen Interesses mit Fragen und Antworten von beiden Seiten. So ist es auch in diesem Buch.

4   Der Reigen der Beiträge

Der Naturwissenschaftsphilosoph *Manfred Stöckler* gibt in seinem einführenden Beitrag einen Überblick zur Weltbildrelevanz der Quantentheorie. In diesem Rahmen werden quantentheoretische Grundbegriffe wie etwa Zustandsvektor, Superpositionszustand, Verschränktheit, aber auch Unbestimmtheitsrelation und Messprozess erläutert. Wir begegnen dabei Schrödingers Katze und dem berühmten Einstein-Podolsky-Rosen-(EPR-)Paradoxon, das bestimmte Eigenschaftszuschreibungen für quantenmechanische Teilsysteme in einem (gemeinsamen) verschränkten Zustand in Frage stellt. Frühere Weltbilderwartungen in Bezug auf Willensfreiheit, Beobachterbewusstsein, Realismus und Lokalität der fundamentalen Naturbeschreibung werden zu Beginn vorgestellt und am Ende vor dem Hintergrund des heutigen Theorieverständnisses bewertet. Dabei zeigt sich, dass manche ursprünglichen Erwartungen naiv waren und etliche Fragen bis heute umstritten sind. Als besonderes Problem erweist sich die schlüssige Einbettung von Quantenobjekten in Raum und Zeit.

Danach widmet sich der Wissenschaftsphilosoph *Andreas Bartels* der anderen großen Rahmentheorie der modernen Physik, der Relativitätstheorie. Auch hier gibt es Deutungsfragen, die bis heute Diskussionsgegenstand sind und grundlegende Aspekte des Naturverständnisses betreffen. Ganz ohne Formeln nimmt der Beitrag auf die physikalischen Prinzipien Bezug, die der Theoriestruktur zugrunde liegen. Diese sind das Relativitätsprinzip für die Wahl des Bezugsystems, die Konstanz der Lichtgeschwindigkeit und das Äquivalenzprinzip für Beschleunigung und Gravitation, wobei bei Letzterem eine schwache, eine Einstein'sche und eine starke Version zu unterscheiden sind. Die spannende Frage ist nun, ob die weitverbreitete geometrische Auffassung der Raumzeit, die große Erklärungskraft für

Gravitationseffekte hat, auch nicht-gravitative Wechselwirkungen umfasst und damit das starke Äquivalenzprinzip impliziert oder nicht. Als Alternative zum rein geometrischen wird ein dynamischer Zugang diskutiert.

Auf diese beiden Grundlagenbeiträge zu Quantentheorie und Relativitätstheorie folgen Vertiefungen, die zwar speziellere Aspekte ansprechen, aber für ein Gesamtverständnis der Theorien und ihrer Aussagekraft gleichwohl wesentlich sind. Den Anfang macht hier der Wissenschaftsphilosoph *Meinard Kuhlmann*. Er geht vom Messproblem der Quantenmechanik aus, das er inhaltlich und mit Bezug auf den quantentheoretischen Formalismus erläutert. Dieses Problem ist Dreh- und Angelpunkt vieler Kontroversen um das Verständnis der Quantenmechanik. Es besteht darin, dass die als vollständige Theorie angesehene Quantenmechanik mit der Schrödinger-Gleichung als einziger Form der Zeitentwicklung von Zuständen keine Beschreibung für das Zustandekommen eindeutiger Messergebnisse liefert. Als Reaktion darauf werden drei Vorschläge für Erweiterungen bzw. Deutungen der Theorie vorgestellt, die in der gegenwärtigen Literatur als aussichtsreich gelten: die stochastische (Zusatz-)Dynamik von Ghirardi, Rimini und Weber (GRW), die Unterfütterung durch nichtlokale verborgene Variablen in der Bohmschen Mechanik (bzw. De-Broglie-Bohm-Theorie) und die Everett- oder Viele-Welten-Interpretation. Der Beitrag verweist zum Schluss auf die philosophischen Bewertungskriterien für solche Theorieansätze und nimmt eine vergleichende Bewertung der drei Vorschläge beispielhaft vor.

Der anschließende Beitrag des Mathematischen Physikers und Quanteninformatikers *Reinhard Werner* setzt sich ausführlich mit den Vorstellungen und Sprechweisen auseinander, die der Quantentheorie angemessen sind und die in der Laborsprache der Physiker tatsächlich verwendet werden. Beides ist nicht deckungsgleich, was aber unter Fachleuten nur selten zu echten Problemen führt. Eine Schlüsselrolle spielt die Frage, inwieweit klassische Eigenschaften zur Beschreibung von Quantensystemen herangezogen werden können. Dies ist bei der Experimentbeschreibung für die Präparier- und Messapparate nützlich und wird hier letztlich pragmatisch gerechtfertigt. An die untersuchten Quantenobjekte klassische Vorstellungen heranzutragen, kann jedoch schnell zu Fehlschlüssen führen. Die Erfahrungen des Autors stützen sich auf die mathematische Struktur der Theorie. So zeigt etwa die Verletzung Bell'scher Ungleichungen die Nichtexistenz lokaler verborgener Variablen, während die stets mögliche statistische Beschreibung von Teilsystemen die Beibehaltung von Lokalitätsannahmen in der Quantentheorie ermöglicht. Zu den kritisch kommentierten Themen gehören ferner das Doppelspalt-Experiment, die sog. wechselwirkungsfreie Messung, die Bohm'sche Mechanik, Kollapstheorien und die Wellenfunktion des Universums.

Der Beitrag des Theoretischen Physikers *Gert-Ludwig Ingold* führt zu Eigenheiten der Quantenphysik zurück, die gar nicht umstritten, aber dafür sehr lehrreich sind. Elementarteilchen derselben Sorte, etwa Elektronen, sind ununterscheidbar. Anhand des Verhaltens solcher „Teilchen" (gemeint sind Quantenobjekte) am halbdurchlässigen Spiegel wird didaktisch aufbereitet, wie sich Bosonen von Fermionen unterscheiden. Der Vorzeichenwechsel der Zweiteilchen-Wellenfunktion bei (formalem) Vertauschen zweier Fermionen begründet, dass sich nie zwei Fermionen in demselben Quantenzustand befinden können – ganz anders als bei Bosonen. Nach Hinweis auf den stets halbzahligen Spin der Fermionen und den stets ganzzahligen Spin der Bosonen werden Grundzüge der Quantenstatistik durch die verschiedenen Möglichkeiten erläutert, wie Energieniveaus besetzt werden können. In der Anwendung auf das Periodensystem der Elemente durch sukzessive Besetzung von Energiezuständen im Atom durch Elektronen zeigt sich die Erklärungskraft der eingeführten Konzepte.

Der Beitrag des Physikdidaktikers *Oliver Passon* ist dem Photonenkonzept gewidmet. Im Gegensatz zur üblichen Einführung des Photons im Schulunterricht durch Planck'sche Energieportionen, Einsteins Lichtquantenhypothese, Photoeffekt und Comptoneffekt wird hier betont, dass Photonen erst im Rahmen der Quantenelektrodynamik auftreten, die relativistisch formuliert ist und zur Beschreibung der genannten Effekte gar nicht benötigt wird. Anders als Elektronen sind Photonen nicht lokalisierbar. Sie können nicht im selben Sinn wie Elektronen durch eine (Einteilchen-)Wellenfunktion beschrieben werden. Daher sind beliebte Analogien zwischen Elektron und Photon im Rahmen des Welle-Teilchen-Dualismus oder beim Doppelspalt-Experiment häufig überzogen. Hinzu kommt, dass die Photonenanzahl in den meisten Zuständen des Lichtfeldes gar keinen scharfen Wert hat, sondern einer quantenmechanischen Überlagerung unterworfen ist. Nach erhellenden physikgeschichtlichen Richtigstellungen und dem eindringlichen Hinweis auf die mangelnden Teilcheneigenschaften des Photons mündet der Beitrag in didaktische Empfehlungen, speziell zum quantenelektrodynamischen Effekt der spontanen Emission.

Die folgenden Beiträge nehmen „das große Ganze" in den Blick, ohne ausschließlich auf Quantentheorie oder Relativitätstheorie fokussiert zu sein. Der Wissenschaftsphilosoph *Klaus Mainzer* gibt einen Überblick zum grundlegenden Konzept der Symmetrie in der Naturbeschreibung. Von den platonischen Körpern in der antiken Naturphilosophie über die Epizykel- und Deferententechnik in der mittelalterlichen Astronomie bis zu den

Transformationen zwischen Bezugssystemen in der Relativitätstheorie und der (Eich-)Freiheit in der quantentheoretischen Beschreibung der elektromagnetischen, schwachen und starken Wechselwirkung zeigen sich erkenntnisleitende Symmetrieprinzipien. Nach Erläuterung der mathematischen Begriffe Äquivalenzrelation und Transformationsgruppe wird im Beitrag auf die formale Vereinheitlichung der fundamentalen Wechselwirkungen und ihre Relevanz für die Elementarteilchenphysik und Kosmologie eingegangen. Neben den Symmetriegruppen spielen auch Symmetriebrechungen eine entscheidende Rolle, denn ohne sie ließe sich die Vielfalt der Erscheinungen nicht erklären. Das Wechselspiel von Symmetrie und Symmetriebrechung gestattet es dem menschlichen Geist auf einer sehr abstrakten Ebene, dem Aufbau der Natur durch mathematisch formulierte Theorien auf die Schliche zu kommen.

Der Theoretische Physiker *Robert Harlander* behandelt in seinem Beitrag das Standardmodell der Elementarteilchen. Es wurde schrittweise entwickelt mit dem Ziel, alle fundamentalen Wechselwirkungen konsistent zu beschreiben – wobei die Gravitation bisher nicht einbezogen werden konnte. Als nützliches Werkzeug wird das Konzept der Feynman-Diagramme vorgestellt, die keine realen physikalischen Prozesse zeigen, sondern Summanden in der Wahrscheinlichkeitsamplitude zwischen Anfangs- und Endzustand eines Streuprozesses illustrieren. Das Higgs-Boson, die Verletzung der Spiegelsymmetrie und die CKM-Matrix kommen zur Sprache. Die Leitfrage ist dabei, wie sich die unerwarteten Eigenschaften des Standardmodells verstehen lassen und ob es trotz seiner hervorragenden Bewährung als unfertig betrachtet werden muss. Angesichts seiner 19 freien Parameter und seiner Nichtberücksichtigung der Gravitation ist das Bestreben verständlich, eine große vereinheitlichte Theorie zu finden, die über das Standardmodell hinausgeht. Die Forschung hierzu muss und wird weitergehen.

Der nachfolgende Beitrag des Theoretischen Physikers *Claus Kiefer* zeichnet die Erfolge und Probleme nach, die auf dem bisherigen Weg zu einer vollständigen und vereinheitlichten Theorie aller Wechselwirkungen zu beobachten waren. Dabei wird die Rolle von Anfangs- und Randbedingungen in der mathematischen Naturbeschreibung erläutert und auf programmatische Äußerungen Stephen Hawkings Bezug genommen. Das Standardmodell der Teilchenphysik mit seinen Eichsymmetrien wäre mit der Allgemeinen Relativitätstheorie zu vereinheitlichen, die u. a. Gravitationswellen und Schwarze Löcher beschreibt und die Grundlage der modernen Kosmologie bildet. Die Stringtheorie als prominenter Kandidat für eine Theorie der Quantengravitation leidet jedoch bis heute unter ihrer mangelnden Anbindung an die Empirie.

Der Wissenschaftsphilosoph *Paul Hoyningen-Huene* verfolgt die Frage nach den Erkenntnisgrenzen der Physik in anderer Hinsicht: Nicht inner-physikalische Begrenzungen des Beobachtbaren oder Beschreibbaren sind sein Thema, sondern die grundsätzliche erkenntnistheoretische Frage, ob sich die Physik der Wahrheit über die Natur annähert. Hierbei kann ideal-typisch unterschieden werden zwischen einer realistischen Position (die mit „Ja" antwortet) und einer instrumentalistischen Position (die die Frage für sinnlos erklärt oder verneint). Im Beitrag werden Argumente für die beiden Positionen einander gegenübergestellt: In der Physikgeschichte finden sich Züge der Theorienkonvergenz, aber auch Brüche in den Vorstellungen über die Natur. Erfolgreiche Vorhersagen physikalischer Theorien erscheinen nur dann nicht als Wunder, wenn ihr Gegenstand real ist – andererseits haben sich immer wieder Irrtümer ergeben und Theorien sind durch empirische Daten nie eindeutig festgelegt. Daher bleibt umstritten, wie der Fortschritt der Physik zu verstehen ist.

Der letzte Buchbeitrag ist dem spektakulären Konzept des Multiversums gewidmet. Der Wissenschaftsjournalist *Rüdiger Vaas* nimmt die viel-fältigen physikalischen Kontexte in den Blick, in denen in der Literatur Multiversum-Hypothesen vorgeschlagen wurden. Diese reichen von den Singularitäten in der Allgemeinen Relativitätstheorie über die Richtung der Zeit bis zur „Feinabstimmung" von Naturkonstanten, die in unserem Universum erst Leben ermöglichen. Multiversum-Szenarien könnten eine Erklärung finden im Vielwelten-Zugang zum Messproblem der Quantenmechanik oder im Rahmen der kosmischen Inflation oder in der mathematischen Vielgestaltigkeit der Stringtheorie. Der Beitrag verheim-licht nicht, dass alle diese Szenarien höchst spekulativ sind. Neben begriff-lichen Abweichungen und charakteristischen Merkmalen der verschiedenen Multiversum-Vorschläge wird auf die wissenschaftstheoretischen Kriterien eingegangen, die zur Beurteilung solcher Vorschläge nötig sind und bereit-stehen.

Der Gang durch die Beiträge macht deutlich, dass das Weltbild der Physik auf der Grundlage unserer empirisch am besten bestätigten Theorien einerseits rational verhandelt werden kann und andererseits trotzdem keineswegs unstrittig ist. Der Präzision des mathematischen Formalis-mus steht eine gewisse Argumentationsfreiheit bei Deutungsfragen gegen-über. Im vorliegenden Buch wird dies etwa beim Vergleich spürbar, wie sich Kuhlmann, Werner und Vaas jeweils zur Vielwelten-Interpretation der Quantenmechanik äußern oder wie Bartels, Kuhlmann und Werner auf den jeweils zitierten Maudlin Bezug nehmen. Doch nicht nur im Bereich der Deutung, auch im Theoriengefüge der Physik selbst sind fundamentale und spannende Fragen offen – etwa zur Vereinheitlichung, zur Dunklen Materie oder zur Dunklen Energie. Die Arbeit am Weltbild der Physik kann daher nicht abgeschlossen sein. Möge sie weiterhin profitieren vom engen Kontakt zwischen Natur- und Geisteswissenschaft, von fruchtbaren Wechselwirkungen zwischen Physik und Philosophie.

Weiterführende Literatur

Die folgenden Literaturtipps nennen knappe populärwissenschaftliche Einführungen zu den physikalischen Grundlagen der in diesem Buch behandelten Themen, die trotz ihres Alters weiterhin empfehlenswert bleiben:

Audretsch, Jürgen: Die sonderbare Welt der Quanten. Eine Einführung. Beck'sche Reihe, C.H. Beck, München (2008).
Giulini, Domenico: Spezielle Relativitätstheorie. Reihe Fischer Kompakt, S. Fischer, Frankfurt a. M., 2. Aufl. (2006), unv. Nachdruck (2014).
Ingold, Gert-Ludwig: Quantentheorie. Beck'sche Reihe, C.H. Beck, München, 5. Aufl. (2015).
Kiefer, Claus: Gravitation. Reihe Fischer Kompakt, S. Fischer, Frankfurt a. M. (2003).
Scarani, Valerio: Physik in Quanten. Eine kurze Begegnung mit Wellen, Teilchen und den realen physikalischen Zuständen. Spektrum Akademischer Verlag, Heidelberg (2007).
Zeilinger, Anton: Einsteins Schleier. Die neue Welt der Quantenphysik. C.H. Beck, München 2003. Als Taschenbuch: Goldmann, München (2005).

Zu grundlegenden Themen der Philosophie der Physik sei auf die folgenden Buchveröffentlichungen hingewiesen:

Esfeld, Michael (Hrsg.): Philosophie der Physik. Reihe stw, Surkamp, Berlin (2012).
Friebe, Cord, Kuhlmann, Meinard, Lyre, Holger, Näger, Paul, Passon, Oliver und Stöckler, Manfred: Philosophie der Quantenphysik. Einführung und Diskussion der zentralen Begriffe und Problemstellungen der Quantentheorie für Physiker und Philosophen. Springer Spektrum, Berlin/Heidelberg (2014), 2. Aufl. mit neuem Untertitel: Zentrale Begriffe, Probleme, Positionen (2018).
Mittelstaedt, Peter: Philosophische Probleme der modernen Physik. Bibliographisches Institut, Mannheim (1961), 7. Aufl. (1989).
Sieroka, Norman: Philosophie der Physik. Eine Einführung. Beck'sche Reihe, C.H. Beck, München (2014).

Schließlich seien noch zwei einschlägige Veröffentlichungen der Herausgeber dieses Buches genannt:

Fink, Helmut: Die Quantenwelt – unbestimmt und nichtlokal? Physik in unserer Zeit **35**(4), 168–173 (2004).

Kuhlmann, Meinard: Was ist real? Spektrum der Wissenschaft, Juli 2014, 46–53 (2014).

Revolution mit Hindernissen

Der steinige Weg von der neuen Physik zu einem neuen Weltbild

Manfred Stöckler

1 Einleitung

Man hat oft von der Revolution im Weltbild der Physik gesprochen, die durch die Relativitätstheorie und die Quantentheorie ausgelöst worden ist. Bücher über das Naturbild der heutigen Physik beschränken sich meist nicht auf die Darstellung von Grundstrukturen und Ergebnissen der Physik in einer Sprache, die einem größeren Kreis von Leserinnen und Lesern zugänglich ist, sondern thematisieren auch die Folgen, die die neuen physikalischen Theorien für allgemeinere Fragen haben. Zeigt die Quantentheorie z. B., dass der Determinismus der klassischen Physik aufgegeben werden muss? Können Teilchenbahnen und zeitlich sich verändernde Felder weiter als grundlegende Werkzeuge zur Beschreibung von Bewegungen verwendet werden? Müssen wir uns vielleicht sogar von der Vorstellung der objektiven Realität der Elementarteilchen verabschieden? Zweifellos sind Relativitätstheorie und Quantentheorie relevant für die Naturphilosophie und wichtig, wenn man nach einer kohärenten Gesamtsicht der Natur strebt. Aber sind die Änderungen in den metaphysischen, erkenntnistheoretischen und methodischen Annahmen, die in die naturwissenschaftliche Forschung eingehen, wirklich so einfach aus den Theorien der Physik ablesbar?

M. Stöckler (✉)
Institut für Philosophie, Universität Bremen, Bremen, Deutschland
E-Mail: stoeckl@uni-bremen.de

© Der/die Autor(en), exklusiv lizenziert an Springer-Verlag GmbH, DE, ein Teil von
Springer Nature 2023
H. Fink und M. Kuhlmann (Hrsg.), *Unbestimmt und relativ?*,
https://doi.org/10.1007/978-3-662-65644-0_2

Diese Frage wollen wir im Auge behalten, wenn wir im Folgenden untersuchen, welche Weltbildfragen angesichts der neuen Physik gestellt wurden, und dann einige Grundzüge der quantenmechanischen Beschreibung der Welt darstellen: Unbestimmtheit, klassische und quantenmechanische Eigenschaftskonzeptionen, Messprozess, EPR-Paradoxon. Danach geht es um die speziellen Interpretationsprobleme der Quantentheorie. Zum Abschluss soll sortiert werden, welche Veränderungen im Weltbild die Quantentheorie tatsächlich mit sich gebracht hat und welche Schlussfolgerungen voreilig waren.

Die Quantentheorie hat sehr früh zu weitgehenden Spekulationen über ihre weltanschaulichen Folgerungen geführt. Im Zentrum standen zunächst die Willensfreiheit, die angeblich erst durch die Quantentheorie ermöglicht werde, und die neue Bedeutung des Bewusstseins in der Natur, die durch die Rolle des Beobachters im Messprozess impliziert schien. Die frühe Geschichte der Quantentheorie zeigt, dass Nüchternheit geboten ist, wenn man Erkenntnisse der Physik auf andere Gebiete ausweiten will. Wir werden sehen, dass die Ableitung weltbildrelevanter Konsequenzen aus der Physik zusätzliche philosophische Annahmen erfordert. Der Blick zurück zeigt die Notwendigkeit und die Schwierigkeiten dieses Verständigungsprozesses zwischen Alltagsvorstellungen, Ergebnissen physikalischer Forschung und philosophischen Konzeptionen.

2   Frühe Diskussionen um die Weltbildrelevanz

Relativitätstheorie und Quantentheorie gelten als schwer verständlich. Das kann vielerlei bedeuten, z. B. dass den meisten Menschen die Mathematik, in deren Sprache sie formuliert sind, nicht vertraut ist. Manchmal ist damit auch gemeint, dass diese Theorien eine Reihe von Eigenschaften haben, die ganz anders sind als das, was man aus der klassischen Physik gewohnt war, und die in diesem Sinn nicht in das klassische Weltbild der Physik passen. Verstehen hat hier auch etwas mit einer Kohärenz von Theoriestrukturen und allgemeinen Annahmen über die Natur zu tun. Die Quantentheorie wirft dabei noch größere Schwierigkeiten auf als die Relativitätstheorie, was Richard P. Feynman pointiert formuliert hat: „Früher einmal konnte man in den Zeitungen lesen, es gebe nur zwölf Menschen, die die Relativitätstheorie verstünden. Das glaube ich nicht. Wohl mag eine Zeitlang nur ein Mensch sie verstanden haben, weil er als einziger überhaupt auf den

Gedanken verfallen war. Nachdem er aber seine Theorie zu Papier gebracht und veröffentlicht hatte, waren es gewiss mehr als zwölf. Andererseits kann ich mit Sicherheit behaupten, dass niemand die Quantenmechanik versteht" (Feynman 1993, S. 159–160). Das darf man aber nicht so verstehen, dass die Quantentheorie als Instrument betrachtet irgendwie problematisch oder schlecht wäre. Ein Musterbeispiel ist die quantentheoretische Berechnung des anomalen magnetischen Moments des Elektrons, angegeben als Abweichung von der Vorhersage der Dirac-Gleichung. Diese Größe kann man sehr genau messen. Der so bestimmte experimentelle Wert ist (in Klammern die Unsicherheit des Wertes)

$$1159652188,4(4,3) \times 10^{-12}.$$

Die quantenfeldtheoretische Rechnung (wie sie ab den 50er Jahren möglich war), ergibt

$$1159652205,4(28) \times 10^{-12}.$$

Eine Übereinstimmung auf so vielen Stellen gibt es auch in der klassischen Physik nur selten.

Wenn es um die weltanschauliche Relevanz der Quantentheorie geht, muss man also zwischen der Effektivität in der praktischen Anwendung der Theorie und den Grundlagenproblemen unterscheiden. Weiter muss man unterscheiden zwischen i) den Diskussionen in der Anfangszeit der Entwicklung, in der es häufig um Probleme der Anschaulichkeit bei einzelnen Effekten (Beispiel: Welle-Teilchen-Dualismus) und vorläufigen, z. T. inkonsistenten Theorieansätzen ging (Beispiel: Bohr'sches Atom-Modell), ii) der systematischen mathematischen Analyse der ausgereiften Theorie, wie sie zu Anfang der 30er Jahre vorlag, und iii) der Bearbeitung der Grundlagenprobleme in der Philosophie der Physik ab den 70er Jahren, die sich sowohl auf eine genaue Kenntnis der Physik als auch auf das hoch entwickelte Instrumentarium der Wissenschaftsphilosophie stützt.

Die Entwicklung zur Quantentheorie wurde durch Probleme angestoßen, die die klassische Physik mit der Erklärung neu entdeckter Phänomene hatte, die bei der Wechselwirkung von elektromagnetischer Strahlung und Materie auftraten.[1] Die Geschichte der Quantentheorie lässt man oft mit

---

[1] Einen leicht zugänglichen Überblick gibt John D. Norton (2020). Siehe auch Cushing (1998), Teil VII.

dem Jahr 1900 beginnen. In diesem Jahr stellte Max Planck in einer Sitzung der Deutschen Physikalischen Gesellschaft in Berlin sein Strahlungsgesetz vor, das beschreibt, wie die Energie der elektromagnetischen Strahlung eines schwarzen Körpers von ihrer Frequenz v und der Temperatur des Körpers abhängt. Das Gesetz war empirisch bestätigt. Bei der Herleitung seiner Strahlungsformel hatte sich Planck auf thermodynamische Überlegungen gestützt, in denen „Energiepakete" der Größe $E = hv$ eine Rolle spielten. Die Proportionalitätskonstante h, die sog. Planck'sche Konstante, sollte in der weiteren Geschichte der Quantenmechanik immer wieder eine wichtige Rolle spielen. Erst im Laufe der folgenden Jahre setzte sich bei Planck und bei anderen Physikern die Überzeugung durch, dass dieses Strahlungsgesetz der klassischen Physik widersprach. Ein zweites Forschungsfeld wies in die gleiche Richtung: Experimente, in denen Metalle mit hochfrequentem Licht bestrahlt wurden (Photoeffekt). Albert Einstein untersuchte in einem dann berühmt gewordenen Aufsatz die Konsequenzen der Annahme, dass die Energie in einem elektromagnetischen Feld diskontinuierlich, in Portionen von $E = hv$, verteilt sei. Mit dieser Annahme konnte Einstein Details des Photoeffekts erklären, die bald darauf im Experiment präzise bestätigt wurden. Einstein wusste natürlich, dass die Annahme einer quantenhaften Energieverteilung mit der Wellentheorie des Lichts und den vertrauten Interferenzerscheinungen nicht vereinbar war und die Quantenhypothese deswegen nicht in einfacher Weise die ganze Wahrheit sein konnte. In der Frühphase der Entwicklung der Quantentheorie musste man solche Probleme aber zunächst einmal hinnehmen.

Eine weitere empirische Quelle für die Entwicklung der Quantentheorie waren die Spektren der Atome. Die Farbe des Lichtes, das angeregte Atome aussenden, lieferte ein reichhaltiges Material für die quantitative Analyse. Die Atomtheorie von Niels Bohr aus dem Jahre 1913 ergab für die Energiezustände und damit für das Spektrum des Wasserstoffatoms Werte, die mit den Messungen hervorragend zusammenpassten. Die Prämissen von Bohrs Atommodell mischten allerdings Komponenten aus der klassischen Physik mit neuen Quantenpostulaten, die eigentlich miteinander unverträglich sind. Bohrs Theorie ist also strenggenommen inkonsistent. Man arbeitete aber noch längere Zeit mit solchen „Flickschuster"-Theorien, die anschauliche Vorstellungen, Elemente der klassischen Physik und isolierte Quantenpostulate in sich vereinigten. Auch heute greift man im Physikunterricht der Schulen und in populären Einführungen noch gerne auf derartige Theoriebruchstücke zurück. Erst 1925–1927 konnte ein mathematischer Theoriekern entwickelt werden (durch Max Born, Paul Dirac, Werner Heisenberg, Erwin Schrödinger), der versprach, die bisherigen Ansätze zu vereinheitlichen und die grundlegenden Gleichungen der klassischen Physik ersetzen zu können.[2] Die Entwicklung des mathematischen Apparats dauerte bei der Quantentheorie länger als bei der speziellen Relativitätstheorie, vielleicht weil die Veränderungen gegenüber der klassischen Physik grundlegender waren.

Die Entstehung der Quantentheorie verdankt sich dem Wunsch, die Phänomene der Natur durch möglichst einheitliche Naturgesetze zu erklären und dabei eine möglichst präzise Übereinstimmung mit den Experimenten zu erhalten. Begriffliche Grundlagen der Theorie blieben aber ungeklärt. So war insbesondere unklar, von welchen Arten von Objekten die Theorie eigentlich handelte: Teilchen? Wellen? Galt weiterhin das Kausalprinzip? Man konnte den mathematischen Apparat der neuen Theorie erfolgreich als Vorhersageinstrument einsetzen, aber es blieb offen, wie er im Übrigen mit der Welt zusammenhing. In systematischer Weise übernahm diese Aufgabe vor 50 Jahren dann die Philosophie der Physik.

Aber schon vor der Ausreifung des mathematischen Apparats der Quantentheorie wurden in Reaktion auf frühe Theorieansätze weitgehende Folgerungen für das Weltbild und das Selbstverständnis des Menschen gezogen. Bezeichnend ist der Titel eines Buches von Bernhard Bavink (1933): „Die Naturwissenschaften auf dem Wege zur Religion. Leben und Seele, Gott und Willensfreiheit im Lichte der heutigen Naturwissenschaft."[3] Meist waren es Physiker, die offenbar mit dem mit der klassischen Physik oft verbundenen materialistischen und mechanistischen Selbstverständnis unzufrieden waren. So schrieb Arthur Stanley Eddington 1928: „Vielleicht wird man aus diesen der modernen Physik entnommenen Argumenten den Schluss ziehen, dass Religion überhaupt erst seit 1927 für einen vernünftigen Wissenschaftler möglich geworden ist." Oder James Jeans 1930: „Das Weltall fängt an, mehr einem großen Gedanken als einer großen Maschine zu gleichen."

Die neue Theorie wurde als Ausweg aus Problemen angesehen, die die deterministische und mechanistische Physik des 19. Jahrhunderts für das Selbstverständnis des Menschen aufgeworfen hatte. Man glaubte, dass mit ihr kein adäquates Bild vom Menschen als einem geistigen und handelnden Wesen vereinbar sei. Das Ziel von Autoren wie Eddington und Jeans war eine Kritik an dem Materialismus, der oft durch die Naturwissenschaften des 19. Jahrhunderts propagiert wurde. Die neue Physik schien dagegen eine

---

[2] Eine strenge mathematische Formulierung entwickelte dann John von Neumann 1932 in einer Monografie.

[3] Belege, auch für die folgenden Zitate, und weitere Details in Stöckler (1989, S. 115).

Versöhnung von Physik und Menschenbild zu ermöglichen. Solche Überlegungen zu weltanschaulichen Konsequenzen der Quantentheorie fanden überwiegend außerhalb des philosophischen Schulbetriebs ihren Platz, etwa in der Zeitschrift *Die Naturwissenschaften* oder bei Vorträgen, in denen sich Physiker an ein größeres Publikum richteten.[4]

Ich möchte im Folgenden vier Beispiele vorstellen, die als weltbildrelevante Folgerungen (WBR) aus der Quantentheorie vorgebracht worden sind. Die Überzeugungskraft dieser Beispiele werden wir dann diskutieren, wenn wir einige Details der Quantentheorie kennengelernt haben.

WBR 1: Der Indeterminismus der Quantentheorie ermöglicht Willensfreiheit, anders als die deterministische klassische Physik.
Die erste Behauptung geht von dem Indeterminismus der Quantentheorie aus (den wir noch genauer kennenlernen werden) und stützt sich auf die Intuition, dass in einer deterministischen Welt keine Willensfreiheit möglich sei. So schrieb der Physiker Pascual Jordan im Jahr 1932: „Die Behauptung des Determinismus, die ‚Verneinung der Willensfreiheit‘, ist also in dem einzigen Sinn, den ihr der Naturwissenschaftler zuschreiben kann, nach dem heutigen Stande unserer Erkenntnis durch die Erfahrungen der Physiologie einerseits und der Atomphysik andererseits widerlegt. ‚L'homme machine‘, diese Behauptung ist schlechtweg unrichtig" (Jordan 1932, S. 819). Eine ganze Reihe von Physikern äußerte sich ähnlich. Die dabei vorausgesetzte Verknüpfung von Willensfreiheit und Indeterminismus wurde aber auch in Frage gestellt, etwa in einem Aufsatz in der Zeitschrift *Erkenntnis* aus dem Jahr 1934, in dem auch zu lesen war: „Der alte oft und gern gegen den Determinismus vorgebrachte Einwand, dass die Willensfreiheit ihm widerspreche, ist jetzt unter dem Schutze des schweren Geschützes der Atomphysik auch von Jordan und Planck wiederholt worden" (Jensen 1934, S. 190).

WBR 2: Im Unterschied zur mechanistischen Physik des 19. Jahrhunderts spielt das Bewusstsein des Menschen in der Quantentheorie eine zentrale Rolle.
Offenbar gab es zu Beginn des letzten Jahrhunderts ein großes Bedürfnis, das Bewusstsein und den Geist des Menschen schon in den Fundamenten der Physik zu verankern. Vielleicht beruhte das auf der Annahme,

---

[4] Eine Ausnahme ist vielleicht Ernst Cassirer (*Determinismus und Indeterminismus in der modernen Physik, 1937*, vgl. Stöckler 1989, S. 115). Kritik an subjektivistischen Folgerungen der Quantentheorie wurde aus dem Umkreis des logischen Empirismus geübt, vgl. Stöckler (1989, S. 116).

dass alles Wichtige auch in der Physik vorkommen müsse. Auf mindestens zwei Weisen wurde der Nachweis versucht, dass das Bewusstsein in der Quantentheorie – anders als in der klassischen Physik – eine fundamental wichtige Bedeutung hat. Nach der ersten Variante ist der Messprozess in der Quantentheorie nur durch den direkten Eingriff des menschlichen Geistes nach dem Vorbild eines kartesianischen Geist-Materie-Dualismus verständlich zu machen. Es sei „nicht möglich, die Gesetze der Quantenmechanik völlig konsistent zu formulieren, ohne auf das Bewusstsein Bezug zu nehmen" (Wigner 1967, S. 171). Um diese Behauptung zu überprüfen, müssen wir uns im Beitrag von Kuhlmann in diesem Buch den Messprozess genauer anschauen. Die zweite Variante findet man im Umkreis der Diskussionen um das berühmte Gedankenexperiment von Einstein, Podolsky und Rosen. In diesem Kontext schrieb Bernard d'Espagnat im *Scientific American*: „Die Auffassung, dass die Welt aus Objekten besteht, deren Existenz unabhängig vom menschlichen Bewusstsein ist, erweist sich als unvereinbar mit der Quantenmechanik und mit Fakten, die experimentell bestätigt sind" (D'Espagnat 1979, S. 128). Wir müssen zur Prüfung dieser Behauptung untersuchen, ob die Argumente, die bestimmte Alternativ-Theorien zur Quantentheorie ausschließen, wirklich dem Bewusstsein eine neue Rolle in der Physik verschaffen. Diese eher erkenntnistheoretische Variante ist verwandt mit Überlegungen, dass die Quantentheorie nicht realistisch interpretiert werden könne.

WBR 3: Die Quantenmechanik widerspricht dem Realismus.
Die Quantenmechanik sei, so Carl Friedrich von Weizsäcker, eine Physik, „die gar nicht mehr realistisch gedeutet werden kann" (Weizsäcker 1963, S. 116). Der physikalische Hintergrund ist dabei, dass Quantenobjekte klassische Eigenschaften wie Ort und Impuls nicht gleichzeitig haben können, obwohl nach entsprechenden Messungen diese Eigenschaften durchaus auftreten können. Daraus wurde der Schluss gezogen, die Physik rede nicht über eine objektive, von der Beobachtung unabhängige Realität. Die Quantenmechanik sei eine Wissenschaft von der Natur, wie diese sich uns zeigt, wenn sie mit bestimmten Beobachtungsverfahren untersucht wird. Dabei wird nicht bestritten, dass es eine vom Bewusstsein unabhängige Realität gibt. Die Erkenntnis dieser Realität wird aber auf bestimmte Kontexte (z. B. bestimmte Messungen) eingeschränkt, ohne dass daraus ein vollständiges Gesamtbild abgeleitet werden könne. Vor Kurzem hat Franz von Kutschera es so formuliert: „Die eigentliche Revolution der modernen Physik besteht vielmehr darin, dass empirische Feststellungen uns dazu zwingen, die erkenntnistheoretische Naivität der klassischen

Physik aufzugeben, und die alte philosophische Einsicht bestätigen, dass die physische Welt sich nicht so erkennen lässt, wie sie an sich beschaffen ist, sondern nur so, wie sie in unseren Erfahrungen erscheint" (Kutschera 2017, S. 7). Wir werden sehen, ob philosophische Einsichten tatsächlich so einfach aus empirischen Feststellungen folgen.

WBR 4: Die Quantentheorie erfordert neue Vorstellungen bei der Zusammensetzung von Systemen und bei der Einbettung von Objekten in den Raum.

Ausgangspunkt ist hier wieder das Gedankenexperiment von Einstein, Podolsky und Rosen, das wir deswegen im nächsten Kapitel noch im Detail anschauen müssen. Ursprünglich glaubten die Autoren, damit die Unvollständigkeit der Quantentheorie in der damaligen Fassung nachgewiesen zu haben. Die zugrunde liegende physikalische Situation besteht aus zwei auseinander fliegenden Teilchen, die getrennt nachgewiesen werden, aber vor der Messung nur einen gemeinsamen Zustand haben, so dass ihnen kein eigener Zustand zugeordnet werden kann. Obwohl die Messungen an den beiden Teilchen in großer Entfernung voneinander durchgeführt werden, zeigen die Ergebnisse Korrelationen, die stärker sind als es aufgrund der in den einzelnen Teilchen „gespeicherten" Informationen über die gemeinsame Vergangenheit erklärbar wäre.

Im Laufe vieler Diskussionen stellte sich dann heraus, dass in der Quantentheorie bei zusammengesetzten Systemen bisher akzeptierte Prinzipien der Lokalität und Separabilität verletzt zu sein scheinen. Anschaulich kann man sagen, dass die Lokalität einer Theorie Fernwirkungen ausschließt[5] und die Separabilität fordert, dass getrennte Objekte als eigenständige Objekte beschrieben werden können. Die Verletzung solcher Prinzipien ist einer der Gründe, die die Beschreibung der Quantenobjekte als wohldefinierte Gegenstände im Raum schwierig machen.

Um zu überprüfen, welche dieser angeblichen Folgerungen aus der Quantentheorie tatsächlich beanspruchen können, zutreffend und damit weltbildrelevant zu sein, soll im nächsten Kapitel die mathematische Struktur der Quantentheorie etwas genauer untersucht werden. Dann können wir uns den Brücken zuwenden, die von dem mathematischen Formalismus zu philosophischen Fragen führen.

---

[5] Im Detail wird dazu weiter unten mehr gesagt werden. Außerdem ist zu beachten, dass der Begriff ‚Lokalität' in der Physik in verschiedenen Bedeutungen verwendet wird.

3   Grundstrukturen der Quantentheorie

Zustandsbeschreibung

Im Alltag und in der Logik werden Personen und Gegenstände meistens durch ihre Eigenschaften charakterisiert. Fortgeschrittene Theorien der Physik sind so aufgebaut, dass sie mathematische Elemente (in der klassischen Physik meistens Funktionen) enthalten, die den Zustand eines Systems zu einem bestimmten Zeitpunkt festlegen. Aus diesen Zuständen – genauer: aus diesen Zustandsbeschreibungen – kann man die Eigenschaften des Systems ablesen.

Der Zustand eines Systems in der klassischen Punktmechanik wird z. B. durch die Angabe aller Orte und Impulse der beteiligten Teilchen festgelegt. Die Werte von solchen Größen wie Ort und Impuls können sich im Laufe der Zeit ändern. Im Beispiel eines Planetensystems legen die Gesetze der Newton'schen Mechanik und Newtons Gravitationsgesetz fest, wie sich Ort und Impuls der Planeten im Laufe der Zeit verändern und sich die Himmelskörper auf ihren Bahnen bewegen (Abb. 1 und 2).

In der Quantentheorie wird der Zustand durch ein mathematisches Objekt charakterisiert, das als *Zustandsvektor* bezeichnet und häufig durch $|\Psi\rangle$ symbolisiert wird. In einem vereinfachten Modell kann man sich diese Zustandscharakterisierung als Vektor (Pfeil in einer Ebene) vorstellen, wobei eine Zustandsänderung durch eine Richtungsänderung des Zustandsvektors repräsentiert wird. Wenn der Ort eines Quantensystems betrachtet wird, kann sein Zustandsvektor durch eine Funktion des Ortes dargestellt werden, die man *Wellenfunktion* nennt.

Abb. 1 Planetenbahnen und Kepler-Gesetze. Briefmarke der Deutschen Post aus dem Jahr 2009 (Gestaltung: Nina Clausing)

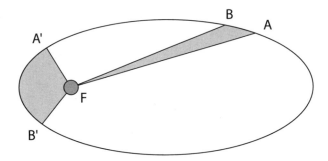

Abb. 2 Kepler-Gesetze: A, B, A' und B' sind Aufenthaltsorte zu verschiedenen Zeitpunkten

Ein anschaulicher Spezialfall, bei dem allerdings der Vektorcharakter nicht direkt ersichtlich ist, ergibt sich, wenn man z. B. nach der Wahrscheinlichkeitsdichte $W(x)$ fragt, ein Elektron an einem bestimmten Ort zu finden. Diese Wahrscheinlichkeitsdichte wird dann durch eine vom Ort x abhängige Funktion angegeben, die man aus der quantenmechanischen Wellenfunktion berechnen kann: $W(x) = |\Psi(x)|^2$. Es ist übrigens historisch nicht ganz korrekt, diese Formel, wie es oft geschieht, als „Born'sche Regel" zu bezeichnen, da sie in dieser Form zuerst bei Pauli zu finden ist (Abb. 3).

Wie schon angedeutet, enthalten fortgeschrittene physikalische Theorien eine Vorschrift, die festlegt, wie sich der Zustand eines Systems im Laufe der Zeit ändert. Dies wird mathematisch durch eine Gleichung ausgedrückt

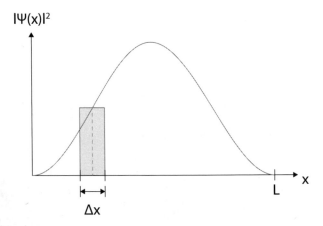

Abb. 3 Beispiel einer Wahrscheinlichkeitsdichte, aufgetragen über dem Ort x. Die Wahrscheinlichkeit, ein Teilchen im Intervall Δx zu finden, ergibt sich durch Integration dieser Funktion über das Intervall Δx. Die Wahrscheinlichkeit, das Teilchen irgendwo zwischen 0 und L zu finden, ist 1

(„Bewegungsgleichung"), die angibt, wie Zustandsänderungen in Abhängigkeit vom gegenwärtigen Zustand und z. B. von äußeren Kräften berechnet werden können. Man sagt, die Bewegungsgleichung legt die Dynamik fest.

In der Quantentheorie wird diese Zustandsänderung durch die sogenannte Schrödinger-Gleichung beschrieben. Diese Gleichung unterscheidet sich in einigen Eigenschaften von den Bewegungsgleichungen der klassischen Mechanik. Weiterhin gilt aber, dass sie deterministisch ist, d. h. wenn ein Zustand gegeben ist, legt die Schrödinger-Gleichung die Zustände für alle folgenden Zeiten fest (das zeigt ihre mathematische Struktur):

$$i\hbar\frac{\partial}{\partial t}|\,\psi(t)\rangle = \hat{H}\,|\,\psi(t)\rangle$$

H, der sog. Hamilton-Operator, beschreibt dabei das jeweilige physikalische System, dessen Dynamik man berechnen will.[6]

Besonderheit der Zustandsbeschreibung in der QM

Während in der klassischen Mechanik die Angabe des Zustands eines Systems ausreicht, um alle Eigenschaften (d. h. die Werte von Ort und Impuls) festzulegen, sind in der Quantenmechanik auch die grundlegenden Eigenschaften nicht in jedem Zustand definiert. Wenn man z. B. einen Zustand hat, in dem der Impuls genau definiert ist (in dem das System „einen scharfen Impuls hat"), kann man über die Lokalisation (den Ort) des Teilchens keine Aussage machen. Wenn man dieses physikalische System aber mit einem Messgerät untersucht, das zu einer Ortsmessung geeignet ist, so wird man feststellen, dass das Gerät einen bestimmten Ort anzeigt. Obwohl also *vor* der Messung die Eigenschaft, an einem bestimmten Ort zu sein, gar nicht vorgelegen hat, zeigt das Messgerät *nach* der Messung einen bestimmten Ort an. Man interpretiert das meistens so, dass durch die Messung der Zustand des Systems verändert wird. Diese Zustandsänderung bei der Messung nennt man auch „Kollaps der Wellenfunktion" oder „Reduktion des Zustandsvektors".

Ein anschauliches Beispiel liefern Elektronen, die mit gleichem Impuls (d. h. parallel und mit gleicher Geschwindigkeit) auf einen Doppelspalt zulaufen. Obwohl vor der Messung alle Elektronen in dem gleichen Zustand waren, kann man sie nach der Messung an ganz verschiedenen Stellen hinter dem Doppelspalt nachweisen. Im Unterschied zur klassischen Physik legt in

---

[6] Zustandsbeschreibung und Schrödinger-Gleichung werden in Nortmann (2008) ausführlicher, aber ohne Voraussetzung fortgeschrittener Mathematikkenntnisse erläutert.

der Quantentheorie auch die *vollständige Angabe* des Zustands eines Systems *nicht alle Werte* fest, die man bei Messungen an Systemen in diesem Zustand erhalten kann. Hat ein Objekt z. B. einen definierten Wert des Impulses, dann werden Impulsmessungen immer diesen Wert ergeben, aber Ortsmessungen werden unterschiedliche Ergebnisse haben („streuen"), die man im Einzelfall aber nicht vorhersagen kann. Die Theorie liefert jedoch Wahrscheinlichkeiten, mit denen diese Ergebnisse auftreten.

Um die Feinheiten zu verstehen, müssen wir einen genaueren Blick auf den Zusammenhang von Zustand und Eigenschaften eines Systems und auf die Zustandsänderungen bei der Messung werfen. In der Quantentheorie werden physikalische Größen wie Ort und Impuls („Observable") durch sogenannte Operatoren A repräsentiert, die auf Zustandsvektoren wirken.[7] Für die Zustände, die sich bei der Messung dieser Größe nicht ändern („Eigenzustände") gilt folgende Gleichung:

$$A\,|\Phi_m >= a_m\,|\Phi_m > \quad \text{(und } a_m \text{ ist der gemessene Wert)}.$$

Sei in diesem Beispiel a_m der definierte Wert des Impulses, dann werden wiederholte Impulsmessungen immer diesen Wert ergeben, aber Ortsmessungen unterschiedliche Ergebnisse haben („streuen"). Hat ein Objekt dagegen einen definierten Wert des Ortes,[8] wird eine Ortsmessung diesen Wert ergeben, während man jetzt für den Ausgang von Impulsmessungen an diesem System nur Wahrscheinlichkeitsvorhersagen machen kann.

Eine naheliegende Annahme ist, dass sich bei der Messung der Zustand des Systems ändert, wenn der Zustand vor der Messung im mathematischen Sinn kein Eigenzustand zu der Messgröße ist. Der gleiche Zustand eines Quantensystems muss sich bei der Messung mancher Größen ändern, bei der Messung anderer Größen wird er gleich bleiben. Auch in der klassischen Physik kommt es natürlich vor, dass die Messung einen Systemzustand ändert, etwa wenn man mit einem kalten Thermometer die Temperatur von warmem Badewasser misst. Die Besonderheit in der Quantentheorie ist, dass in den Fällen, in denen der Zustand kein Eigenzustand der Messgröße ist, das Quantenobjekt die gemessene Eigenschaft vor der Messung eigentlich noch nicht hat und dass die Änderung des Zustands durch die Messung nicht durch die normale Dynamik des Systems beschrieben wird.[9]

---

[7] Etwas ausführlicher, aber noch informell erläutert in Nortmann (2008), u. a. im Abschn. 16 f.

[8] Bei Orts- und Impulsoperatoren ergeben sich allerdings spezielle mathematische Probleme, die mit der Überabzählbarkeit der möglichen Messwerte zu tun haben, aber hier nicht wichtig sind.

[9] In diese Darstellung sind schon Interpretationsannahmen eingegangen, die nicht von allen geteilt werden.

Ein Messprozess in der Quantentheorie ist offenbar komplexer als die Feststellung der Temperatur des Badewassers, was vor allem an den Schwierigkeiten liegt, die Interaktionen von System und Messgerät im Rahmen der Quantentheorie adäquat zu beschreiben. Die damit verbundenen Probleme werden in dem Beitrag von Meinard Kuhlmann zu diesem Band genauer analysiert. Wir wollen hier festhalten, wie John von Neumann mit der Besonderheit des Messprozesses in der Quantentheorie umgegangen ist. Er postulierte zwei verschiedene Dynamiken: (i) die normale stetige und deterministische zeitliche Veränderung, die durch die Schrödinger-Gleichung beschrieben wird, und daneben zusätzlich (ii) die indeterministischen „sprunghaften" Veränderungen des Zustands beim Messprozess. Dabei entsteht die Frage, wie es zu diesen unterschiedlichen Dynamiken kommt. Keine der verschiedenen Antworten, die es auf diese Frage gibt, scheint mir wirklich überzeugend zu sein.

Wir wollen uns zunächst genauer ein Postulat der Quantentheorie anschauen, das Theorie und Experiment verbindet:

Die Wahrscheinlichkeit, bei der Messung an einem Quantenobjekt im Zustand $|\Psi>$ den Messwert m zu erhalten, der dem Zustand $|\Phi_m>$ zugeordnet ist, ist $|<\Psi|\Phi_m>|^2$ (häufig auch „Born'sche Regel" genannt).

$|<\Psi|\Phi_m>|^2$ ist das Quadrat des Skalarprodukts im Raum der Zustandsvektoren. Daraus folgt z. B., dass dann, wenn vor der Messung $|\Psi>=|\Phi_m>$ ist und dieser Zustand Eigenzustand zu der gemessenen Größe ist, die Wahrscheinlichkeit für den Messwert m gleich 1 ist. Wird an einem Zustand $|\Psi>$ eine Größe (das Vorliegen einer Eigenschaft) gemessen, zu der $|\Psi>$ kein Eigenzustand ist, wird $|\Psi>$ mit der durch die Born'sche Regel angegebenen Wahrscheinlichkeit in einen Eigenzustand der gemessenen Größe übergehen. Das kann man sich durch folgendes Modell veranschaulichen, in dem die Eigenzustände der gemessenen Größe durch die beiden Basis-Vektoren $|a>$ und $|b>$ dargestellt werden. Man kann bei diesem Messprozess an ein Polarisationsfilter denken, ein Experiment, das die Messausgänge $|a>$ („Teilchen geht durch") und $|b>$ („Teilchen wird absorbiert") hat. Man kann einen Lichtstrahl präparieren, der die Polarisationsrichtung $|c>=c_a|a>+c_b|b>$ hat (Abb. 4).

Ankommende Photonen werden bei dieser Anordnung manchmal durchgelassen und manchmal absorbiert. Mathematisch formuliert geht im Einklang mit der Born'schen Regel der Zustand $|c>=c_a|a>+c_b|b>$ bei der Messung mit der Wahrscheinlichkeit c_a^2 in den Zustand $|a>$ und mit der Wahrscheinlichkeit c_b^2 in den Zustand $|b>$ über.

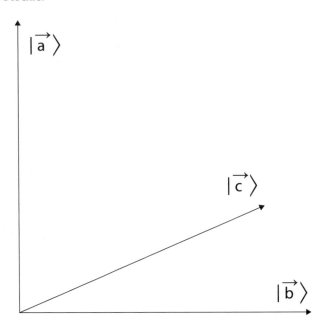

Abb. 4 Überlagerungszustände (Superpositionen) der Form $|c> = c_a |a> + c_b |b>$

Jetzt haben wir genug Informationen zusammen, um die Frage zu beantworten, was eigentlich *unscharf* in der Quantentheorie ist. Man kann zeigen, dass die Operatoren, die den Messgrößen (Eigenschaften) Ort und Impuls zugeordnet sind, eine besondere mathematische Eigenschaft haben: Bei der Produktbildung kommt es auf die Reihenfolge an (PQ ist verschieden von QP), das Ergebnis der Hintereinander-Ausführung von Messungen hängt von der Reihenfolge der Messung ab. Aus mathematischen Gründen kann es keine Zustände $|\Psi>$ geben, die *zugleich* Eigenzustände des Ortsoperators *und* des Impulsoperators sind. D. h. es kann keine quantenmechanischen Zustände geben, die sich weder bei einer Ortsmessung noch bei einer Impulsmessung ändern. Es ist nicht nur unmöglich, solche Zustände herzustellen (zu „präparieren"), es ist auch unmöglich, Zustände mit scharfem Ort und scharfem Impuls überhaupt im mathematischen Formalismus zu finden. Üblicherweise wird daraus der Schluss gezogen, dass es nicht möglich ist, Quantenobjekten zugleich einen definierten („scharfen") Ort *und* einen definierten („scharfen") Impuls zuzusprechen. Daraus folgt unmittelbar, dass Quantenobjekte keine klassischen Teilchen sein können, weil diese ja gleichzeitig einen scharfen Ort und einen scharfen Impuls haben.

Die Heisenberg'sche Unschärferelation, die sogar ihren Platz auf einer Briefmarke fand, gibt dazu eine quantitative Beziehung an. Die Unschärfe

Abb. 5 Briefmarke der Deutschen Post aus dem Jahr 2001 (Gestaltung: Ingo Wulff)

bezieht sich nicht auf den Wert einer einzelnen Messung, die ja immer zu einem genauen („scharfen") Wert der entsprechenden Messgröße führt, sie gibt vielmehr an, wie stark Messwerte bei wiederholten Messungen der gleichen Messgröße am gleichen Zustand streuen, anschaulich: wie weit die einzelnen Werte nach der Messung auseinanderliegen (Abb. 5).

Sie sagt qualitativ aus, dass in einem Zustand, der bei einer *Ortsmessung* eine kleine Streuung der Werte zeigt, die Werte einer *Impulsmessung* stark streuen (und umgekehrt):

$$\Delta x \, \Delta p_x \geq h/4\pi.$$

Etwas mathematischer: Das Skalarprodukt $<\Psi|A\,\Psi>$ ist der Erwartungswert (Mittelwert einer langen Messreihe) der Messgröße („Observablen"), zu der der Operator A gehört, in einem System mit dem Zustand $|\Psi>$. ΔA ist die Wurzel aus dem Erwartungswert der Quadrate der Abweichung der Messwerte von dem Erwartungswert (also eine Streuung im Sinne der Statistik). h ist die sogenannte Planck'sche Konstante, die uns schon bei Einsteins Erklärung des Photoeffekts und in der Schrödinger-Gleichung begegnet ist.[10]

Die Heisenberg'sche Unschärferelation zeigt, dass der Zusammenhang von Zustandsbeschreibung und gemessenen Eigenschaften in der Quantentheorie komplizierter ist als in der klassischen Physik, in der der Zustand

---

[10] Für weitere informelle Details vgl. Nortmann (2008, Kap. 18 ff.).

in gewisser Weise identisch mit der Menge der Werte ist, die man an ihm messen kann. In der Quantentheorie kann man jedoch auch Werte für Größen messen, die man dem System vor der Messung nicht zuschreiben konnte (z. B. mit einem Photomultiplier den Ort eines Photons). Die Heisenberg'schen Unschärferelationen folgen aus der Theoriestruktur der Quantentheorie und sind nicht durch technische Grenzen der Messmöglichkeiten verursacht. Deswegen kann man aus ihnen schließen, dass Quantenobjekte keine klassischen Teilchen sind, die auf Bahnen laufen (wenn man keine andere plausible Erklärung für die Streuung hat).

Im Folgenden sollen die Besonderheiten des Zusammenhangs von Zustandsbeschreibung und dem Vorliegen von Eigenschaften noch weiter analysiert werden. Zustände, die für eine bestimmte Messgröße den Messwert nicht festlegen, bei denen nach der Messung also z. B. der Zustand $|a_m>$ mit dem Messwert m oder aber der Zustand $|a_n>$ mit dem Wert n vorliegen kann, werden durch sogenannte *Superpositionen* dargestellt:

$$|\Psi> = c_m|a_m> + c_n|a_n>.$$

Diese Superpositionen haben besondere Konsequenzen, wenn das physikalische Objekt, das man betrachtet, zusammengesetzt ist. Im einfachsten Fall wird ein zusammengesetztes System durch ein sog. Tensorprodukt $|\Phi_1> |\Phi_2>$ beschrieben. Schwierig wird es nun, wenn man Superpositionen solcher Produktzustände betrachtet. Der Zustandsvektor kann dann z. B. so aussehen:

$$(*) \qquad |\Psi> = c_a|a_m> |b_k> + c_b|a_n> |b_l>.$$

Vor der Messung weist dieser Zustand des Gesamtsystems den Teilsystemen keinen eigenen eindeutigen Zustandsvektor mehr zu (dazu müsste es als einfaches Produkt darstellbar sein). Die Frage, in welchem Sinne man dann noch von Teilsystemen sprechen kann, wird uns noch weiter beschäftigen. Nach der Messung an den Systemkomponenten liegen dann aber doch wieder Zustände der Art $|a_m>|b_k>$ oder $|a_n>|b_l>$ vor.

Ein wichtiger Spezialfall ist die Beschreibung des Messprozesses, wie sie John von Neumann 1932 vorgelegt hat. Die Teilsysteme sind dabei das zu messende Quantenobjekt (charakterisiert durch Zustände wie $c_m|a_m> + c_n|a_n>$) und Zustände des Messgeräts, die nach der Messung einen bestimmten Messwert m oder n anzeigen, d. h. „Zeigerzustände" wie $|A_m>$ oder $|A_n>$.

Vor der Messung liegt nach von Neumann ein Zustand der Gestalt

$$|\Psi> = c_m|a_m> |A_m> + c_n|a_n> |A_n> \text{ vor.}$$

Nach der Messung zeigt das Messgerät einen bestimmten Wert an, d. h. das Messgerät hat einen eigenen Zustand, beim Messwert m liegt $|a_m>|A_m>$ vor, beim Messwert n liegt $|a_n>|A_n>$ vor.

Die philosophischen Diskussionen haben sich insbesondere an zwei Beispielen für Messungen an zusammengesetzten Systemen entzündet, am Beispiel von Schrödingers Katze und am sog. EPR-Paradoxon. In einem Gedankenexperiment beschreibt Erwin Schrödinger einen Apparat[11], in dem eines der Teilsysteme eine radioaktive Substanz ist, die in einem Superpositionszustand von $|a_m>$ („noch kein Atom zerfallen") und $|a_n>$ („ein Atom zerfallen") ist. Der Zerfall eines Atoms setzt über einen Mechanismus ein Gift frei, das eine im gleichen Apparat eingesperrte Katze vom Leben (Zustand $|A_m>$) in den Tod (Zustand $|A_n>$) bringt. Die Katze ist das zweite Teilsystem. Nach den Regeln der Quantentheorie wird das System durch folgenden Zustandsvektor beschrieben:

$$|\Psi> = c_m|a_m>|A_m> + c_n|a_n>|A_n>.$$

Danach kann man aber von der Katze nicht sagen, ob sie lebendig oder tot ist. Schrödinger wollte damit vor allem zeigen, dass die Besonderheiten der quantenmechanischen Zustandsbeschreibung nicht auf die mikroskopische Welt beschränkt sind (vgl. Näger und Stöckler 2018, S. 119) (Abb. 6).

Ein weiteres Beispiel findet man in einem relativ kurzen Aufsatz, den Albert Einstein, Boris Podolsky und Nathan Rosen 1935 veröffentlicht haben und der als sog. EPR-Paradoxon bis heute unzählige weitere Arbeiten ausgelöst hat.[12] Einstein und seine Mitarbeiter wollten zeigen, dass die Quantentheorie, wie sie zu dieser Zeit vorlag, unvollständig ist. Die Beschreibung eines speziellen Systems sollte zeigen, dass man Ort *und* Impuls einer Komponente eines Zwei-Teilchen-Systems messen kann, ohne das System zu stören. Die daraus gefolgerte gleichzeitige Realität von Ort und Impuls hat aber in der Quantenmechanik kein Gegenstück, so dass diese unvollständig sei.

Einstein, Podolsky und Rosen betrachteten zwei in entgegengesetzter Richtung auseinanderfliegende Teilchen, bei denen durch die Messung an einer Komponente S_I das Ergebnis für die entsprechende Messung an der anderen Komponente S_{II} errechnet und damit indirekt bestimmt werden kann. Wir wollen uns die mathematischen Verhältnisse an einem Beispiel anschauen, das auf David Bohm zurückgeht und in dem nicht Ort und

---

[11] Zu Quelle und Details vgl. Näger und Stöckler (2018, S. 119).
[12] Auch Schrödingers Katzen-Szenario war eine Reaktion auf Einstein et al. (1935).

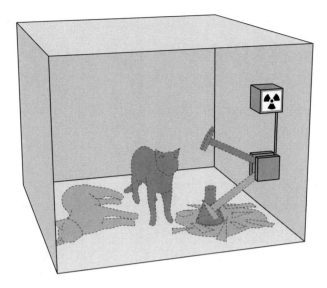

Abb. 6   Skizze des Gedankenexperiments mit Schrödingers Katze

Impuls, sondern Spin-Eigenschaften untersucht werden (vgl. Näger und Stöckler 2018, S. 121) (Abb. 7).

An zwei Teilchen, die wegen ihrer Entstehung einen gemeinsamen Zustandsvektor haben, wird entlang von verschiedenen Richtungen a und b gemessen, ob Spin-up, d. h. $| a_I \uparrow>$ bzw. $| a_{II} \uparrow>$ oder $| b_I \uparrow>$ bzw. $| b_{II} \uparrow>$ vorliegt oder ob Spin-down vorliegt, d. h. $| a_I \downarrow>$ bzw. $|a_{II} \downarrow>$ oder $| b_I \downarrow>$ bzw. $|b_{II} \downarrow>$.

Die Struktur des verwendeten Zustandsvektors kennen wir schon:

$$(**) \qquad |\Psi> = \frac{1}{\sqrt{2}} |a_I \uparrow> |a_{II} \downarrow> \quad + \quad \frac{1}{\sqrt{2}} |a_I \downarrow> |a_{II} \uparrow>.$$

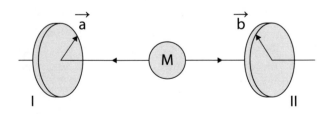

Abb. 7   Ein einfaches Modell zum EPR-Paradoxon

Mathematisch äquivalent ist ein Zustandsvektor, der mit Spinzuständen in *b*-Richtung geschrieben ist:

$$|\Psi> \ = \ \frac{1}{\sqrt{2}}\,|b_I \uparrow> |b_{II} \downarrow> \ + \ \frac{1}{\sqrt{2}}\,|b_I \downarrow> |b_{II} \uparrow> \, .$$

Man sieht wieder, dass dieser Zustand nicht als Produkt von Zuständen der Teilsysteme geschrieben werden kann. Die Standardauffassung des Messprozesses besagt, dass bei dieser Bauart des Zustandsvektors nach der Messung (mit gleicher Wahrscheinlichkeit)

$$|a_I \uparrow> |a_{II} \downarrow> \quad \text{oder} \quad |a_I \downarrow> |a_{II} \uparrow>$$

vorliegt, wenn in *a*-Richtung gemessen wird, bzw.

$$|b_I \uparrow> |b_{II} \downarrow> \quad \text{oder} \quad |b_I \downarrow> |b_{II} \uparrow>,$$

wenn in *b*-Richtung gemessen wird. Nach der Messung kann man den Teilsystemen wieder einen eigenen Zustandsvektor zuordnen. Einstein und seine Mitarbeiter setzen voraus, dass die oben angegebenen Zustände nach der Messung auch schon vorliegen, wenn nur auf einer Seite, d. h. an einem Teilsystem gemessen wird. Abhängig von der Wahl der Richtung der Messung bei *I* kann man also die Zustände bei *II* „steuern". „Da ... die beiden Systeme zum Zeitpunkt der Messung nicht mehr miteinander in Wechselwirkung stehen, kann nicht wirklich eine Änderung in dem zweiten System als Folge von irgendetwas auftreten, das dem ersten System zugefügt werden mag" (Einstein et al. 1935, S. 779).

Einstein, Podolsky und Rosen schließen daraus auf die Unvollständigkeit der Quantentheorie. Da zu den Prämissen des EPR-Arguments eine Lokalitätsannahme gehört, von der man mittlerweile weiß, dass sie nicht mit gemessenen Korrelationen verträglich ist, kann das Argument nicht als stichhaltig betrachtet werden. Davon unabhängig hat aber der Typ des EPR-Gedankenexperiments die Diskussionen um die Bedeutung der Quantentheorie für das Weltbild der Physik grundlegend bestimmt. Entscheidend ist, dass es in der Quantentheorie Systeme gibt, die durch Zustandsvektoren wie (*) gekennzeichnet sind und die Erwin Schrödinger (Abb. 8) als „verschränkte Systeme" bezeichnet hat. Die Existenz solcher Zustände ist nach ihm „der charakteristische Zug der Quantentheorie, der ihre völlige Abweichung von der klassischen Denkweise erzwingt."[13] Bei solchen verschränkten Systemen schließt die maximale Kenntnis des Gesamtsystems nicht die maximal mögliche Kenntnis der Teilsysteme ein.

---

[13] E. Schrödinger (1935, S. 555). Zu verschränkten Systemen vgl. Näger und Stöckler (2018, S. 108).

Abb. 8   Erwin Schrödinger. (© dpa/picture alliance)

Man kann zeigen, dass Systeme, die durch Zustandsvektoren des Typs (**) gekennzeichnet sind, zu Korrelationen zwischen den Messergebnissen an den beiden Komponenten führen können, die nicht durch Theorien reproduziert werden können, die man lokal-realistisch genannt hat. Wir werden später noch darauf zurückkommen.

Am Beispiel des EPR-Arguments haben wir die mathematische Struktur der Zustandsvektoren kennengelernt, die zu den Korrelationen führen, die bei Messungen an verschränkten Systemen auch im Fall großer räumlicher Trennung auftreten. Wir werden noch sehen, dass diese Korrelationen, die mittlerweile auch gemessen worden sind, weder durch eine Wechselwirkung noch durch eine gemeinsame Ursache erklärbar sind. Diese Korrelationen führen zu der meiner Auffassung nach wichtigsten Änderung im Weltbild der Physik.

4   Interpretationsprobleme

Schon ein erster Eindruck von dem mathematischen Apparat der Quantentheorie zeigt, dass daraus auf direktem Weg keine Folgerungen für unser Weltbild ableitbar sind. Es müssen weitere Annahmen und Ergänzungen hinzukommen. Zu einer physikalischen Theorie gehören ein mathematischer Formalismus und Interpretationen. Zu den Interpretationen gehört u. a. eine Verknüpfung des mathematischen Apparats mit der Wirklichkeit, d. h. zumindest für einige Symbole muss festgelegt sein, was ihnen im Experiment bzw. in der Erfahrung entsprechen soll. In der Quantentheorie gibt es darüber hinaus Interpretationen in einem besonderen Sinn, von denen auch die Weltbildrelevanz der Theorie abhängt.

Meist gibt es keine Möglichkeit, zwischen diesen durchaus unterschiedlichen Interpretationen experimentell zu entscheiden. Für sie werden Argumente aus der Wissenschafts- und der Naturphilosophie und der Metaphysik ins Feld geführt.

Schauen wir uns das Feld der Interpretationen einer physikalischen Theorie genauer an. Dazu sollten wir verschiedene Stufen der Theorie und ihrer Interpretation unterscheiden.

(1) Mathematischer Formalismus

Es gibt verschiedene Versionen des mathematischen Apparats, die aber im Wesentlichen äquivalent sind.[14] Hier gibt es wenig Streit.

(2) Minimalinterpretation/Standardinterpretation

Die Mathematik wird so weit interpretiert, dass die Theorie experimentell testbar wird. Hier geht es um

- die Bestimmung möglicher Messwerte (Spektren, z. B. die Energiewerte, die ein Elektron in einem Wasserstoffatom annehmen kann),
- die Vorhersage relativer Häufigkeiten mit Hilfe des Skalarprodukts $<\Psi|A\,\Psi>$, wodurch Streuexperimente ausgewertet werden können. Spektren und Streuexperimente sind die wichtigsten Anwendungen der Quantentheorie.

In diesem Bereich der Semantik (Zuordnung von Bedeutung zu den Zeichen der Theorie) müssen alle Interpretationen übereinstimmen. Die Minimalinterpretation reicht, um mit der Theorie zu arbeiten.

(3) Ergänzende Festlegungen und Deutungen

Das, was man üblicherweise Interpretationen der Quantentheorie nennt, sind weitere Annahmen, die die Quantentheorie in das übrige naturphilosophische Wissen einordnen sollen. Dabei geht es u. a. um

- den Zusammenhang von Zustandscharakterisierung und Eigenschaften,
- den Zusammenhang von Messprozess und Zustandsentwicklung,
- die Einbettung der Quantenobjekte in den Raum (z. B. im Welle-Teilchen-Dualismus),
- die Existenz eines deterministischen Unterbaus,
- die Bedeutung des Zustandsvektors (der Wellenfunktion).

---

[14] Eine Sonderrolle spielen Interpretationen, die eigentlich Abänderungen der Quantentheorie sind, wie etwa die Theorien von de Broglie-Bohm und GRW, vgl. Friebe et al. (2018, Abschn. 2.4 und 5.1).

Zum letzten Punkt werden z. B. folgende Fragen gestellt: Steht der Zustandsvektor für ein Einzelobjekt oder für ein Ensemble? Ist der Wahrscheinlichkeitsbegriff subjektiv oder objektiv zu verstehen? Beschreibt die Wellenfunktion einen Zustand der Welt (ontische Interpretation) oder unser Wissen darüber (epistemische Interpretation)? Gibt die Zustandsfunktion nur an, mit welchen Wahrscheinlichkeiten spezielle Messwerte auftreten, wenn auf Quantenobjekte bestimmte Messverfahren angewandt werden (relationale Zustandskonzeption)?

Ein zentraler Teil der Interpretationen der Quantentheorie sind die jeweiligen Konzeptionen des Messprozesses. Nach der Theorie von John von Neumann ist die Zustandsänderung bei der Messung indeterministisch. Man kann deswegen mit Recht sagen, dass die Quantentheorie indeterministisch ist, auch wenn die grundlegende Bewegungsgleichung, die Schrödinger-Gleichung, deterministisch ist.

Es wurde allerdings eine ganze Reihe von Theorien des Messprozesses vorgeschlagen, die sich voneinander unterscheiden.[15] Kollapstheorien nehmen wie von Neumann an, dass sich der Zustand bei der Messung instantan ändert oder dass die Zustandsänderung durch eine veränderte stochastische Schrödinger-Gleichung beschrieben wird (etwa in der Theorie von Ghirardi, Rimini und Weber, wobei es sich streng genommen um keine Interpretation, sondern um eine neue Theorie handelt). Weiter gibt es eine ganze Reihe von Theorien, die ohne Kollaps der Zustandsfunktion auskommen. Dazu gehören die spektakulären Viele-Welten-Theorien, bei denen bei einer Messung tatsächlich alle möglichen Messwerte auftreten, wozu sich das Universum aber in viele Welten aufspalten bzw. vermehren muss. Es gilt das Prinzip der Fülle: Alles, was geschehen kann, geschieht auch, allerdings nicht in unserer Welt. Ein anderes Programm versucht die Zustandsveränderung auf die nie ganz abschirmbare Wechselwirkung eines Quantenobjekts mit seiner Umgebung zurückzuführen. Diese sog. Dekohärenztheorie (vgl. Friebe et al. 2018, Abschn. 2.3.2) muss aber noch ergänzt werden, wenn man erklären will, warum nur ein Messwert vorliegt und keine Verteilung möglicher Messwerte. Immer wieder einmal wird auch der Vorschlag gemacht, dass sich bei der Messung nicht der Zustand des Systems, sondern nur unser Wissen darüber verändert (epistemische Deutung).

---

[15] Eine ausführliche Darstellung und Diskussion der Ansätze in Friebe et al. (2018, Kap. 2 und 5).

Das setzt auch voraus, dass der Zustandsvektor nicht ontologisch realistisch, sondern epistemisch gedeutet wird. Nach wie vor in der Diskussion sind auch Varianten der Ansätze von de Broglie und Bohm, in denen es neben der Wellenfunktion in der Zustandsbeschreibung auch Teilchenorte gibt.[16]

Alle diese Interpretationen und Abänderungen der Quantentheorie führen zu unterschiedlichen Vorstellungen darüber, wie die Quantenwelt beschaffen ist und wie groß die Abweichung von dem klassischen Weltbild der Physik anzunehmen ist. Dem können wir hier nicht im Einzelnen nachgehen.[17] Stattdessen wollen wir uns, nach dem Blick auf die Quantentheorie und die Rolle der Interpretationen, noch einmal den vier Behauptungen über die Weltbildrelevanz aus dem Abschn. 2 zuwenden.

5   Auf dem Weg zu einem Weltbild der Physik

Philosophische Folgerungen aus der Quantentheorie gibt es nur mit zusätzlichen Interpretationsannahmen, die z. T. selbst philosophische Quellen haben. Seriöse Überlegungen zu einem Weltbild der Physik müssen diese Wechselbeziehungen berücksichtigen. In der Anfangszeit der Quantentheorie war das noch nicht zu erwarten, da vor allem Physiker über die Folgen der Quantentheorie für das Weltbild nachdachten, die eher zufälligen Kontakt mit der Philosophie gehabt hatten. Eine systematische und „professionelle" Diskussion auf der Höhe der aktuellen physikalischen und philosophischen Erkenntnisse begann Anfang der 1970er Jahre im Rahmen der angelsächsisch geprägten Philosophie der Physik.

Eine erste Überlegung zur Weltbildrelevanz der Quantentheorie *(WBR 1)* setzt, wie wir im Abschn. 2 gesehen haben, an den indeterministischen Zügen der Quantentheorie an, die angeblich, anders als die deterministische klassische Physik, Willensfreiheit ermöglichen. Der Indeterminismus der Quantentheorie stellt für sich schon eine Änderung im deterministischen Weltbild des 19. Jahrhunderts dar, sofern dieses von der Newton'schen Mechanik und Maxwells Elektrodynamik geprägt ist. Allerdings hatte die statistische Mechanik schon vor der Quantentheorie den Umgang mit physikalischen Systemen mit sich gebracht, deren Verhalten im Einzelfall

---

[16] Zu Grundideen, Vorzügen und Problemen vgl. O. Passon in Friebe et al. (2018, S. 188–207).

[17] Details in Friebe et al. (2018, Kap. 2 und 5).

und im Detail nicht vorhersagbar ist. Der Indeterminismus der Quantentheorie gewinnt aber wegen seiner prinzipiellen Natur eine besondere Bedeutung, weil er zur Verteidigung der Willensfreiheit herangezogen wurde. Diese Argumentation hat eine Reihe von Voraussetzungen, die man genauer anschauen muss. Auf der naturwissenschaftlichen Seite könnte man darauf hinweisen, dass der Indeterminismus nur beim Messprozess auftritt, der evtl. bei Willensentscheidungen gar keine Rolle spielt. Weiter kann man fragen, ob der Indeterminismus der Mikroebene für die Frage nach der Willensfreiheit überhaupt relevant ist. Quanteneffekte scheinen im Gehirn bei den für Entscheidungsprozesse einschlägigen Prozessen keine Rolle zu spielen.[18]

Wichtiger sind aber die Diskussionen auf der Seite der Philosophie. Nach den hier gegenwärtig verbreiteten kompatibilistischen Positionen ist die Willensfreiheit mit dem Determinismus vereinbar. Allerdings ist auch die Philosophie weit entfernt von einer einheitlichen Antwort auf die Frage, was genau unter Willensfreiheit zu verstehen ist. Eine wichtige Unterscheidung trennt die schon genannten kompatibilistischen Theorien des freien Willens, die Willensfreiheit mit einem Determinismus für vereinbar halten, von inkompatibilistischen, für die zwischen Willensfreiheit und Determinismus ein unüberwindbarer Konflikt besteht.[19] Häufig werden zwei Forderungen an eine freie Entscheidung gestellt:[20] (i) Es muss eine Wahlsituation und alternative Entscheidungsmöglichkeiten geben, wobei aber nicht unbedingt an einen indeterministischen Prozess zu denken ist, da Entscheidungen ja nicht zufällig sein sollen. (ii) Unsere Entscheidungen müssen unter unserer Kontrolle sein. Wir dürfen nicht von außen oder innen gezwungen sein.

Entscheidend ist nicht, ob Handlungen auf der naturgesetzlichen Ebene determiniert sind oder nicht, sondern vielmehr, wie Wünsche und Motive zu Handlungen führen können. „Die Freiheit des Willens liegt darin, dass er auf ganz bestimmte Weise bedingt ist: durch unser Denken und Urteilen."[21] Zu diesen Fragen hat die Quantentheorie nichts beizutragen. Der bloße Indeterminismus in der Physik würde Entscheidungen dem Zufall überlassen, was nicht unseren Intuitionen über freie Handlungen entspricht. Deshalb scheinen mir die Ergebnisse der Quantentheorie für die Debatte um die Willensfreiheit irrelevant zu sein. Die Mehrheit der Fachleute

---

[18] Etwas anders sieht es Hodgson (2011, S. 77–78). Vgl. auch die Diskussion, ob nichtlineare Prozesse Quanteneffekte verstärken können (Bishop 2011, S. 90–95).

[19] Einen detailreichen Überblick findet man in Kane (2011b).

[20] Vgl. z. B. Pauen (2006, S. 59 f.).

[21] Bieri (2001), S. 80. Vgl. auch die prägnanten Überlegungen zum Thema ‚Determinismus, Vorhersagbarkeit, Freiheit' in Nortmann (2008), S. 170–175.

scheint mir zu dem kompatibilistischen Lager zu gehören (unter Einschluss derer, die Willensfreiheit sowohl mit einer deterministischen als auch mit einer indeterministischen Welt für vereinbar halten). Allerdings wird das Problem, ob und wie Willensfreiheit mit determinierender Naturgesetzlichkeit vereinbar ist, noch immer diskutiert.[22]

Ein zweiter Typ von Weltbildrelevanz *(WBR 2)* wurde der Quantentheorie von Auffassungen zugesprochen, die behaupten, dass, im Unterschied zur mechanistischen Physik des 19. Jahrhunderts, in der Quantentheorie das Bewusstsein des Menschen eine besondere und zentrale Rolle spiele. Der grundlegende Ansatzpunkt ist dabei die Annahme, dass die Zustandsänderung beim Messprozess am besten durch den Eingriff des menschlichen Geistes im Zuge einer Körper-Geist-Interaktion verständlich gemacht werden kann. So wurde von den Physikern Fritz London und Edmond Bauer und von Eugene Wigner die These verteidigt, dass der neue Zustand durch die Wahrnehmung eines Menschen hervorgebracht wird. Nur das Bewusstsein sei in der Lage, einen eindeutigen Zustand des Messgeräts hervorzubringen. Diese Theorie ist ein Import von Vorstellungen, die Fritz London in seinem Philosophiestudium kennengelernt hatte.[23]

Gegen solche Vorschläge spricht, dass Messprozesse offenbar beendet sind, wenn der Zeiger des Messgeräts auf eine bestimmte Zahl zeigt bzw. wenn der Computer das Ergebnis ausgedruckt hat, unabhängig davon, ob eine Physikerin davon Kenntnis genommen hat oder nicht. Der Zusammenhang von Bewusstsein und materieller Welt ist ein zentrales Thema der Philosophie des Geistes. Dualistische Lösungen, in denen Bewusstsein und Materie unabhängige Substanzen sind und das Bewusstsein unabhängig von den Naturgesetzen in die materielle Welt eingreifen kann, gelten dabei als problematisch, weil der Mechanismus der Wechselwirkung zwischen den beiden Bereichen nicht plausibel gemacht werden kann. In der Quantentheorie käme speziell das Problem hinzu, wie es das Bewusstsein schafft, beim Messprozess so einzugreifen, dass dabei die von der Quantentheorie vorhergesagten Wahrscheinlichkeiten, speziell die Born'sche Regel beachtet werden. Wie sorgt das Bewusstsein also für die bei wiederholten Messungen sich einstellende Häufigkeitsverteilung, die durch die Quantentheorie vorgeschrieben wird?

---

[22] Viele Beiträge in dem Handbuch Kane (2011a) zeigen das. Eine von meiner Position abweichende Auffassung vertritt Hodgson (2011), bei dem es aber vor allem um die besondere Bedeutung der Quantentheorie für das Verständnis des menschlichen Bewusstseins geht.

[23] London wurde 1921 in Philosophie promoviert, Details und Quellenangaben in Jammer (1974), Kap. 11, insbes. S. 482.

Die Idee, dass die fundamentalen Vorgänge in der materiellen Welt vom Geist abhängen, wurde auch in neuerer Zeit immer wieder einmal aufgegriffen.[24] Ein häufiges Motiv scheint zu sein, dass materialistische Theorien des Bewusstseins als unplausibel betrachtet werden und dass deswegen dem Geist ein Platz auch in der fundamentalen Physik zugeordnet wird. Allerdings sind Ansätze, die dem Bewusstsein eine spezielle Rolle in der Quantentheorie zuweisen, eher programmatisch und spekulativ. Sie konnten weder in der Philosophie des Geistes noch in den Fachkreisen der Philosophie der Physik große Überzeugungskraft entwickeln.

Als dritte Form der Weltbildrelevanz *(WBR 3)* hatten wir die These kennengelernt, dass die Quantentheorie dem Realismus widerspricht. Zu der Frage, ob es solche erkenntnistheoretischen Konsequenzen der Quantentheorie gibt, sind unzählige Aufsätze erschienen. In der letzten Zeit ist diese Frage eher in den Hintergrund getreten, vielleicht auch, weil attraktive realistische Interpretationen vorgelegt worden sind, metaphysische Fragen zunehmend auf das Interesse der Philosophie der Physik stoßen und der Realismus in der Erkenntnistheorie an Boden gewonnen hat. Die These, die Quantentheorie sei mit einer realistischen Erkenntnistheorie nicht vereinbar, wirft das Problem auf, was der Autor bzw. die Autorin jeweils unter „Realismus" versteht, und wie dieses erkenntnistheoretische Problem in die Physik übersetzt wird, so dass es in einem gewissen Sinn empirisch entscheidbar wird. In der Erkenntnistheorie ist der Realismus die Annahme einer unabhängig und außerhalb vom Bewusstsein existierenden Realität, die auch erkennbar ist (wenn auch nicht vollständig). Die Gegenposition wäre (in einer für philosophische Ohren ähnlich grobschlächtigen Kennzeichnung) der Instrumentalismus, der die Abbildfunktion physikalischer Theorien bestreitet und sie nur als Instrumente zur Vorhersage und zur Veränderung der Welt betrachtet.

Es gibt drei Strategien, die die Unvereinbarkeit von Quantentheorie und Realismus zeigen wollen. Die Strategie (i) stützt sich auf das Ergebnis, dass sog. lokal-realistische Theorien die EPR-Korrelationen nicht reproduzieren können. Genauere Analysen legen jedoch nahe, dass nicht der Realismus, sondern die Lokalitätsannahme zum Widerspruch zu den einschlägigen Beobachtungen führt.[25] Wer einer realistischen Erkenntnistheorie anhängt, ist aber nicht auf lokale Theorien festgelegt. Die damit verwandte Strategie

---

[24] Vgl. Hodgson (2011, insbes. S. 73–78), der Sympathien für solche Ansätze hat.

[25] Wir kommen bei der Besprechung von WBR 4 unten noch einmal ausführlicher darauf zurück. Zum physikalischen Hintergrund vgl. Näger und Stöckler (2018), darin auch Details zu verschiedenen Bedeutungen von „Lokalität". Zur speziellen Verwendung von „Realismus" in diesem Kontext vgl. Stöckler (1986), S. 87.

(ii) stützt sich auf ein spezielles Verständnis von Realismus, nach dem jeder Satz über die Wirklichkeit entweder wahr oder falsch sein muss, auch wenn es im Einzelfall nicht immer möglich ist zu entscheiden, was der Fall ist. Wie wir gesehen haben, ist dies in der Quantentheorie nicht mehr im Hinblick auf alle klassischen Größen möglich. Unabhängig von der Frage, ob man einem Realismus anhängt oder nicht, besteht überwiegende Einigkeit, dass eine realistische Erkenntnistheorie nicht auf eine klassische Ontologie festgelegt ist, bei der immer feststehen muss, ob die Eigenschaft vorliegt oder nicht.

Die Strategie (iii) verdient eine ausführlichere Betrachtung. Sie kann sich auf Niels Bohr berufen, der es von der jeweiligen makroskopischen Situation abhängig macht, ob dem Quantensystem eine bestimmte Eigenschaft zugesprochen werden kann oder nicht. Die Quantenmechanik wird dann zur Wissenschaft von der Natur, wie sie sich uns zeigt, wenn sie mit bestimmten Beobachtungsverfahren untersucht wird.[26] Eine neue Variante kann man in Kutschera (2017) finden. Franz von Kutschera setzt an der Beobachtbarkeit der Welt an. Zum Realismus der klassischen Physik gehöre das Postulat der Objektivität. Das enthält die Annahmen, dass die Wirklichkeit erkennbar ist, so wie sie an sich ist, und dass die physische Welt sich prinzipiell störungsfrei beobachten lässt. In den Theorien dürfen danach weder Beobachter vorkommen noch Begriffe, die sich auf die Weise beziehen, wie wir die Dinge beobachten (Kutschera 2017, S. 19). Kutschera stellt das Postulat der Objektivität in Frage, es sei schon von Philosophen des Empirismus aufgegeben worden. Die Verbindung mit der Quantentheorie stellt er dadurch her, dass zentrale Interpretationsprobleme wie die Zustandsänderung beim Messprozess verschwinden, wenn man das Objektivitätspostulat aufgibt. Franz von Kutschera sieht den entscheidenden Schritt darin, dass in der Quantentheorie bei hinreichend kleinen Dimensionen jede Beobachtung den Zustand des Systems verändere.[27] Die Quantenmechanik sage nur darüber etwas aus, wie uns die Dinge bei *Beobachtungen* erscheinen. Die Zustandsvektoren bzw. Wellenfunktionen geben in der Sicht von Kutschera nur Wahrscheinlichkeiten für *Ergebnisse* der Messung von Ort und Impuls an, nicht Wahrscheinlichkeiten für Ort

---

[26] Vgl. Stöckler (1986), S. 73–77 zur Kopenhagener Interpretation und S. 88 zu verwandten Positionen.

[27] Kutschera (2017), S. 66 f. Ich glaube allerdings aufgrund physikalischer Überlegungen nicht, dass Kutschera hier recht hat, weder in der Quantentheorie noch in der klassischen Physik. Wenn man hinreichend genau hinschaut, verändert auch in der klassischen Physik eine Messung oft den Zustand des Systems, allerdings kann man diese Veränderung berechnen.

und Impuls selbst (Kutschera 2017, S. 84 und 85). Da man dann nur über Ergebnisse von Messungen spricht, lässt sich das Problem der Zustandsveränderung bei der Messung nicht mehr formulieren. Das führt Kutschera als Vorteil seiner Interpretation ins Feld.

Dadurch wird der Realismus nicht in dem Sinne aufgegeben, dass der Bezug der Erfahrung auf eine äußere Welt bestritten wird. Allerdings lasse sich die Beziehung zwischen Erfahrungsinhalt und der Beschaffenheit der „Welt an sich" nicht feststellen (Kutschera 2017, S. 86). Wir müssen hier noch eine wichtige Differenzierung einbringen. Es gibt nämlich verschiedene Versionen von Realismus. Die bisher unter (iii) erwähnten Positionen bestreiten ja nicht, dass die Physik sich mit einer Welt außerhalb des Bewusstseins auseinandersetzt. Sie schränken die Aussagekraft der Quantentheorie nur in der Hinsicht ein, dass z. B. die Zustandsbeschreibung auf bestimmte Beobachtungskontexte bezogen ist oder dass die Quantentheorie nur über makroskopische Effekte mikroskopischer Objekte oder nur über Messergebnisse redet. Es wird also der Erkenntnisanspruch der Physik eingeschränkt. Es gibt ein ganzes Spektrum der Arten solcher Einschränkungen bis hin zu einem expliziten Instrumentalismus. Diese erkenntnistheoretischen Zwischenpositionen führen auch zu unterschiedlichen Interpretationsannahmen, z. B. im Hinblick auf die Bedeutung der Wellenfunktion. Im Extremfall bleibt nur die Minimalinterpretation übrig.

Physikalische Theorien sollen zweifellos auch über Messergebnisse sprechen. Die Frage, die uns hier interessiert, ist, ob man nicht darüber hinausgehen kann, in dem Sinne, dass etwa Wellenfunktionen tatsächliche Systemzustände in der Welt repräsentieren, und insbesondere, ob die Quantentheorie das verhindert. Für die Abkehr von einem starken Realismus spricht, dass man dann viele Grundlagenprobleme der Quantentheorie nicht mehr formulieren kann. Die Gegner solcher Einschränkungen des Realismus werden ins Feld führen, dass das Vorteile seien, die jede Oberflächenbetrachtung vor einer tieferen Analyse hat. Z. B. bleiben sowohl bei Bohr wie auch bei Kutschera die Details der Wechselwirkung von System und Messgerät für eine Analyse unzugänglich, ohne dass dafür ein überzeugender Grund angegeben wird (Kutschera 2017, S. 84; Stöckler 1986, S. 88). Die Einschränkung des Geltungsbereichs zeigt sich auch nicht im mathematischen Formalismus der Quantentheorie, in dem keine Beobachter vorkommen. So scheint es mir voreilig, an die klassische Physik andere erkenntnistheoretische Ansprüche zu stellen als an die Quantentheorie.

Die erkenntnistheoretischen Debatten um den Realismus sind komplex und subtil, und man kann gute Gründe haben, einer vorsichtigen Variante des Realismus anzuhängen. Die Quantentheorie zwingt aber nicht dazu.[28] In einer realistischen Interpretation der Quantentheorie repräsentiert die Zustandsfunktion ein in der denkunabhängigen Realität existierendes physisches Objekt. Mittlerweile gibt es, wie erwähnt, verschiedene realistische Interpretationen der Quantentheorie (z. B. de Broglie-Bohm, Many Worlds oder GRW). Es gibt auch ausgearbeitete eingeschränkt-realistische Interpretationen, z. B. sog. epistemische Interpretationen, nach denen die Zustandsfunktion keine Beschreibung eines Quantensystems darstellt, sondern nur „die epistemischen Relationen", die Physikerinnen und Physiker jeweils mit diesen Systemen verbinden.[29] Quantenzustände beschreiben in dieser Interpretation Überzeugungen über den Ausgang von Messungen.

Auch hier zeigt sich wieder, dass Folgerungen für das Weltbild aus einem Komplex von Annahmen folgen, in das mathematische Details der Theorie, allgemeine Hintergrundannahmen über das Ziel der Physik und weitere erkenntnistheoretische Annahmen eingehen, die in einem Abwägungs-prozess kohärent gemacht werden.

Die letzte Form der Weltbildrelevanz, die wir uns anschauen wollen **(WBR 4)**, setzt dabei an, dass die Quantentheorie neue Formen der Ein-bettung von Objekten in den Raum beinhaltet. Häufig wird die Quanten-theorie ja mit dem Dualismus von Welle und Teilchen in Verbindung gebracht. In der klassischen Physik wurden elektrische und magnetische Felder als ausgebreitete Felder und Teilchen als lokalisierte Objekte auf-gefasst. In der Quantentheorie können aber sowohl Photonen als auch Elektronen je nach Umständen sich manchmal wie Felder und manchmal wie Teilchen verhalten. Diese anschauliche Vorstellung kann man in den mathematischen Formalismus der Quantentheorie übersetzen. Im Zusammenhang mit der Quantenfeldtheorie, die sich aus der Quantisierung des elektromagnetischen Feldes ergab, wird das Problem wieder diskutiert: Handelt die Quantenfeldtheorie von Feldern, von Teilchen (trotz ihres Namens) oder von einer dritten Art von Gegenständen?[30] Die Frage, wie die Materie in Raum und Zeit eingebettet ist, ist aus physikalischen Gründen wichtig, da davon die Vereinbarkeit von Quantentheorie und Relativi-tätstheorie abhängt. Sie ist aber auch von zentraler naturphilosophischer Bedeutung. Festzuhalten ist, dass in der Quantentheorie die raumzeitliche

---

[28] Belege und etwas ausführlichere Begründungen findet man in Stöckler (1986), S. 85–91.

[29] Eine neuere Arbeit in der Tradition der epistemischen Interpretationen ist Friedrich (2015).

[30] Siehe Kuhlmann/Stöckler in Friebe et al. (2018), Kap. 6.

Interpretation, d. h. die Einbettung der Objekte in Raum und Zeit, bei allen offenen Fragen so weit geklärt ist, dass die Verknüpfung von Theorie und Experiment die Vorhersage von Messergebnissen erlaubt.

Im Folgenden soll ein Spezialproblem der raumzeitlichen Interpretation, die Nichtlokalität der Quantentheorie, diskutiert werden. Die Nichtlokalität widerspricht nicht nur intuitiven Vorstellungen von der Natur, es scheint auch Schwierigkeiten zu geben, sie mit Grundforderungen der Relativitätstheorie zu vereinbaren. Ausgangspunkt ist dabei noch einmal das Gedankenexperiment von Einstein, Podolsky und Rosen. Aus heutiger Sicht liegt seine Bedeutung darin, dass für die Beschreibung eines zusammengesetzten Systems eine verschränkte Wellenfunktion benutzt wird, mit deren Hilfe die Nichtlokalität der Quantentheorie gezeigt werden kann. Eine besondere Pointe ist, dass man auf allgemeine Weise beweisen kann, dass beobachtbare Korrelationen zwischen Messungen an weit voneinander entfernten Messgeräten unabhängig von der Quantentheorie die Nichtlokalität der Natur zeigen (wobei der Sinn dieser Nichtlokalität noch zu erläutern ist).

Angeregt durch die EPR-Arbeit stellte John Stuart Bell 1964 die Frage, ob die Quantenmechanik durch die Einführung verborgener Parameter wieder zu einer lokalen (und deterministischen) Theorie gemacht werden kann. Bell betrachtete die gleiche Anordnung, in der zwei Teilchen, die wegen ihrer Erzeugung in einem verschränkten Zustand sind, auseinander fliegen. An beiden Teilchen werden der Spin bzw. die Polarisation gemessen und die Korrelationen zwischen beiden Messungen bestimmt. Das Ergebnis: Keine Theorie mit verborgenen Parametern kann die Vorhersagen der Quantentheorie wiedergeben, wenn sie lokal ist. Lokalität ist in diesem Fall definiert durch die Forderung, dass das Messergebnis weder von dem Messergebnis des entfernten Teilchens noch von der Messeinstellung des entfernten Detektors abhängt, dass also anschaulich gesehen jedes Teilchen die „Informationen" für den Messausgang lokal mit sich trägt (Abb. 9).[31]

Bells Arbeit ist deswegen bahnbrechend, weil Bell in seinem Beweis nicht auf eine spezielle Wahl einer Zustandsfunktion zurückgreifen muss, sondern mit einer allgemeinen, nur statistisch formulierten Lokalitätsbedingung auskommt. Der Beweis von Bell wurde mehrfach verallgemeinert, insbesondere konnte man zeigen, dass das Ergebnis nicht auf den deterministischen Fall eingeschränkt ist. Messungen haben in der Zwischenzeit die von der Quantentheorie vorhergesagten Korrelationen bestätigt. Das Argument von Bell nimmt nur auf Korrelationen von Messungen Bezug, es gilt also nicht

---

[31] Vgl. die ausführlichere Darstellung in Näger und Stöckler (2018), insbes. ab S. 135.

Abb. 9 John Stuart Bell (© CORBIN O'GRADY STUDIO/Science Photo Library)

nur für die Quantentheorie, sondern für eine ganze Klasse von Theorien. Man könnte in diesem Sinne sagen, dass nicht nur die Quantentheorie nichtlokale Züge trägt, sondern auch die Natur.

Die nicht mehr lokal erklärbaren Korrelationen treten zwischen Ereignissen auf, die so weit voneinander entfernt sind, dass kein Signal mit Lichtgeschwindigkeit sie verbinden kann. Die Ergebnisse der Messung an einem Teilsystem hängen statistisch von der Wahl der Messrichtung an dem anderen Teilsystem ab, auch wenn die Festlegung dieser Messrichtung so spät erfolgt ist, dass darüber kein Signal mehr am anderen System ankommen kann. Vor der Messung liegt ein verschränkter Zustand vor, die Korrelationen finden sich in der Relation der Messergebnisse an den Teilsystemen, denen man nach der Messung wieder einen eigenen Zustand zuschreibt. Die Korrelationen werden durch den Zustand des Gesamtsystems vor der Messung bestimmt und werden durch die Zustandsänderung in aufeinander abgestimmten Messprozessen an den Teilsystemen – sozusagen in einem korrelierten Messprozess – sichtbar.

Die Tatsache, dass die Quantenmechanik die Korrelationen korrekt wiedergibt, löst weder das physikalische noch das philosophische Problem. Physikalisch entsteht die Frage, wie der korrelierte Messprozess mit der Relativitätstheorie vereinbar sein könnte, da es ja so aussieht, als hätte die Messung an der einen Komponente eine Wirkung auf die andere

Komponente.[32] Die betrachteten Korrelationen kommen nur beim Messprozess vor, der nicht der normalen Dynamik der Theorie folgt. Die Vereinbarkeit mit der Relativitätstheorie kann man also nicht einfach dadurch feststellen, dass man sich anschaut, ob die Grundgleichungen relativistisch invariant sind. Hilfreich wäre es zu wissen, wie die Zustandsveränderung raumzeitlich zu verstehen ist. Die Quantentheorie enthält mathematische Regeln, mit denen man die Korrelationen ausrechnen kann. Sie gibt aber keinen Hinweis auf Vorgänge in Raum und Zeit, die den verschränkten Gesamtzustand aufheben und zu den bekannten Ergebnissen an den weit entfernten Messgeräten führen könnten. Für die Frage, wie man sich das Zustandekommen raumzeitlich vorstellen kann, gilt noch immer die Aussage von Günther Ludwig aus dem Jahre 1971: „Die Antwort, und das mag vielleicht enttäuschend sein, ist, dass die Quantenmechanik nichts darüber sagen kann" (Ludwig 1971, S. 312).

Es ist nicht einfach herauszufinden, welche Schlüsse man daraus ziehen sollte. Müsste man besser über die räumliche Ausdehnung eines Quantenzustands Bescheid wissen? Oder kommt in der Quantentheorie die Beschreibung von Bewegung und Veränderung in Raum und Zeit prinzipiell an eine Grenze, so dass es keine durchgehende raumzeitliche Analyse von Prozessen in der Natur mehr geben kann?

Es scheint, dass man aus einer Reihe von plausiblen Annahmen, die zugleich Prinzipien der Theoriebildung sind, mindestens eine aufgeben muss.[33] Zu diesen Annahmen gehören:

(i) Korrelationen sollten erklärt werden (methodologisches Ideal),
(ii) getrennte Objekte sollten voneinander unabhängige Zustände haben (Separabilität als metaphysische Annahme),
(iii) die spezielle Relativitätstheorie soll gelten (physikalisch bewährtes Prinzip).

Die Debatte zeigt, dass bei Konflikten zwischen bisher bewährten physikalischen und philosophischen Prinzipien nicht klar ist, was davon man aufgeben muss. Die Veränderungen im Weltbild der Physik ergeben sich nicht zwingend. Die Diskussionen um den Einfluss der Quantentheorie auf das Weltbild der Physik haben noch nicht zu allgemein akzeptierten und leicht einsehbaren Ergebnissen geführt.

---

[32] Vgl. die vor allem auf Paul Näger zurückgehenden Überlegungen zum Verhältnis von Nichtlokalität und Relativitätstheorie in Näger und Stöckler (2018), S. 148–170.

[33] Die folgende auf Paul Näger zurückgehende Überlegung wird in Näger und Stöckler (2018) im Detail belegt.

6   Skeptische Schlussüberlegungen

Wir haben gesehen, dass die Quantentheorie die Welt in oft ungewohnter und seltsamer Weise beschreibt. Die genaue Bedeutung der Neuerungen ist vielfach noch umstritten. Das neue Weltbild zeichnet sich noch nicht so prägnant und leuchtend ab wie vielleicht erwartet.

Zweifellos führt die Auseinandersetzung mit der Quantentheorie zu anregenden und wichtigen Diskussionen in der Erkenntnistheorie und in der Metaphysik.[34] Aber wie präsent ist sie im Alltagsleben? Die Quantentheorie hat den Anspruch, universell zu sein, d. h. die ganze Natur zu beschreiben, für unsere Alltagswelt kommt sie dabei sehr häufig zu den gleichen Ergebnissen wie die vertraute „klassische" Physik.[35] Es gibt natürlich makroskopische Quanteneffekte wie die Supraleitung und viele Phänomene wie Laserlicht oder die chemische Bindung, zu deren Erklärung man die Quantentheorie braucht. Für die meisten von uns wird das Interesse an der Quantentheorie eher naturphilosophisch als praktisch sein. „Für die Physik war die Quantenmechanik von ungeheurer Bedeutung, doch für das Leben der Menschen kann ich in der Quantenmechanik keinerlei Botschaft entdecken, die sich nennenswert von denen der Newton'schen Physik unterscheiden wird" (Weinberg 1993, S. 85). Mir scheint z. B. der Indeterminismus der Quantentheorie für das Alltagshandeln irrelevant zu sein. Für unseren Umgang mit Zufällen und unvorhersehbaren Ereignissen ist es gleichgültig, ob sie sich der Quantentheorie, chaotischen Bewegungsgleichungen oder einfach fehlendem Detailwissen verdanken. Zu unserer Einstellung zur Natur und zu unserem Umgang mit ihr kann die Quantentheorie wenig beitragen, Verantwortungsbewusstsein und ein gewisses naturwissenschaftliches Verständnis sind viel wichtiger.

Die Folgen der Quantentheorie für unsere Art Physik zu treiben sind unklar. Die beste physikalische Theorie, die erreichbar ist, könnte als Instrument sehr erfolgreich, aber doch unvollständig und aus begrifflicher Sicht unbefriedigend sein. Vielleicht erfüllt sich aber auch eines Tages der Traum vieler Physiker von einer vollendeten, einheitlichen und realistisch interpretierbaren Theorie. In der gegenwärtigen Situation muss man aber wohl P. A. M. Dirac, einem der Gründungsväter der Quantentheorie zustimmen, der 1963, 30 Jahre nach seinem Nobelpreis, geschrieben hat: „Wir können uns glücklich schätzen, wenn es uns gelingt,

---

[34] Auch zu Themen, die hier nicht besprochen worden sind, z. B. zum Substanz- und Identitätsbegriff.

[35] Wenn auch der Weg zu den klassischen Grenzfällen der Quantentheorie schwierig ist.

die Unschärferelationen und den Indeterminismus der gegenwärtigen Quantenmechanik in einer Weise zu beschreiben, die für unsere philosophischen Überlegungen befriedigend ist. Wenn uns dies aber nicht gelingt, dann sollten wir deswegen nicht allzu beunruhigt sein. Wir dürfen einfach nicht vergessen, dass wir uns in einem Übergangsstadium [der Physik] befinden, und dass es vielleicht ganz unmöglich ist, in diesem Stadium ein befriedigendes Bild zu erhalten" (Dirac 1963, S. 49).

Dennoch ist es natürlich wichtig, auf das Bild der Welt zu schauen, das die Physik entwirft, und es mit unserem sonstigen Wissen zu verknüpfen. Es gehört zur Natur der Wissenschaft, die Ergebnisse einzelner Teilbereiche nicht unverbunden nebeneinander stehen zu lassen, sondern zu versuchen, sie kohärent und zu einem einheitlichen Gesamtsystem zusammenzufügen. Das ist nicht nur eine Aufgabe für alle, die in den Wissenschaften und in der Philosophie damit zu tun haben, sondern auch eine reizvolle Herausforderung für alle, die neugierig auf die Welt sind, in der wir leben.[36]

Literatur

Bieri, Peter: Das Handwerk der Freiheit. Hanser, München (2001).

Bishop, Robert C.: Chaos, Indeterminism, and Free Will. In: Kane (2011a), S. 84–100.

d'Espagnat, Bernard: The Quantum Theory and Reality. Scientific American **241**(5, Nov), S. 158–181 (1979).

Dirac, Paul Adrien Maurice: The Evolution of the Physicist's Picture of Nature. Scientific American **208**(5, Mai), S. 45–53 (1963).

Einstein, A., Podolsky, B., Rosen, N.: Can Quantum-Mechanical Description of Physical Reality Be Considered Complete? Phys. Rev. **47**, 777–780 (1935).

Feynman, Richard P.: Vom Wesen physikalischer Gesetze. Piper, München (1993).

Friebe, C., Kuhlmann, M., Lyre, H., Näger, P., Passon, O., Stöckler, M.: Philosophie der Quantenphysik, 2. Aufl. Springer, Heidelberg (2018).

Friedrich, Simon: Interpreting Quantum Theory. Palgrave Macmillan, Houndsmills, Basingstoke, UK (2015).

Hodgson, David: Quantum Physics, Consciousness, and Free Will. In: Kane (2011a), S. 57–83.

[36] Ich danke Dieter Kupferschmidt, Niels Linnemann, Anne Thaeder und insbesondere Helmut Fink für viele hilfreiche kritische Anmerkungen zu früheren Versionen dieses Beitrags.

Jammer, Max: Philosophy of Quantum Mechanics. Wiley, New York (1974).

Jensen, Paul: Kausalität, Biologie und Psychologie. Erkenntnis **4**, 165–214 (1934).

Jordan, Pascual: Die Quantenmechanik und die Grundprobleme der Biologie und Psychologie. Naturwissenschaften **20**, 815–821 (1932).

Kane, Robert (Hrsg.): The Oxford Handbook of Free Will, 2. Aufl. Oxford University Press, Oxford (2011a).

Kane, Robert (2011b): Introduction: The Contours of Contemporary Free-Will Debates (Part 2). In: Kane (2011a), S. 3–35.

Kutschera, Franz von: Die missverstandene Revolution. Zum Weltbild der modernen Physik. Mentis, Münster (2017).

Ludwig, Günther: The Measuring Process and an Axiomatic Foundation of Quantum Mechanics. In: d'Espagnat, B. (Hrsg.), Conceptual Foundations of Quantum Mechanics, S. 287–315. Addison-Wesley, Menlo Park, CA (1971).

Margenau, Henry: Quantum Mechanics, Free Will and Determinism. Journal of Philosophy **64**, 714–725 (1967).

Näger, Paul; Stöckler, Manfred: Verschränkung und Nicht-Lokalität: EPR, Bell und die Folgen. In: Friebe et al. (2018), S. 107–185.

Nortmann, Ulrich: Unscharfe Welt? Was Philosophen über Quantenmechanik wissen möchten. Wissenschaftliche Buchgesellschaft, Darmstadt (2008).

Norton, John: Origins of Quantum Theory <http://www.pitt.edu/~jdnorton/teaching/HPS_0410/chapters/quantum_theory_origins/> (2020). Zugegriffen: 24. April 2021.

Pauen, Michael: Illusion Freiheit? Fischer Taschenbuch, Frankfurt a. M. (2006).

Schrödinger, Erwin: Discussion of probability relations between separated systems. Math. Proc. Cambridge Philos. Soc. **31**(4), 555–563 (1935).

Stöckler, Manfred: Philosophen in der Mikrowelt - ratlos? Zeitschrift für allgemeine Wissenschaftstheorie **17**, 68–95 (1986).

Stöckler, Manfred: Bewusstsein und Quantenmechanik. Prima philosophia **2**, 111–124 (1989).

Stöckler, Manfred: Philosophische Probleme der Quantentheorie. In: Bartels, A., Stöckler, M. (Hrsg.), Wissenschaftstheorie – Ein Studienbuch, S. 245–264. Mentis, Paderborn (2007).

Weinberg, Steven: Der Traum von der Einheit des Universums. Goldmann, München (1993).

Weizsäcker, Carl Friedrich von: Zum Weltbild der Physik, 10. Aufl. Hirzel, Stuttgart (1963).

Wigner, Eugene: Symmetries and Reflections. Indiana University Press, London (1967).

Weiterführende Literatur

Cushing, James T.: Philosophical Concepts in Physics. The Historical Relations Between Philosophy and Scientific Theories. Teil VII & Teil VIII. Cambridge University Press, Cambridge (1998).

Friebe, C., Kuhlmann, M., Lyre, H., Näger, P., Passon, O., Stöckler, M.: Philosophie der Quantenphysik, 2. Aufl. Springer, Heidelberg (2018).

Nortmann, Ulrich: Unscharfe Welt? Was Philosophen über Quantenmechanik wissen möchten. Wissenschaftliche Buchgesellschaft, Darmstadt (2008).

Scheibe, Erhard: Die Philosophie der Physiker. C.H. Beck, München (2006).

Stanford Encyclopedia of Philosophy (Internet-Quelle): diverse Beiträge (z. B. auch zu EPR, Heisenbergs Unschärferelationen, Quantenfeldtheorie, Wahrscheinlichkeitsbegriffe).

Vom geometrischen zum dynamischen Ansatz

Relativitätstheorien und die Natur von Raum und Zeit

Andreas Bartels

1 Einleitung

Wer sich den Relativitätstheorien mit einem philosophischen Blick zu nähern versucht, stellt zunächst fest, dass die mehr als einhundert Jahre seit ihrer Entdeckung eine nur schwer überschaubare Vielzahl philosophischer Sichtweisen und Interpretationen hervorgebracht haben, die – trotz der Klarheit der mathematischen Gestalt dieser Theorien – noch immer die Frage aufwerfen, was diese Theorien denn über die Natur, im Besonderen über die Natur von Raum und Zeit, aussagen. Wer hat Recht, der Einstein des Jahres 1916, der in seinem Aufsatz *Die Grundlage der allgemeinen Relativitätstheorie* behauptet, die allgemeine Relativitätstheorie (im Folgenden ART) nehme „Raum und Zeit den letzten Rest physikalischer Gegenständlichkeit" (Einstein 1916, S. 776), Tim Maudlin, der in *Philosophy of Physics. Space and Time* fast einhundert Jahre später ausführt, die ART schreibe der Raumzeit, in derselben Weise wie die spezielle Relativitätstheorie (im Folgenden SRT), eine objektive, intrinsische Geometrie zu (vgl. Maudlin 2012, S. 126), oder Harvey Brown, der in *Physical Relativity: Space-Time Structure from a Dynamical Perspective* die Annahme einer intrinsischen geometrischen Natur von Raum und Zeit zurückweist, indem er ausführt, ein bewegter Maßstab kontrahiere und eine Uhr gehe

A. Bartels (✉)
Institut für Philosophie, Universität Bonn, Bonn, Deutschland
E-Mail: abartels@uni-bonn.de

© Der/die Autor(en), exklusiv lizenziert an Springer-Verlag GmbH, DE, ein Teil von Springer Nature 2023
H. Fink und M. Kuhlmann (Hrsg.), *Unbestimmt und relativ?*,
https://doi.org/10.1007/978-3-662-65644-0_3

51

verlangsamt aufgrund ihrer Konstitution und nicht aufgrund der Natur ihrer raumzeitlichen Umgebung (vgl. Brown 2005, S. 8)?

Der Streit um die philosophische Interpretation der Relativitätstheorien bildet eine bis heute unabgeschlossene Geschichte, auf die im Folgenden wenigstens einige, hoffentlich erhellende, Blicke geworfen werden sollen. Dabei werden die *Prinzipien* der Theorie – im Besonderen *Relativitäts-prinzip* und *Äquivalenzprinzip* – im Mittelpunkt der Betrachtung stehen: An ihnen lässt sich, ohne großen technischen Aufwand, ablesen, wie verschiedene Interpreten den Gehalt der Relativitätstheorien verstanden haben, und welche physikalischen Argumente dabei jeweils auf ihrer Seite standen. Im Unterschied zu mathematisch präzisen Gesetzen stellen physikalische Prinzipien häufig nichts anderes dar als qualitativ formulierte Verallgemeinerungen alltäglicher physikalischer Erfahrungen, wie sie jedem aufmerksamen Beobachter zugänglich sind.

2   Vom Relativitätsprinzip zur Geometrie der Raumzeit

Beginnen wir mit dem Relativitätsprinzip. Seine Geschichte hat nicht erst mit Einstein, sondern schon mit Galilei begonnen. In dem beeindruckenden Gedankenexperiment eines gleichförmig gegen das Ufer bewegten Schiffes lädt im *Dialogo* Salviati seinen Gesprächspartner Sagredo zu folgender Überlegung ein:

> Schließt Euch in Gesellschaft eines Freundes in einem möglichst großen Raum unter dem Deck eines großen Schiffes ein. Verschafft Euch dort Mücken, Schmetterlinge und ähnliches fliegendes Getier, sorgt auch für ein Gefäß mit Wasser und kleinen Fischen darin; hängt ferner oben einen kleinen Eimer auf, welcher tropfenweise Wasser in ein zweites enghalsiges darunter gestelltes Gefäß träufeln lässt. Beobachtet nun sorgfältig, solange das Schiff stille steht, wie die fliegenden Tierchen mit der nämlichen Geschwindigkeit nach allen Seiten des Zimmers fliegen. Man wird sehen, wie die Fische ohne irgendwelchen Unterschied nach allen Richtungen schwimmen; die fallenden Tropfen werden alle in das untergestellte Gefäß fließen. Wenn Ihr Eurem Gefährten einen Gegenstand zuwerft, so braucht ihr nicht kräftiger nach der einen als nach der anderen Richtung zu werfen, vorausgesetzt, dass es sich um gleiche Entfernungen handelt […]. Nun lasst das Schiff mit jeder beliebigen Geschwindigkeit sich bewegen: Ihr werdet – wenn nur die Bewegung gleichförmig ist und nicht hier- und dorthin schwankend – bei allen genannten

Erscheinungen nicht die geringste Veränderung eintreten sehen. Aus keiner derselben werdet Ihr entnehmen können, ob das Schiff fährt oder stille steht (Galilei 1982, S. 197).

Ruhe und gleichförmige Geschwindigkeit des Schiffes, so führt uns hier Salviati (stellvertretend für Galilei) vor Augen, werden für keine nur denkbare Erfahrung mit bewegten Objekten in der Schiffskajüte irgendeinen Unterschied ausmachen; da sie sich nicht in irgendwelchen objektiven Unterschieden kundtun, können auch sie selbst nicht objektiv verschieden sein. Ruhe und gleichförmige Geschwindigkeiten bezeichnen nicht *innere Zustände* von Körpern, sondern lediglich *Beziehungen* zu Vergleichskörpern ihrer jeweiligen Umgebung (im Schiffsbeispiel die Ufer).

Newtons Mechanik inkorporiert später Galileis Relativitätsprinzip, weil die mechanischen Gesetze in gleicher Form in allen gleichförmig zueinander bewegten kräftefreien Bezugssystemen („Inertialsystemen') gelten. Während *Geschwindigkeiten* ihre objektive Bedeutung einbüßen, bleibt der Unterschied zwischen kräftefreien (inertialen) und durch Kräfte bewirkten (nicht-inertialen) Bewegungen objektiv und intrinsisch (d. h. ein Merkmal des Raumes selbst).

Einstein schließlich hatte gute Gründe, an Galileis Relativitätsprinzip nicht nur festzuhalten, sondern es in mehrfacher Hinsicht zu erweitern. Zum einen war es nur konsequent zu fordern, dass das Relativitätsprinzip *universell* gilt, also auch für *elektromagnetische* Phänomene wie die Lichtausbreitung. Rund 300 Jahre nach Galileis Gedankenexperiment hatte eine Reihe von Experimenten von Michelson und Morley ergeben, dass es für die Ausbreitung des Lichts keinen Unterschied ausmacht, ob sie in Richtung der (zusammen mit der Erde) bewegten Lichtquelle oder aber in Gegenrichtung stattfindet. Eine Bewegung der Erde relativ zum sogenannten ‚Lichtäther' konnte, ganz wie es das Relativitätsprinzip fordert, nicht festgestellt werden. Die Tatsache der *Konstanz der Lichtgeschwindigkeit* – die Lichtgeschwindigkeit hat in jedem Inertialsystem, also kräftefreien Bezugssystem, den gleichen konstanten Wert, ist also unabhängig vom Bewegungszustand der Lichtquelle – stellt eine natürliche Konsequenz des Relativitätsprinzips dar, das jede Art eines ‚absoluten Raums', eines bevorzugten Bezugssystems, ausschließt. Dennoch mag diese Tatsache auf den ersten Blick rätselhaft erscheinen, jedenfalls unter der Annahme, das Relativitätsprinzip besage, dass es zwar keine ‚absoluten', wohl aber *relative* Bewegungszustände mit objektiver physikalischer Bedeutung gebe. Wenn sich die Lichtquelle relativ zu der von ihr emittierten Lichtwelle bewegt, so sollte dieser Sachverhalt objektive physikalische Bedeutung besitzen, sich also in der physikalischen Beschreibung der Wellenausbreitung widerspiegeln. Genau dies ist aber offenbar nicht der Fall. Das Relativitätsprinzip impliziert eben *nicht* den Vorrang eines ‚relativen' gegenüber einem ‚absoluten' Bewegungsbegriff und daher auch keinen *Relationalismus,* nach dem (nur) räumliche und zeitliche Relationen Gegenstand einer objektiven Naturbeschreibung sein können. Dieses relationalistische Missverständnis des Relativitätsprinzips hat anfangs auch eine Rolle im Verständnis der ART gespielt – auch bei Einstein selbst (gleich mehr dazu).

Das Rätsel der Konstanz der Lichtgeschwindigkeit verschwindet nun, sobald man auf die von Minkowski gefundene Beschreibung der *geometrischen* Struktur von Raum und Zeit in der SRT zurückgreift, die Raum und Zeit innerlich miteinander zur Raumzeit verbindet. Auch in dieser Struktur gibt es eine absolute, der Raumzeit eigentümliche Unterscheidung zwischen inertialen und nicht-inertialen Trajektorien. Ein Lichtsignal, das von einem Raumzeit-Punkt P ausgesandt wird, breitet sich auf einer inertialen Trajektorie auf der Außenfläche des in P zentrierten Vorwärts-Lichtkegels aus, und zwar gleichgültig, in welchem Bewegungszustand sich die Lichtquelle am Raumzeit-Punkt P befindet. Die Lichtausbreitung ist in diesem Sinne ein ‚absoluter', in der geometrischen Sprache raumzeitlicher Strukturen ausdrückbarer Vorgang. Sie folgt der intrinsischen, von allen Bezugssystemen unabhängigen, Struktur der speziell-relativistischen Raumzeit. Aus dieser geometrischen Perspektive erklärt sich unmittelbar, dass die Form der Lichtausbreitung nichts mit Bewegungszuständen von Lichtquellen, nichts mit Bezugssystemen zu tun haben kann. Das Relativitätsprinzip führt daher keineswegs zur Elimination aller ‚absoluten' Strukturen.

Einstein hatte die Geltung des Relativitätsprinzips für *alle Naturprozesse* gefordert – was ihn zur SRT führte; die allgemeine Theorie findet er, indem er weiter fordert, den Bezugsbereich des Prinzips auf *alle Bewegungen* (einschließlich gleichförmig beschleunigter Bewegungen) zu erweitern. Für Einstein war die Annahme eines erweiterten Relativitätsprinzips auch deswegen geradezu zwingend, weil sie seiner Intuition der Geltung eines anderen Prinzips entsprach, des sogenannten *Mach-Prinzips.* Nach dem Mach-Prinzip sollte der Unterschied zwischen inertialen und nicht-inertialen Bewegungen (die Newton mithilfe des berühmten Eimer-Versuchs auf die Wirksamkeit des absoluten Raums zurückzuführen gesucht hatte) auf die Verteilung der ‚fernen Massen' des Universums zurückgehen; die fernen Massen induzieren nach Mach Trägheitskräfte in lokalen Körpern (wie die Wölbung der Wasseroberfläche am Rand des rotierenden Eimers) und bestimmen damit den nicht-inertialen Charakter von Bewegungen. Das erweiterte Relativitätsprinzip würde aus Einsteins Sicht dem Mach-Prinzip Genüge leisten, indem es intrinsische geometrische Strukturen der Raumzeit obsolet machte (allerdings geht die aus dem Relativitätsprinzip folgende Konsequenz noch über jene des Mach-Prinzips hinaus, weil dieses immerhin die Unterscheidung zwischen inertialen und nicht-inertialen Bewegungen bestehen lässt).

Als Schlüssel für die intendierte Erweiterung des Relativitätsprinzips erwies sich für Einstein das *Äquivalenzprinzip*. Auch dieses Prinzip gründet sich auf eine wohlbekannte Beobachtungstatsache, die schon von Galilei konstatierte *Universalität des freien Falls:* Alle Körper werden im freien Fall in der gleichen Weise beschleunigt, unabhängig von ihrer inneren Struktur und Zusammensetzung. In Newtons Gravitationstheorie lässt sich diese Tatsache bekanntlich damit erklären, dass die *träge Masse* eines Körpers (seine Resistenz gegen Beschleunigungen) numerisch immer gleich seiner *passiven Gravitationsmasse* (seiner ‚Ladung' im Gravitationsfeld) ist. Diese beiden Aussagen – Universalität des freien Falls, sowie Gleichheit von träger und schwerer Masse – sind Versionen dessen, was später als *schwaches Äquivalenzprinzip* bezeichnet wird (nach der englischsprachigen Bezeichnung im Folgenden WEP).

Einstein wandelt das WEP ab, indem er es ganz im Sinne eines Relativitätsprinzips deutet und zugleich eine Verbindung zum Phänomen der Gravitation herstellt: Ein Beobachter kann grundsätzlich nicht zwischen dem Zustand der gleichförmigen Beschleunigung außerhalb von Gravitationsfeldern und einem ‚Ruhezustand' innerhalb eines Gravitationsfeldes unterscheiden. Er wird in beiden Fällen eine gleich große Kraft bemerken, die ihn ‚nach unten' zieht, z. B. gegen den Boden des Kastens, in dem er sich befindet; er ist dann frei, diese Kraft entweder als – aufgrund der Beschleunigung des Kastens auftretende – Trägheitswirkung oder als Gravitationswirkung (auf den ruhenden Kasten) zu deuten. Wenn aber Trägheits- und Gravitationswirkungen (eines homogenen Gravitationsfeldes) *grundsätzlich* ununterscheidbar sind, dann müssen, so Einstein, Trägheit und Gravitation nicht nur zufällig numerisch gleich, sondern ‚wesensgleich' sein – so wie nach Galilei Ruhe und gleichförmige Geschwindigkeiten ununterscheidbar und somit wesensgleich sind. Dies ist Einsteins Äquivalenzprinzip (im Folgenden wie in der englischsprachigen Literatur als EEP bezeichnet) – verglichen mit WEP ist EEP das logisch stärkere Prinzip (vgl. Lehmkuhl 2021, S. 125 f.).

An dieser Einsicht, die er im Jahr 1922 als den „glücklichsten Gedanken seines Lebens" bezeichnete, hat Einstein noch festgehalten, als in der Weiterentwicklung der Theorie sichtbar wurde, dass die ‚Wesensgleichheit' von Trägheit und Gravitation ihre Grenzen hat, ja streng genommen die Behauptung ihrer Ununterscheidbarkeit falsch ist. So beharrte Einstein lange

Zeit darauf, die Raumzeit der SRT, die keine gravitierende Materie enthält, nicht als physikalisch akzeptable Lösung der Feldgleichungen zu betrachten: Ohne Gravitation keine Trägheitsstruktur, und somit auch keine Raumzeit (vgl. Lehmkuhl 2021, S. 130). Die vermeintliche ‚Wesensgleichheit' von Gravitation und Trägheit ist aber, wie sich herausstellte, in Wirklichkeit auf ‚kleine' raumzeitliche Bereiche beschränkt, in denen Inhomogenitäten des Gravitationsfeldes (die sich in Gezeitenkräften bemerkbar machen) vernachlässigt werden können. So gesteht Synge (1960) im Vorwort seines Buches über die ART, er sei nie in der Lage gewesen, Einsteins Äquivalenzprinzip zu verstehen. Soll dieses Prinzip bedeuten, so fragt Synge, dass die Wirkungen eines Gravitationsfeldes ununterscheidbar von den Wirkungen der Beschleunigung des Beobachters seien? Wenn dies seine Bedeutung ist, dann sei das Prinzip falsch. In Einsteins Theorie, so Synge weiter, gibt es entweder ein Gravitationsfeld oder es gibt keines, je nachdem, ob die ‚Krümmung' der Raumzeit nicht verschwindet oder verschwindet. Dabei handelt es sich, wie er hervorhebt, um eine *absolute* Eigenschaft. Das Äquivalenzprinzip hat, so sieht es Synge, seine Hebammen-Funktion für die ART erfüllt und es könne nun in Ehren beerdigt werden.

Die Hebammen-Funktion des EEP, von der Synge spricht, wird dadurch sichtbar, dass die raumzeitliche Metrik, die sich aus den Feldgleichungen der ART für eine vorgegebene Materieverteilung ergibt und die an jedem Punkt angibt, wie Längen von Kurven in den verschiedenen Richtungen zu messen sind, lokal dieselbe Form wie in der SRT annimmt. Die Metrik der ART ist lokal *Lorentz-invariant,* d. h. ihre Komponenten besitzen jene Transformationseigenschaften beim Übergang in eine andere Koordinaten-Beschreibung, die wir aus der SRT kennen. Das Gravitationsfeld kann daher lokal ‚wegtransformiert' werden, aber eben nicht global für die Raumzeit im Ganzen. Obwohl das Gravitationsfeld sich im Verlauf der Geodäten (der ‚geradesten' Kurven durch die Raumzeit) ausdrückt und die Gravitation nicht mehr – wie in Newtons Theorie – als ‚äußere' Kraft behandelt wird (der freie Fall eines Körpers im Schwerefeld der Erde beschreibt eine Geodäte), drückt sich, wie Synge betont hat, die Anwesenheit (inhomogener) Gravitationsfelder in realen Wirkungen aus: Die Konvergenz (bzw. Divergenz) der Geodäten ist mit Gezeitenkräften verbunden, durch die frei fallende Körper deformiert werden. So beschreiben die verschiedenen Punkte eines Wassertropfens, der sich im freien Fall zur Erde befindet, Geodäten, die im Verlauf des freien Falls konvergieren; der Wassertropfen wird horizontal gestaucht und vertikal gedehnt, nimmt also Ellipsoid-Form an. Beschleunigungen relativ zur Geodätenstruktur der Raumzeit sind mit Kräften verbunden, wie jene Spannung, die in Newtons

Gedankenexperiment der rotierenden Kugeln in dem Faden auftritt, der die beiden Kugeln verbindet. Nicht alle Beschleunigungen können also ‚wegtransformiert' werden, als physikalisch reale Beschleunigungen bleiben jene übrig, die sich durch bezugssystemunabhängige Kräfte kundtun.

Relativitätsprinzip und EEP haben tatsächlich zur Elimination (bzw. zur Vereinheitlichung) vermeintlich unabhängiger physikalischer Strukturen geführt: Absolute räumliche und zeitliche Abstände, absolute Geschwindigkeiten sind verschwunden, Gravitation und Trägheit zu einer einheitlichen Trägheitsstruktur verschmolzen. Dafür erhalten aber andere ‚absolute' (bezugssystemunabhängige) Größen physikalische Bedeutung: Die Länge der raumzeitlichen Weltlinie zwischen zwei Punkten (gemessen durch eine mitbewegte ‚ideale' Uhr), die Metrik, die Geodäten-Struktur der Raumzeit, der gegenüber z. B. die tägliche Rotation der Erde eine ‚absolute' (bezugssystemunabhängige) Tatsache darstellt, sowie die Gezeitenkräfte, durch die absolute Gravitationswirkungen vermittelt werden. Raum und Zeit haben keineswegs, wie Einstein zunächst dachte, den „letzten Rest physikalischer Gegenständlichkeit" eingebüßt (vgl. Einstein 1916, S. 776).

3   Was Geometrie erklärt – und was nicht

Die Einsicht, dass Relativitätsprinzip und EEP weder alle absoluten Bewegungszustände noch die Realität der Gravitation eliminieren können (vgl. Bartels 2012, S. 34), hat im Gegenzug zu einem neuen Verständnis der Relativitätstheorien geführt, das etwa ab den 1960er Jahren dominierend wurde: In dieser *geometrischen Interpretation* haben geometrische Objekte – Metrik, raumzeitliche Länge von Kurvenabschnitten zwischen zwei Punkten – die Rolle von *Explanantia* für alle mit Raumzeit-Theorien zusammenhängenden physikalischen Phänomene übernommen. Die Raumzeit ist aus dieser Sicht eine *Substanz* – ein unabhängig existierendes physikalisches Objekt –, dessen innere geometrische Strukturen das Verhalten von Körpern (inklusive Maßstäbe und Uhren) wie Feldern in Raum und Zeit erklären. Ein wichtiger Vertreter dieser Position, Graham Nerlich (1994), gab seinem einflussreichen Werk zur Interpretation der Relativitätstheorie den Titel „What Spacetime Explains". Und Tim Maudlin (2012) führt in *Philosophy of Physics. Space and Time* aus (vgl. S. 126), dass die ART, in derselben Weise wie die SRT, der Raumzeit eine objektive, intrinsische Struktur zuschreibe. Die geometrische Struktur enthält eine Auszeichnung von ‚geraden' Kurven, durch die beschleunigte von unbeschleunigter Bewegung unterschieden wird. Die allgemein-relativistische Erklärung von Newtons rotierenden

Kugeln hat, so Maudlin, genau dieselbe Form wie die speziell-relativistische Erklärung. Es gibt, zufolge dieser Erklärungen, eine Spannung in dem die Kugeln verbindenden Faden, wenn die Kugeln beschleunigt (d. h. rotierend) sind. Die Beschleunigung, so Maudlin weiter, ist dabei relativ zur intrinsischen Struktur der Raumzeit: Sie würde auch auftreten, wenn die Kugeln die einzigen materiellen Objekte im Universum wären.

Die Geometrie der Raumzeit erklärt, so Maudlin, die Erfahrung, die durch das WEP ausgedrückt wird. Wenn der oben auf dem Turm stehende Galilei Kugeln zu Boden fallen lässt, dann wird ein mit den Kugeln fallender Beschleunigungsmesser nichts anzeigen; er wird sich genau so verhalten, als bewege er sich kräftefrei im leeren Raum, ohne dass eine Gravitationskraft auf ihn wirkt. Die fallenden Kugeln spüren keine Kräfte auf sich wirken, während auf Galilei selbst durch die Plattform an der Turmspitze eine Kraft in Gegenrichtung zur Erde wirkt. Die Kugeln fallen annähernd parallel zueinander auf ‚geraden‘ Trajektorien durch die Raumzeit, während Galileis Trajektorie ‚gekrümmt‘ ist. Wir schreiben den Kugeln die Wirkung einer Gravitationskraft irrtümlich zu, weil wir uns, wie Galilei, auf *beschleunigten* Trajektorien bewegen, wenn wir uns ‚in Ruhe‘ auf der Erde befinden. Das Bezugssystem, das mit der Erdoberfläche verbunden ist, ist kein kräftefreies Bezugssystem und die ‚Gravitationskraft‘, die in diesem Bezugssystem auftritt, ist daher ‚fiktiv‘ (vgl. Maudlin 2012, S. 134 f.). Dieses Bild führt uns nun, so Maudlins Argumentation, direkt zum WEP: Körper, die nur der Gravitation unterworfen sind, sind in Wirklichkeit gar keinen Kräften ausgesetzt, und deshalb werden ihre Trajektorien alle gleich sein (vgl. Maudlin 2012, S. 135). Der Autor fügt noch hinzu, dass wir auf diesem Weg sogar zu einem logisch stärkeren Prinzip kommen können, dem *starken Äquivalenzprinzip* (SEP) – zu dieser durchaus problematischen Behauptung gleich mehr.

Zunächst wollen wir noch ein weiteres Beispiel für ‚geometrische‘ Erklärungen betrachten. Die Geometrie der Raumzeit kann verwendet werden, um ein ‚rätselhaftes‘ Phänomen innerhalb der SRT auf einfache Weise zu erklären, das sogenannte *Zwillings-Paradox:* Es ist eine – inzwischen auch experimentell bestätigte – Aussage der SRT, dass Körper, die von einem gemeinsamen Ausgangspunkt ausgehend verschiedene Wege durch die Raumzeit zurücklegen, bis sie schließlich wieder an einem Punkt zusammentreffen, auf ihrem Weg unterschiedlich stark altern: An einem Punkt P trennen sich die beiden Zwillinge Hans und Oskar; während Hans am häuslichen Schreibtisch sitzen bleibt, bis er nach einiger Zeit den Punkt Q der Raumzeit erreicht hat, unternimmt der unternehmungslustige Oskar eine Reise, um schließlich am Raumzeit-Punkt Q nachhause zurückzukehren und dort wieder auf Hans zu treffen. Die Zwillinge stellen fest, dass Oskar weniger stark gealtert ist als Hans. Diese erstaunliche Tatsache scheint schlecht damit vereinbar zu sein, dass der unterschiedliche ‚Gang' von Uhren, den die SRT für zueinander gleichförmig bewegte Bezugssysteme voraussagt, ein symmetrisches Phänomen ist: Wenn Bezugssystem A die Uhr des gegen A gleichförmig bewegten Systems B langsamer gehen ‚sieht', muss auch B, für den sich A mit gleichförmiger Geschwindigkeit fortbewegt, die Uhr von A langsamer gehen sehen. Wie kann dieser *symmetrische* Effekt jemals zu einem *asymmetrischen* Ergebnis führen? Schließlich kann man dafür sorgen, dass die gesamte Reise von Oskar mit gleichförmiger Geschwindigkeit gegenüber Hans erfolgt (am ‚Umkehrpunkt' lässt sich eine ‚fliegende' Übergabe zwischen zwei Bezugssystemen so arrangieren, dass nirgendwo Beschleunigungen auftreten). Indem man die Gleichzeitigkeitsebenen in den verschiedenen Bezugssystemen von Hans und Oskar auf dem gesamten Weg miteinander vergleicht, kann man den Effekt des Zwillingsparadoxes herleiten (vgl. Maudlin 2012, S. 104), aber es bleibt das unbehagliche Gefühl, nicht ganz zu verstehen, was denn der eigentliche Grund des Phänomens ist. Eine befriedigende und einfache Erklärung erhält man, wenn man die Länge der raumzeitlichen Wege miteinander vergleicht, die von Hans und Oskar zurückgelegt wurden. Es ist Oskar, der den *kürzeren* raumzeitlichen Weg zurückgelegt hat – dieser Weg liegt näher an der Außenfläche der jeweiligen Lichtkegel, auf der sich das Licht fortbewegt, wobei jede Verbindung auf der Außenfläche der raumzeitlichen Distanz 0 entspricht; die Länge des raumzeitlichen Weges ist aber genau das, was die bei der gesamten Reise von Oskar und Hans getragenen Uhren anzeigen. Das Zwillings-Paradox kann also mit dem einfachen Hinweis auf eine geometrische Eigenschaft der Raumzeit – die absoluten Längen raumzeitlicher Wege – erklärt werden: *Geometrie erklärt.*

Kommen wir zurück zur vermeintlichen geometrischen Erklärung des SEP. Dieses Prinzip besagt, dass in ‚kleinen' Umgebungen eines jeden Punktes, in denen aufgrund der annähernden Homogenität des Gravitationsfeldes Gezeitenkräfte vernachlässigt werden können, die Raumzeit speziell-relativistische Struktur besitzt und die Gravitation keinen Einfluss auf die Bewegung von Massenpunkten *oder auf irgendeinen anderen physikalischen Prozess hat* (vgl. Pauli 1921, S. 705–706), d. h. es gelten in solchen kleinen Umgebungen für das Verhalten von Materie die dynamischen Gesetze der SRT (vgl. Read et al. 2018, S. 14). Im Unterschied zum WEP wird hier auch auf „andere physikalische Prozesse" bzw. „dynamische Gesetze" Bezug genommen. Das Verhalten materieller Wechselwirkungen in Anwesenheit von Gravitationsfeldern wird aber nicht durch Einsteins Feldgleichungen festgelegt und von ihnen ist im WEP auch nicht die Rede. Diese entscheidende Differenz zum WEP erkennt man auch in der etwas anderen, von Maudlin bevorzugten Version des SEP, in der das SEP schlicht als Verallgemeinerung des WEP erscheint. Nach dieser Version (vgl. Maudlin 2012, S. 135) wird jedes Experiment, das im ‚freien Fall' in einem gleichförmigen Gravitationsfeld ausgeführt wird, dasselbe Resultat liefern, als wenn es in einem kräftefreien Labor im leeren Raum ausgeführt würde. Und jedes Experiment, das „in Ruhe" in einem gleichförmigen Gravitationsfeld ausgeführt wird, wird dasselbe Resultat haben wie eines, das in einem gleichförmig beschleunigten Labor im leeren Raum ausgeführt wird.

Gravitationsfelder, so wird hier ausgesagt, sind von beschleunigten Bezugssystemen im leeren Raum ununterscheidbar – wobei anders als in WEP nicht nur von „Bewegungen von Massenpunkten" als Test-instanzen die Rede ist, sondern von der Gesamtheit *aller experimentellen Erfahrungen,* insbesondere solcher Erfahrungen, die sich auf andere Wechsel-wirkungen als die Gravitation beziehen. Wenn man nun aus Perspektive der geometrischen Interpretation annimmt, wie Maudlin dies tut, das Ver-halten aller physikalischen Gesetze – insbesondere ihr Transformationsver-halten – müsse sich geradezu zwangsläufig an die intrinsische Geometrie der Raumzeit anpassen, weil ihnen die Geometrie ihr raumzeitliches Verhalten vorschreibe, kann man den Übergang von WEP zu SEP für unproblematisch halten. Dass aber hier eine echte Schwelle vorhanden ist, sieht man schon daran, dass das starke Prinzip nicht aus Einsteins Feld-gleichungen ableitbar ist – weder die Feldgleichungen selbst noch die aus ihnen bestimmbare Metrik enthalten spezielle Informationen über materielle Wechselwirkungen. SEP ist, im Gegensatz zu WEP, *unabhängig* von Ein-steins Feldgleichungen und muss zusätzlich zu ihnen gefordert werden.

Damit stehen wir an einem Punkt, an dem deutlich wird, was durch Geometrie *nicht* erklärt wird. Nicht erklärt wird, weshalb die *anderen physikalischen Prozesse* an die Geometrie der Raumzeit in der Weise *angepasst* sind, dass auch an ihnen prinzipiell kein Unterschied zwischen gleichförmigen Gravitationsfeldern und gleichförmig beschleunigten Bezugssystemen erkennbar ist. SEP impliziert, dass alle physikalischen Wechselwirkungen an das Gravitationsfeld in exakt gleicher Weise ankoppeln, mit dem Resultat, dass die Gravitation alle Wechselwirkungen ‚unterschiedslos behandelt' und Unterschiede ignoriert, die sich aus der Besonderheit der Konstitution verschiedener Sorten von Materie ergeben. Nach all dem, was wir durch Einsteins Feldgleichungen über die Struktur von Raum und Zeit wissen, bleibt die durch das SEP postulierte Tatsache, dass alle Formen von Materie in ihrem raumzeitlichen Verhalten der Metrik der ART *folgen,* erklärungsbedürftig.

4   Geometrische versus dynamische Interpretation

Im letzten Abschnitt wurde bereits angedeutet, dass es von der gewählten Interpretation der ART abhängt, ob der Übergang von WEP zu SEP als problematisch betrachtet wird. Vertreter der geometrischen Interpretation (u. a. Graham Nerlich und Tim Maudlin) verstehen das metrische Feld (d. h. die auf alle Punkte der Raumzeit erstreckte Metrik), so wie es aus den Feldgleichungen bestimmt werden kann, als Träger intrinsischer ‚chronogeometrischer' Strukturen, d. h. durch die Metrik vorgegebener Zeitintervalle und Abstände, wie sie durch Uhren und Maßstäbe ermittelt werden. Diese Strukturen legen das räumliche und zeitliche Verhalten aller materiellen Prozesse fest (wobei sich geladene Teilchen, die nicht-gravitativen Kräften unterliegen, auf nicht-geodätischen Trajektorien bewegen). Diese geometrische Sichtweise wird treffend durch den Slogan wiedergegeben: „Die Materie sagt der Raumzeit, wie sie sich zu krümmen hat, die Raumzeit sagt der Materie, wie sie sich zu bewegen hat". Damit scheint auch die Geltung des SEP gesichert: Was die intrinsischen chronogeometrischen Eigenschaften der Raumzeit der Materie *vorschreiben,* kann nicht seinerseits wieder von besonderen Eigenschaften der Materie abhängen.

Harvey Brown (2005, S. 24) hat darauf aufmerksam gemacht, dass diese auf den ersten Blick so eingängige Deutung eine mysteriöse Annahme enthält. Nach seiner Auffassung wird hier eine nur scheinbare Erklärung angeboten. Denn freie Teilchen, so Brown weiter, haben nun einmal keine Raumzeit-Fühler. Wie also sollen wir die Verbindung zwischen den Teilchen und der geometrischen Raumzeit-Struktur verstehen?

Beruht die geometrische Interpretation der Raumzeit vielleicht nur auf einer Suggestion? Ist es wirklich zwingend, dem metrischen Feld (dem Repräsentanten der Raumzeit) eine intrinsische ‚chronogeometrische' Struktur zuzuschreiben, die unabhängig von der Materie existiert und dieser vorschreibt, „wie sie sich zu bewegen habe"? Wie soll dieses ‚Vorschreiben' denn überhaupt funktionieren? Wie teilt die Raumzeit der Materie diese Vorschrift mit? Zunächst sind dies kritische Fragen, die die gängige geometrische Interpretation herausfordern, aber sie ergeben noch keine neue, alternative Interpretation. Kann Harvey Brown die von ihm aufgeworfenen Fragen selbst beantworten?

Eine solche Alternativinterpretation, der dynamische Ansatz (*dynamical approach*), ist tatsächlich zumindest in Ansätzen vorhanden (vgl. Brown 2005; Brown und Pooley 2006; Brown und Read 2021; Read 2019). Dieser Ansatz stellt natürlich nicht in Frage, dass die Raumzeit metrische Eigenschaften *besitzt,* solche werden ihr ja durch das metrische Feld als Lösung der Feldgleichungen zugesprochen. Aber es wird bestritten, dass das metrische Feld *per se* chronogeometrische Signifikanz besitzt, also automatisch jene Struktur ist, die durch Uhren und Maßstäbe ausgemessen wird. Mit anderen Worten: Es wird bestritten, dass die Chronogeometrizität eine *essentielle, intrinsische Eigenschaft* der Raumzeit darstellt (vgl. Read 2019, S. 104). Vielmehr gilt für die Chronogeometrizität in der SRT, dass die sie auszeichnende Symmetrie-Eigenschaft – die Lorentz-Invarianz – nur eine Kodifizierung von Symmetrie-Eigenschaften darstellt, die im Verhalten materieller Teilchen und Felder auftreten (vgl. Brown 2005, S. 24–25). Es existiert nach Brown zufolge der SRT keine eigenständige Raumzeit, sondern lediglich eine Art Bilanz der Symmetrie-Eigenschaften der physikalischen Gesetze nicht-gravitativer Wechselwirkungen. So genügen beispielsweise die Kräfte, die einen Messkörper zusammenhalten, der zur Ausmessung räumlicher Abstände verwendet wird, der Lorentz-Transformation; und deswegen müssen auch die mit ihm ausgemessenen Abstände einer Lorentz-Transformation folgen. Brown fasst dies prägnant so zusammen, dass ein bewegter Maßstab kontrahiert wird und eine bewegte Uhr verlangsamt geht aufgrund ihrer inneren Konstitution („because of how it is made of") und nicht etwa aufgrund der Natur ihrer raumzeitlichen Umgebung (vgl. Brown 2005, S. 8). Da dieselben Symmetrie-Eigenschaften in Form der Lorentz-Invarianz für alle Materiearten und Wechselwirkungen identisch gelten, können sie durch ein und dieselbe Lorentz-Metrik bilanziert werden – die Raumzeit der SRT stellt nichts anderes dar als eine geometrische Repräsentation dieser Bilanz.

Eine ähnliche Interpretation schlägt der dynamische Ansatz auch für die Metrik der ART vor: Die Chronogeometrizität des metrischen Feldes ist eine *extrinsische* Eigenschaft, die die Metrik (nur) aufgrund der Symmetrie-Eigenschaften der verschiedenen materiellen Wechselwirkungen besitzt. Da diese Symmetrie-Eigenschaften wieder völlig gleichartig sind und mit der lokalen Lorentz-Invarianz der Metrik koinzidieren, erhält die Metrik chronogeometrische Signifikanz. Mit anderen Worten: Diese Signifikanz wird durch das SEP garantiert – alle Materiefelder koppeln aufgrund ihrer lokalen Lorentz-Invarianz in ununterscheidbarer Weise an die Gravitation:

Das metrische Feld verdient sich seine Sporen, wie Brown es ausdrückt, durch das SEP (vgl. Brown 2005, S. 151). Im Unterschied zur SRT wird allerdings hier nicht die unabhängige *Existenz* der Raumzeit geleugnet; schließlich ist die Metrik ein Bestandteil der dynamischen Gesetze der ART (d. h. Einsteins Feldgleichungen).

Ironischerweise scheint durch den dynamischen Ansatz eine relationalistische Interpretation der Relativitätstheorien wiederzukehren. Man muss allerdings beachten, dass es sich keinesfalls um den ‚alten‘ Relationalismus handelt. Wie schon bemerkt, wird ja auch im dynamischen Ansatz die Raumzeit als eigenständige Entität betrachtet, nicht etwa als begriffliche Zusammenfassung der Beziehungen zwischen Körpern. Nur die Signifikanz der Metrik für reale, physikalisch messbare raumzeitliche Größen wird von Eigenschaften der Materie abhängig gemacht.

Eine Konsequenz des dynamischen Ansatzes, die in Richtung einer – schon von Einstein anvisierten – Erweiterung der allgemeinen Theorie unter Einschluss der in der klassischen Form der Theorie nur skizzenhaft erfassten Eigenschaften der Materie führt, ist die neue Aufmerksamkeit für die Erklärungswürdigkeit zweier ‚Wunder‘ der ART (vgl. Read et al. 2018, S. 19 f.), erstens der Tatsache der lokalen Lorentz-Invarianz aller Gesetze, die nicht-gravitative Wechselwirkungen regieren, und zweitens der Tatsache, dass die Symmetrie-Eigenschaften aller Gesetze für nicht-gravitative Wechselwirkungen mit denen des metrischen Feldes koinzidieren. Die Erklärungsbedürftigkeit dieser beiden Wunder ist, wahrscheinlich unter dem Eindruck des dominierenden geometrischen Ansatzes, lange Zeit nicht recht beachtet worden: (1) Weshalb sind die physikalischen Gesetze aller (nicht-gravitativen) Wechselwirkungen lokal Lorentz-invariant? Und: (2) Weshalb koinzidieren die Symmetrie-Eigenschaften aller nicht-gravitativen Wechselwirkungen mit den Symmetrie-Eigenschaften des metrischen Feldes? – d. h. weshalb gilt eigentlich das SEP? Eine Beantwortung dieser Fragen, eine Auflösung der ‚Wunder‘, ist wohl erst von einer zukünftigen Gesamttheorie von Gravitation und Materie zu erwarten.

Literatur

Bartels, A.: Der ontologische Status der Raumzeit in der allgemeinen Relativitätstheorie. In: Esfeld, M. (Hrsg.): Philosophie der Physik, S. 32-49. Suhrkamp, Frankfurt a.M. (2012).

Brown, H. R.: Physical Relativity. Space-Time Structure from a Dynamical Perspective. Oxford University Press, Oxford (2005).

Brown, H. R., Pooley, O.: Minkowski space-time: A glorious non-entity. In: Dieks, D. (Hrsg.), The Ontology of Spacetime, S. 67-89. Elsevier, Amsterdam (2006).

Brown, H. R., Read, J.: The dynamical approach to spacetime theories. In: Knox, E., Wilson, A. (Hrsg.), The Routledge Companion to Philosophy of Physics, S. 70-85. Routledge, London (2021).

Einstein, A.: Die Grundlage der allgemeinen Relativitätstheorie. Ann. Phys. **49**, 769–822 (1916).

Galilei, G.: Dialog über die beiden hauptsächlichsten Weltsysteme, hrsg. von R. Sexl und K. von Meyenn. Wissenschaftliche Buchgesellschaft, Darmstadt (1982).

Lehmkuhl, D.: The equivalence principle(s). in: Knox, E., Wilson, A. (Hrsg.), The Routledge Companion to Philosophy of Physics, S. 125-144. Routledge, London (2021).

Maudlin, T.: Philosophy of Physics: Space and Time. Princeton University Press, Princeton (2012).

Nerlich, G.: What Spacetime Explains. Cambridge University Press. Cambridge (1994).

Pauli, W.: Relativitätstheorie. B.G. Teubner, Leipzig (1921).

Read, J.: On miracles and spacetime. Studies in History and Philosophy of Modern Physics **65**, 103–111 (2019).

Read, J., Brown, H. R., Lehmkuhl, D.: Two miracles of general relativity. Studies in History and Philosophy of Modern Physics **64**, 14–25 (2018).

Synge, J. L.: Relativity: The General Theory. North Holland, Amsterdam (1960).

Das Messproblem der Quantentheorie und die Vielfalt der Interpretationen – eine kritische Bewertung

Meinard Kuhlmann

1 Das Messproblem der Quantenmechanik

Das sogenannte „Messproblem" ist das zentrale Problem der Quantenmechanik, dessen Lösung das Potenzial hat, unsere Sicht der physischen Welt fundamental zu verändern. Das Problem besteht darin, dass die Quantenmechanik (QM) nicht zu dem passen will, was wir tatsächlich beobachten. Dabei ist das Problem nicht auf irgendwelche speziellen Messungen im Labor beschränkt, sondern bezieht sich auch auf Elektronen und Katzen in freier Wildbahn. Da es bis heute keine allgemein akzeptierte Lösung gibt, werde ich im weiteren Verlauf drei Ansätze vorstellen und diskutieren, die seit gut zwei Jahrzehnten als die aussichtsreichsten Kandidaten gehandelt werden. Doch davor ist es erforderlich, das Problem selbst zunächst klar in den Blick zu bekommen.

1.1 Problemschilderung

Der vielleicht wichtigste Bestandteil physikalischer Theorien sind Naturgesetze, die angeben, wie sich die Dinge im Laufe der Zeit verändern, wenn bestimmte Verhältnisse bestehen. In der QM gibt es genau ein solches Gesetz,

M. Kuhlmann(✉)
Philosophisches Seminar, Universität Mainz, Mainz, Deutschland
E-Mail: rkuhlman@uni-mainz.de

mathematisch repräsentiert durch die berühmte Schrödingergleichung.[1] Sie legt die zeitliche Entwicklung der Wellenfunktion fest, welche ihrerseits den Zustand eines physikalischen Systems (z. B. eines Elektrons) beschreibt, also – grob gesprochen – die Menge aller Eigenschaften des Systems zu einem gegebenen Zeitpunkt. Die resultierende Dynamik (im Folgenden kurz „Schrödinger-Dynamik"), d. h. die Entwicklung der Wellenfunktion in der Zeit, ist deterministisch. Das passt allerdings nicht zu den berühmt-berüchtigten „Quantensprüngen" (Schrödinger 1952), die sich etwa in quantenmechanischen Messprozessen ereignen, wenn ein physikalisches System schlagartig und nach gängiger Auffassung in indeterministischer Weise einen seiner möglichen Messwerte annimmt, z. B. den als „Spin up" bezeichneten Messwert.

Damit haben wir ein vertracktes Problem. Einerseits sind die Prognosen der QM empirisch bestens bestätigt, wonach physikalische Systeme im Falle von Messungen mit präzise angebbaren Wahrscheinlichkeiten bestimmte Werte zeigen. Andererseits lässt die deterministische Schrödinger-Dynamik solche plötzlichen Änderungen aber gar nicht zu. Manchmal wird dies so ausgedrückt, dass es in der QM zwei verschiedene Dynamiken gibt, eine Dynamik für Situationen, in denen sich ein System sozusagen ruhig vor sich hin entwickelt, und eine andere Dynamik im Fall von Messprozessen. Das klingt nach einer Lösung des Problems, ist es aber nicht. Da Messungen letztlich auch nur physikalische Vorgänge sind, ist nicht ersichtlich, wieso die Schrödingergleichung hier plötzlich nicht mehr zuständig sein sollte. Man ist versucht, *mikroskopische* Messobjekte und *makroskopische* Messgeräte zu unterscheiden, aber diese zunächst plausible Unterscheidung ist so unscharf, dass sie sich kaum als Lösung für eine so grundlegende Problematik anbietet. Es gibt für die Anwendung der QM, inklusive der Schrödingergleichung, keine erkennbare Größenbeschränkung und tatsächlich gelingt es technisch immer besser, quantenmechanisches Verhalten selbst auf makroskopischen Skalen hervorzurufen und nachzuweisen.

Es gibt eine elegante Darstellung des Problems (Maudlin 1995), die für die spätere Diskussion der Lösungsvorschläge sehr hilfreich ist. Nach diesem „Maudlin-Trilemma" resultiert das Problem daraus, dass drei jeweils für sich genommen unkontrovers scheinende Annahmen miteinander in Konflikt stehen: Im Rahmen der QM nimmt man gängigerweise an, (i) dass die QM vollständig ist, also keine Informationen über die beschriebenen Objekte unterschlägt, (ii) dass die Zeitentwicklung quantenmechanischer Zustände immer gemäß der linearen Schrödingergleichung erfolgt und (iii) dass man bei einer Messung immer ein bestimmtes Ergebnis erhält. Diese drei Annahmen lassen sich je-

---

[1] Mit „QM" meine ich hier immer die *nicht-relativistische* Quantenmechanik.

doch nicht gleichzeitig aufrechterhalten, ohne in Widersprüche zu geraten. Z. B. muss aus Symmetriegründen (iii) falsch sein, wenn (i) und (ii) wahr sein sollen, denn wie wir in Abschn. 1.2 im Detail sehen werden, wird ein Superpositionszustand, der bezüglich zweier Komponenten symmetrisch ist (und der nach Annahme (i) bereits alle Informationen über das System enthält), durch einen Messprozess, der nach Annahme (ii) gemäß der Schrödinger-Dynamik abläuft, unvermeidlich wieder in einen symmetrischen Zustand überführt. Nach Annahme (iii) müsste diese Symmetrie aber verloren gehen, da sich ja nur eines der möglichen Messergebnisse einstellen soll.

Aus diesem Grund ist man gezwungen, mindestens eine dieser Annahmen fallen zu lassen. So weit können sich alle einigen. Doch welche Annahme(n) soll man aufgeben und mit welcher Begründung? Hier beginnt der Streit. Tatsächlich lassen die drei gegenwärtig wichtigsten Anwärter auf eine Lösung des fundamentalen Messproblems der Quantenmechanik jeweils genau eine der obigen Annahmen fallen. Sogenannte Kollapstheorien lassen Annahme (ii) fallen und gehen für quantenmechanische Messprozesse von einem Kollaps der Wellenfunktion aus, der darin besteht bzw. dazu führt, dass einer der möglichen Messwerte realisiert wird. In diese Gruppe gehört z. B. der Vorschlag von Ghirardi, Rimini und Weber, die Schrödingergleichung zu ersetzen durch eine stochastische Variante. Andererseits gibt es sogenannte Nichtkollaps-Theorien, wie die Bohm'sche Quantenmechanik oder die Everett'sche Theorie (Viele-Welten-Theorie), welche annehmen, dass alle Anteile der Wellenfunktion auch nach einem quantenmechanischen Messprozess eine reale Bedeutung haben. Während z. B. die Bohm'sche Quantenmechanik die Wellenfunktion mit einem realen „Führungsfeld" in Verbindung bringt, nimmt die Everett'sche Theorie an, dass sämtliche Möglichkeiten von Messergebnissen realisiert werden, nur in verschiedenen kausal voneinander getrennten Welten.

Schauen wir uns das Problem nun etwas mehr im Detail an und zwar insbesondere unter Berücksichtigung des Formalismus. Dieser Abschnitt soll einem vertieften Verständnis des Problems dienen, hat aber auch und nicht zuletzt die Funktion, bestimmte Begrifflichkeiten und Bezeichnungsweisen einzuführen, die später Verwendung finden.

1.2   Formale Präzisierung

Fangen wir damit an, wie denn im Rahmen der QM bestimmt wird, welche Messwerte möglich sind. Tatsächlich treffen wir auch gleich auf einen der charakteristischsten Züge der QM, nämlich den Umstand, dass in der Regel gar nicht alle Messwerte möglich sind, die man klassisch erhalten kann. Mit am bekanntesten ist dies bei der von Atomen verschiedener Elemente abgestrahlten Energie, die bei Messung von Wellenlängen zu element-typischen Spektrallinien führt. In seinem berühmten Aufsatz „Quantisierung als Eigenwertproblem" hat Erwin Schrödinger 1926 gezeigt, dass man mögliche Messwerte mit einem zu dieser Zeit Physikern noch weitgehend neuen mathematischen Instrumentarium berechnen kann. Mit einer sogenannten *Eigenwertgleichung*

$$\hat{A}|\psi_i\rangle = a_i|\psi_i\rangle \tag{1}$$

kann man bei vorgegebener Observable A die möglichen Messwerte a_i bestimmen und zwar als *Eigenwerte* des Operators $\hat{A}$, welcher die Observable A mathematisch repräsentiert (z. B. als Matrix). Jedem Eigenwert ist mindestens ein *Eigenzustand* $|\psi_i\rangle$ zugeordnet.[2]

Nun lassen sich zwei Fälle unterscheiden. In **Fall 1** ist der Zustand $|\psi\rangle$ eines quantenmechanischen Systems S ein Eigenzustand der betrachteten Observablen A (bzw. $\hat{A}$), also $|\psi\rangle = |\psi_k\rangle$, wobei a_k der zum Eigenvektor $|\psi_k\rangle$ gehörige Eigenwert ist.[3] In diesem Fall wird eine Messung der Observablen A mit Sicherheit den Messwert a_k liefern.[4] In **Fall 2** ist der Zustand $|\psi\rangle$ *kein Eigenzustand* von $\hat{A}$. Dann lassen sich zu den Ergebnissen einer Messung der Observablen A nur Wahrscheinlichkeitsaussagen machen. Dazu wird der Zustand $|\psi\rangle$ nach den Eigenzuständen des Operators $\hat{A}$ in einer Reihe entwickelt:

$$|\psi\rangle = \sum_i c_i|\psi_i\rangle, \text{ wobei } c_i = \langle\psi_i|\psi\rangle. \tag{2}$$

Die Koeffizienten der Reihenentwicklung liefern durch Bildung der Betragsquadrate folgende Wahrscheinlichkeiten bei Messungen: Wenn das betreffende System (z. B. ein Elektron) vor der Messung im Zustand $|\psi\rangle$ ist, dann ist $|c_i|^2$ die Wahrscheinlichkeit dafür, bei Messung der Observablen A den Messwert

---

[2] Eigenwertgleichungen kann man auch in klassischen Kontexten einsetzen. Z. B. bei einem starren Körper, wie einem Ziegelstein, sind die Eigenwerte des Trägheitstensors seine Hauptträgheitsmomente und die zugehörigen Eigenvektoren seine Hauptträgheitsachsen, welche auch gleichzeitig die drei Symmetrieachsen sind.

[3] Jedem quantenmechanischen System wird ein eigener Hilbertraum zugeschrieben. Die auf diesem Hilbertraum wirkenden „selbstadjungierten" Operatoren repräsentieren die Observablen des betrachteten Systems, d. h. die an diesem System prinzipiell messbaren Beobachtungsgrößen.

[4] Eng damit verbunden ist folgende weitergehende interpretative Behauptung: Eine Observable hat für ein physikalisches System (z. B. ein Elektron) genau dann einen bestimmten Wert – der entsprechend als wohl-definierte Eigenschaft des Systems angesehen werden kann –, wenn der Zustand des Systems ein Eigenzustand der betreffenden Observablen ist. In der angelsächsischen Literatur wird dies oft als „eigenstate-eigenvalue link" bezeichnet, z. B. in Myrvold (2018) und Albert und Loewer (1996). Letztere sehen dies als Kernbehauptung der Kopenhagener Interpretation, wie sie in von Neumann (1932) kanonisch ausformuliert wird.

a_i zu erhalten. Dies nennt man auch die „Bornsche Regel". Bei einer Spinmessung etwa wären die beiden möglichen Messwerte *Spin up* $(a_1 = +\frac{1}{2})$ und *Spin down* $(a_2 = -\frac{1}{2})$, welche man im Fall einer Messung in z-Richtung jeweils mit einer Wahrscheinlichkeit von 50 % erhält, wenn das Elektron vorher senkrecht zur z-Richtung polarisiert war, also z. B. in x-Richtung (Gl. 6).

Bevor ich zum Messproblem komme, möchte ich noch eine Anmerkung zur Darstellung machen: Im Zusammenhang mit der Heisenberg'schen Unschärferelation sind vielen Leserinnen und Lesern vermutlich Orts- und Impulsmessungen geläufiger, wenn es um die Eigenheiten der QM geht. Ort und Impuls sind als Observablen natürlich auch anschaulicher als der Spin. Mathematisch gesehen ist ihre Behandlung jedoch erheblich aufwendiger, da es sich bei Ort und Impuls um Observablen mit einem kontinuierlichen Spektrum von Messwerten handelt, während beim Spin nur schrittweise, sogenannte „diskrete" Messwerte möglich sind. Kommen wir nun also zum Messproblem und zwar weiterhin anhand von diskreten Observablen.[5]

Wir haben es bei der Reihenentwicklung aus Gl. (2) mit einer Superposition zu tun. Hieran sieht man unmittelbar, dass Superpositionen im Rahmen der QM keine exotischen Sonderfälle sind, sondern dass quasi jedes System in einem Superpositionszustand ist, wenn man nur eine geeignete Observable betrachtet, nämlich eine, bezüglich der das System nicht in einem Eigenzustand ist. Schauen wir uns also an, was bei der Messung von Systemen in Superpositionen passiert. Wenn das zu messende System S sich vor der Messung in Zustand $|\psi\rangle$ befindet und das Messgerät M in Zustand $|\Phi\rangle$, dann lässt sich die Messwechselwirkung für das Gesamtsystem aufschreiben als

$$|\psi\rangle|\Phi\rangle \overset{U}{\longmapsto} U(|\psi\rangle|\Phi\rangle), \tag{3}$$

wobei der Wechselwirkungsoperator U hier nicht weiter spezifiziert ist. U beschreibt, wie sich das Gesamtsystem aus S und M im Falle einer Messung entwickelt.

Eines ist nun klar. Ein für die Messung von Observable A geeignetes Messgerät muss Folgendes leisten, wenn S vor der Messung in einem Eigenzustand $|\psi_k\rangle$ von A ist (Fall 1 von oben):

$$|\psi_k\rangle|\Phi_0\rangle \overset{U}{\longmapsto} |\psi_k\rangle|\Phi_k\rangle, \tag{4}$$

---

[5] Eine Darstellung der „Bornschen Wahrscheinlichkeitsinterpretation" für kontinuierliche und diskrete Observablen findet sich in dem umfassenderen Beitrag von Manfred Stöckler.

wobei $|\Phi_0\rangle$ der messbereite Zustand von M ist und $|\Phi_k\rangle$ der Zustand, der anzeigt, dass als Messwert a_k gefunden wurde. Damit wird lediglich ausgedrückt, dass ein Messgerät einen Wert, der sicher vorliegt (was es auch in der QM gibt), als gemessenen Wert anzeigen muss. Diese Forderung wird auch als „Kalibrierung" bezeichnet.[6] Beispielsweise für Spinmessungen bedeutet die Kalibrierungsbedingung

$$|\uparrow_z\rangle|\Phi_0\rangle \xrightarrow{U} |\uparrow_z\rangle|\Phi_\uparrow\rangle \text{ und } |\downarrow_z\rangle|\Phi_0\rangle \xrightarrow{U} |\downarrow_z\rangle|\Phi_\downarrow\rangle. \qquad (5)$$

So weit, so gut. Was passiert aber, wenn das Quantensystem S vor der Messung nicht in einem Eigenzustand von A ist? Auch jetzt hilft die Kalibrierungsbedingung zumindest etwas weiter. Nehmen wir als einfaches Beispiel die Spin-Superposition

$$|\psi\rangle = \frac{1}{\sqrt{2}}|\uparrow_z\rangle + \frac{1}{\sqrt{2}}|\downarrow_z\rangle. \qquad (6)$$

Wegen der Linearität[7] des aus der Schrödingergleichung resultierenden Zeitentwicklungsoperators U führt die Kalibrierungsbedingung nun zu folgendem Ergebnis der Messwechselwirkung:

$$U\left[\left(\frac{1}{\sqrt{2}}|\uparrow_z\rangle + \frac{1}{\sqrt{2}}|\downarrow_z\rangle\right)|\Phi_0\rangle\right] = \frac{1}{\sqrt{2}}|\uparrow_z\rangle|\Phi_{\uparrow_z}\rangle + \frac{1}{\sqrt{2}}|\downarrow_z\rangle|\Phi_{\downarrow_z}\rangle. \qquad (7)$$

Und weiter geht es im Rahmen der gewöhnlichen QM nicht. Damit haben wir eine glasklare formale Darstellung des Messproblems: Wenn wir die allseits akzeptierten Annahmen der QM verwenden (insb. Maudlins oben formulierte drei Annahmen), dann überträgt sich die Superposition des gemessenen Systems auf das Messgerät bzw. auf das Gesamtsystem $S+M$, wobei das Messgerät auch z. B. eine Katze sein könnte. Nichts in der QM führt aus dieser Superposition wieder heraus!

2   Die stärksten Lösungsvorschläge

Wie wir gesehen haben, ergibt sich das Messproblem der QM erst, wenn man eine Reihe von Annahmen macht, von denen jede einzelne unverzichtbar ist. Das Problem entsteht also nicht, wenn auch nur eine dieser Annahmen aufgegeben wird, und kann entsprechend in diesem Sinne gelöst werden. Da aber

---

[6] Mittelstaedt (2000) führt kurz und zugänglich in die Quantentheorie der Messung ein.

[7] Zur Erinnerung: Bei Linearität gilt $f(ax + by) = af(x) + bf(y)$.

alle Annahmen zunächst unkontrovers erscheinen, kann man sie nicht einfach ohne Weiteres fallen lassen, sondern man benötigt eine plausible Begründung. Nachdem das Messproblem der QM spätestens mit Schrödingers berühmtem Aufsatz mit dem Katzenbeispiel von 1935 in voller Klarheit zu Tage lag, sind nach langer Dominanz der Kopenhagener Deutung insbesondere zwischen den 1950er und 1980er Jahren eine ganze Reihe von Vorschlägen gemacht und in der Folgezeit weiterentwickelt worden, von denen sich nach gängiger Einschätzung drei Ansätze als besonders erfolgversprechend herausgestellt haben. Im Folgenden möchte ich mich auf diese drei Ansätze konzentrieren, anstatt weitere Lösungsvorschläge aufzuzählen. Dabei möchte ich zunächst herausstellen, worin der Charme der jeweiligen Ansätze besteht. Erst in einem zweiten Schritt möchte ich auf Schwierigkeiten eingehen, um zum Ende schließlich zu überlegen, wie man mit der Vielfalt der „Interpretationen" umgehen kann.

2.1 Der Ansatz von Ghirardi, Rimini und Weber (GRW)

Wie wir gesehen haben, sagt die Quantenmechanik die indeterministische Diskontinuität beim Eintreten von Messergebnissen zwar in gewisser Weise voraus, sie bildet sie aber nicht dynamisch ab, ja kann sie angesichts der Linearität der Schrödingergleichung gar nicht abbilden. Daher liegt die Überlegung nahe, die dynamischen Gesetze der QM so abzuändern, dass auch die diskontinuierlichen Messprozesse erfasst werden. Das gesuchte Kunststück sollte jedoch im Idealfall erstens nicht *ad hoc* sein, also nicht einfach fordern, dass es bei Messprozessen irgendeine zweite nicht-lineare Kollaps-Dynamik gibt, an deren Ende jeweils eines der möglichen Messergebnisse steht, und zweitens sollten die empirisch bestätigten Wahrscheinlichkeitsaussagen der QM erhalten bleiben. Tatsächlich ist es sehr schwer, beide Forderungen zu erfüllen und der erfolgreichste Vorschlag in diese Richtung wurde auch erst 1986 in dem Aufsatz „Unified dynamics for microscopic and macroscopic systems" von Ghirardi, Rimini und Weber („GRW") vorgelegt.

Als Kontrastfolie bietet es sich an, kurz die sogenannte „Kopenhagener Deutung" der QM zu thematisieren, die vermutlich bis heute die bekannteste Interpretation ist, auch wenn sie unter Fachleuten zum Messproblem der QM nicht mehr hoch im Kurs steht. Da es notorisch schwierig ist zu sagen, was genau die „Kopenhagener Deutung" ist[8], möchte ich hier keine umfassende Charakterisierung versuchen, sondern werde mich auf einen Aspekt konzentrieren, der wohl unkontrovers ein zentraler Teil der „Kopenhagener Deutung" ist und der den Charme des GRW-Ansatzes besonders deutlich erkennbar macht. Nach der

---

[8] Siehe Abschn. 8 in Faye (2019).

„Kopenhagener Deutung" schlägt der problematische Superpositionscharakter von Quantenobjekten nicht auf die Ebene der Messgeräte durch, da Letztere makroskopische Objekte sind und daher mit den Mitteln der klassischen Physik zu beschreiben sind, in der Überlagerungen von sich ausschließenden Eigenschaften nicht vorkommen. Nun würden auch heute wohl die meisten zugestehen, dass der Übergang vom Mikroskopischen zum Makroskopischen für die QM eine wichtige Rolle spielt. Was bei der „Kopenhagener Deutung" jedoch stört, ist, dass der zentrale Begriff des Makroskopischen gänzlich unerklärt bleibt. Zugespitzt könnte man sagen, dass nach der „Kopenhagener Deutung" die problematischen Superpositionen im Makroskopischen nicht mehr auftreten, weil im Makroskopischen keine Superpositionen auftreten. So formuliert würde überhaupt nichts erklärt oder gelöst.

Die GRW-Theorie überwindet genau diesen nebulösen Bezug der Kopenhagener auf makroskopische Messgeräte und Beobachter. Stattdessen werden die Prozesse, die bei Messungen zu bestimmten Ergebnissen führen, durch fundamentale Naturgesetze und damit nicht zuletzt auf quantitativ präzise Weise bestimmt. Um dieses Ziel zu erreichen, wird die Schrödingergleichung um einen stochastischen Term ergänzt. Maudlins Trilemma wird also aufgelöst durch Streichen der zweiten Annahme (dass alle zeitlichen Entwicklungen von Quantensystemen durch die Schrödingergleichung beschrieben werden) und wir erhalten eine neue Theorie: Die gewöhnliche deterministische Schrödingergleichung beschreibt nicht mehr alle zeitlichen Veränderungen, sondern es gibt schon auf der Mikroebene indeterministische Kollaps-Prozesse. Letztere sind gerade so wahrscheinlich, dass sie bei mikroskopischen Systemen extrem selten auftreten, bei makroskopischen Systemen aber fast mit Sicherheit zu einem Kollaps der Gesamtwellenfunktion führen. Dieser Kollaps auf der Makroebene wird aber nicht postuliert, sondern ist die direkte naturgesetzliche Folge von mikroskopischen Vorgängen.[9] Schauen wir uns die GRW-Kollapse jetzt genauer an.

Wenn man ein einzelnes Teilchen betrachtet, passiert nach der GRW-Theorie mit einer sehr kleinen Wahrscheinlichkeit (dazu gleich mehr) ein Kollaps, der dadurch beschrieben wird, dass die Wellenfunktion mit der Gaußfunktion

$$g(x) = \frac{1}{(2\pi\sigma^2)^{3/2}} \exp\left[-\frac{(q_k - x)^2}{2\sigma^2}\right] \tag{8}$$

multipliziert wird, wobei die Breite σ der Gaußfunktion eine neue Naturkonstante ist, welche festlegt, wie scharf die Lokalisation bei einem GRW-Kollaps

---

9 Sehr gelungene knappe Darstellungen der GRW-Theorie finden sich in Bell (1987), Albert und Loewer (1996) sowie Frigg (2009).

ist.[10] Attraktiv an dem stark lokalisierten, aber nicht punktförmigen GRW-Kollaps ist, dass dies ein plausibles Charakteristikum eines echten physikalischen Prozesses ist.[11] Dagegen wird beim punktförmigen Kollaps bei von Neumann/Kopenhagen das gewünschte Ergebnis letztlich nur postuliert. Der Ausdruck „$q_k - x$" im Exponenten der Exponentialfunktion bewirkt dabei, dass das Zentrum der Lokalisierung die Ortskoordinate q_k des k-ten Teilchens im Gesamtsystem ist. Die Auswahl des Teilchens ist dabei rein zufällig und geschieht in einem Poisson-Prozess, einem stochastischen Verfahren, welches z. B. auch in der Versicherungsbranche verwendet wird, um die Häufigkeit von Katastrophen zu modellieren, die selten eintreten, dann aber mit gravierenden Konsequenzen. Die diesen Prozess charakterisierende Poisson-Verteilung ist bestimmt durch den Mittelwert λ, der die durchschnittliche Anzahl an Ereignissen pro Zeiteinheit angibt. In der GRW-Theorie wird angenommen, dass dieser Wert von der Größenordnung $\lambda = 10^{-16}$ s^{-1} ist, was sehr selten ist, aber bedeutet, dass in einem makroskopischen System, das aus 10^{23} Atomen besteht, durchschnittlich 10^7 Kollapse oder „hits" pro Sekunde stattfinden (Frigg 2007). Damit ist es fast sicher, dass der quantenmechanische Superpositionszustand eines makroskopischen Systems (wie einer Katze) praktisch sofort kollabiert auf einen Zustand, der mit einem der möglichen Messwerte verbunden ist (Katze tot oder lebendig) (Abb. 1).

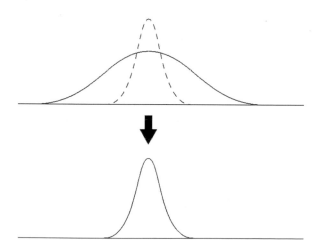

Abb. 1 Spontane Lokalisierung einer breiten Wellenfunktion. In: Dürr und Lazarovici (2018, S. 100)

---

[10] Das Produkt wird anschließend noch normiert, damit sich über alle Orte summiert bzw. integriert wieder die Gesamtwahrscheinlichkeit 1 ergibt.

[11] Allerdings müsste dieser Prozess im Konfigurationsraum stattfinden. Dieser Aspekt wird in der Diskussion des GRW-Ansatzes noch eine wichtige Rolle spielen.

Für ein einzelnes Teilchen ist ein GRW-Kollaps also so unwahrscheinlich, dass wir ihn praktisch nie beobachten, so dass faktisch die lineare Schrödinger-Dynamik Gültigkeit behält - genau wie gewünscht. Für Systeme mit makroskopisch vielen Teilchen wird dagegen in kürzester Zeit die Wellenfunktion irgendeines der enorm vielen Teilchen kollabieren. Und auch das ist natürlich genau gewollt, denn das Ausgangsproblem war ja gerade, dass die QM auch für makroskopische Systeme Überlagerungszustände zulässt (Schrödingers Katze), die wir aber in der Realität nicht beobachten. Das enorm Elegante an der GRW-Theorie ist nun, dass sich dieser radikale Unterschied von mikroskopischen und makroskopischen Systemen automatisch ergibt, ohne dass eine künstliche mikroskopisch/makroskopisch-Unterscheidung vorgenommen wird.

Betrachten wir nun noch etwas genauer, wie sich das Messproblem mit der GRW-Theorie auflöst.[12] Nehmen wir dazu in leichter Abänderung des ursprünglichen Schrödinger-Szenarios (1935) an, dass die Katze mit ihrem Leben den Spin eines Elektrons misst (z. B. in z-Richtung), mit den möglichen Messergebnissen *Spin up* oder *Spin down* (Albert und Lower 1996). Nehmen wir außerdem an, dass nicht schon einer dieser Werte vorliegt, dass sich das Elektron also nicht in einem Eigenzustand bezüglich der Observablen „Spin in z-Richtung" befindet, sondern in einem Superpositionszustand von *Spin up* und *Spin down,* was der Normalfall ist. Das mikroskopische Elektron im Superpositionszustand wird durch die Wechselwirkung mit dem Messgerät aus Katze und Giftfläschchen zu einem Teil eines makroskopischen Gesamtsystems. Nach der GRW-Theorie wird bei dieser Messung des Spins durch das Gift/Katze-Messgerät tatsächlich ganz kurz eine Superposition von toter und lebendiger Katze vorliegen,

$$|\text{Spin up}\rangle|\text{Katze lebendig}\rangle + |\text{Spin down}\rangle|\text{Katze tot}\rangle \qquad (9)$$

bzw. etwas genauer und formaler

$$U(|\psi\rangle|\Phi\rangle) = \tfrac{1}{\sqrt{2}}|\uparrow_z\rangle|\Phi_{\uparrow_z}\rangle + \tfrac{1}{\sqrt{2}}|\downarrow_z\rangle|\Phi_{\downarrow_z}\rangle. \qquad (10)$$

---

[12] Auch wenn Problematik und Lösung durch die GRW-Theorie traditionell anhand von Messungen dargestellt werden, ist die Angelegenheit tatsächlich viel allgemeiner. Egal ob nun gemessen wird oder nicht, quantenmechanische Überlagerungszustände scheinen im Makroskopischen i. d. R. keine Rolle zu spielen (s. a. Schlosshauer 2007, Kap. 3). Gut erkennbar ist das bei einer alternativen Darstellung der GRW-Theorie (Lewis 1997; Frigg 2009) anhand einer Murmel und einer Box, für die nach der QM der Überlagerungszustand $\frac{1}{\sqrt{2}}$|Murmel in der Box⟩ + $\frac{1}{\sqrt{2}}$|Murmel außerhalb der Box⟩ erlaubt ist, den wir aber nie beobachten. Ein Messgerät taucht in dieser Darstellung gar nicht auf.

Diese Superposition ist allerdings so extrem kurzlebig, dass wir sie niemals tatsächlich sehen werden. Um zu verstehen wieso, führen wir uns jetzt vor Augen, dass die lebendige Katze und die tote Katze unterschiedliche Räume einnehmen und jeweils aus sehr vielen Teilchen bestehen, deren jeweilige Orte wir mit $\mathbf{r}_1$ bis $\mathbf{r}_N$ für die lebendige Katze und mit $\mathbf{q}_1$ bis $\mathbf{q}_L$ für die tote Katze bezeichnen wollen[13]:

$$U(|\psi\rangle|\Phi\rangle) = \tfrac{1}{\sqrt{2}}|\uparrow_z\rangle|\mathbf{r}_1\mathbf{r}_2\ldots\mathbf{r}_N\rangle + \tfrac{1}{\sqrt{2}}|\downarrow_z\rangle|\mathbf{q}_1\mathbf{q}_2\ldots\mathbf{q}_L\rangle. \qquad (11)$$

Bei einem der Teilchenorte der toten oder der lebendigen Katze wird der GRW-Kollaps als erstes passieren und zwar praktisch sofort wegen der sehr vielen Bestandteile der Katze. Dann wird die Gesamtwellenfunktion von Elektron und Messgerät instantan mit einer Gaußfunktion multipliziert, die ihr Lokalisationszentrum entweder bei einem der Teilchen der lebendigen Katze oder bei einem der Teilchen der toten Katze hat. Das wird dazu führen, dass der Anteil der Gesamtwellenfunktion, der sich auf die jeweils „andere Katze" bezieht, fast vollständig verschwindet und zwar so weit, dass eine Beobachtung praktisch ausgeschlossen ist. Die GRW-Theorie ist also genau genommen empirisch nicht vollkommen äquivalent zur gewöhnlichen QM, die Unterschiede haben aber keine praktische Bedeutung, da sie faktisch nicht beobachtet werden.[14]

Jetzt haben wir das GRW-Szenario in seiner ursprünglichen und einfachsten Formulierung kennengelernt.[15] Bevor wir die problematischen Aspekte diskutieren, wollen wir uns anschauen, was die Konkurrenz zu bieten hat.

2.2　Die De-Broglie-Bohm-Theorie

John von Neumanns (1932) bahnbrechende systematische Darstellung der QM enthält einen berühmten und viel zitierten Unmöglichkeitsbeweis. Dieser besagt, dass die QM nicht so durch bisher „verborgene Parameter" ergänzt werden kann, dass sich die charakteristische Unbestimmtheit von Eigenschaf-

---

[13] Die verschiedenen Gesamtteilchenzahlen N und L sollen für die Möglichkeit Raum lassen, dass der Tod mit einer Veränderung der Teilchenzahl einhergeht.

[14] Die interpretative Relevanz der sogenannten *Tails* der Wellenfunktion wird in Lewis (1997), Clifton und Monton (1999) und Frigg (2009) diskutiert.

[15] Eine Frage, die wir dabei ausgeklammert haben, ist, wo der Kollaps eigentlich stattfindet, der durch die Multiplikation der Wellenfunktion mit einer Gaußfunktion beschrieben wird. Die Wellenfunktion ist ja kein Gegenstand in unserem Anschauungsraum. Tatsächlich gibt es heute, zurückgehend auf Bells (1987) begeisterte Rezeption der GRW-Theorie, zwei Hauptvarianten, die Blitz-Theorie GRW$_f$ („f" für „flash") und die Materie-Theorie GRW$_m$ („m" für „matter"). Auf Einzelheiten möchte ich hier allerdings verzichten, da sich die grundlegenden Probleme der GRW-Theorie schon bei der ursprünglichen Formulierung zeigen. Eine gelungene Darstellung und bewertende Gegenüberstellung von GRW$_f$ und GRW$_m$ findet sich in Esfeld (2014).

ten letztlich als Fall bloßer Unkenntnis aller relevanten Fakten erweist.[16] Selten erwähnt wird dabei von Neumanns Bemerkung, dass „eine Einführung von verborgenen Parametern gewiß nicht möglich ist, ohne die gegenwärtige Theorie wesentlich zu ändern" (S. 109). Genau dies tut die De-Broglie-Bohm-(dBB-)Theorie. Wie sich später anhand der Voraussetzungen in von Neumanns Beweis und der Verletzung Bell'scher Ungleichungen zeigen sollte, sind gar nicht jegliche Theorien verborgener Variablen (die heute gängige Bezeichnung) ausgeschlossen, sondern nur *lokale* Theorien. Es ist also „lediglich" nicht möglich, die Quantenmechanik so zu ergänzen, dass an einem Ort eine Eigenschaft, die in der gewöhnlichen Quantenmechanik unbestimmt ist, also etwa eine Überlagerung von *Spin up* und *Spin down,* durch Hinzufügen weiterer Variablen an demselben Ort zu einer bestimmten Eigenschaft wird, also etwa eindeutig *Spin up.* Was dadurch aber nicht ausgeschlossen wird, ist die Möglichkeit, dass es räumlich weit entfernte[17] Parameter sind, die den Effekt haben, dass alle Eigenschaften zu allen Zeiten bestimmt sind (auch wenn man sie vielleicht faktisch nicht kennt). Man könnte eine solche *nicht-lokale* Ergänzung der Quantenmechanik zunächst als unattraktiv ansehen, da sie nicht zum klassisch wirkenden Bestreben der dBB-Theorie passt, die charakteristische (ontische) Unbestimmtheit von Eigenschaften zu überwinden. Allerdings könnte man die Sache auch ganz anders betrachten. Wenn man als Botschaft der Quantenmechanik akzeptiert, dass die Welt nicht-lokal ist, würde eine Theorie mit explizit nicht-lokalen Beeinflussungen von Eigenschaften die Nicht-Lokalität zumindest vollständig transparent machen. Die Nicht-Lokalität bliebe damit zwar bestehen, aber sie verlöre ihren in der gewöhnlichen Quantenmechanik mysteriösen Charakter.[18] In gewisser Weise wird tatsächlich ein *Mechanismus* der verborgenen Parameter beschrieben, allerdings ein nicht-lokaler Mechanismus.[19]

Die dBB-Theorie ist also keine bloße Interpretation der Quantenmechanik, sondern eigentlich eine neue Theorie. Tatsächlich hatte de Broglie die Grund-

---

[16] Siehe von Neumann (1932, S. 109 und Abschnitt IV.2). Von Neumann resümiert: „Man beachte, daß wir hier gar nicht näher auf die Einzelheiten des Mechanismus der ‚verborgenen Parameter' eingehen mußten: die sichergestellten Resultate der Quantenmechanik können mit ihrer Hilfe keinesfalls wiedergewonnen werden…" (S. 171).

[17] Genauer handelt es sich hierbei im Sinne der speziellen Relativitätstheorie (SRT) um eine „raumartige" Entfernung von Ereignissen, also eine, die nur mit Überlichtgeschwindigkeit oder sogar nur mit unendlicher Geschwindigkeit überwindbar ist.

[18] Besonders deutlich wird dies in Bohm und Hiley (1993). Der nicht-lokale Aspekt der Bohm'schen Mechanik steht übrigens nicht notwendig in Konflikt zur SRT (Maudlin 2011). Dass trotzdem ein Konflikt mit der SRT droht, liegt an etwas anderem, nämlich an der offensichtlichen Auszeichnung des Ortes, der ja in der Bohms'chen Mechanik ontologisch die zentrale Rolle spielt.

[19] Kuhlmann und Glennan (2014) analysieren detailliert, inwieweit der Mechanismusbegriff bei quantenmechanischen Systemen noch anwendbar ist.

idee bereits 1927 auf der berühmten Solvay-Konferenz vorgestellt, den Ansatz dann aber, wohl nicht zuletzt wegen heftiger Kritik durch Pauli, nicht mehr weiterverfolgt.[20] Erst 1952 entdeckte David Bohm diese Möglichkeit erneut und wurde, wie er selbst schreibt, erst nachträglich auf de Broglies Arbeit aufmerksam gemacht. Interessanterweise verfasste Bohm die beiden Aufsätze, in denen er den neuen Ansatz vorstellt, unmittelbar nach einem konventionellen Lehrbuch zur QM. Durch die ausführliche Darstellung der QM wurde Bohm bewusst, wie unbefriedigend es ist, keine durchgehende *(continuous)* Beschreibung aller physikalischen Prozesse zu haben, also insbesondere keine Beschreibung für einzelne Systeme auf der „Quantenebene" *(quantum level)*.

Was macht die dBB-Theorie also zu einer neuen Theorie? Die wichtigste, von der gewöhnlichen QM eklatant abweichende Annahme besteht darin, dass alle Teilchen zu jeder Zeit einen bestimmten Ort haben, auch wenn wir ihre Orte nicht genau kennen mögen. Wegen dieser beschränkten Kenntnis gibt es aber keinen Konflikt mit der Heisenberg'schen Unschärferelation.[21] Die Teilchenorte werden dabei zusätzlich zur Wellenfunktion angenommen; sie sind die „verborgenen Variablen". Für ein N-Teilchen-System wird die Menge aller Teilchenorte $Q_1, Q_2, \ldots Q_N$ als „Konfiguration" bezeichnet. Für die „neuen" Variablen der dBB-Theorie, d. h. die Orte, muss jetzt natürlich noch angegeben werden, wie sie sich in der Zeit verändern, es muss also eine naturgesetzliche Dynamik spezifiziert werden. Die dBB-Theorie nimmt nun an, dass die Bewegung *eines* Teilchens von der (räumlichen) Konfiguration *aller* Teilchen abhängt, egal wie weit die anderen Teilchen entfernt sind. Wie diese Bewegung konkret aussieht, wird durch ein neues Naturgesetz beschrieben, die sogenannte „Führungsgleichung". Sie gibt an, wie sich ein Teilchen unter dem (simultanen) Einfluss sämtlicher Teilchen verhält, und zwar vermittelt über die Wellenfunktion des Gesamtsystems. Die Schrödingergleichung behält dabei ihre Rolle bei der Festlegung der zeitlichen Veränderung der Wellenfunktion. Die Führungsgleichung beschreibt also, wie die Wellenfunktion die Teilchenbahnen führt. De Broglie spricht daher von der „Führungswelle" *(l'onde pilote, engl. pilot wave)*. Man kann sich das ein Stück weit analog dazu vorstellen, wie welliges Wasser einen Korken mitunter wild tanzen lässt, wobei man die Wellenfunktion natürlich, anders als Wasserwellen, nicht direkt sehen

---

[20] Siehe Bacciagaluppi und Valentini (2009).

[21] Für die gewöhnliche QM wird so eine epistemische Lesart allgemein als unhaltbar betrachtet. Ein jüngerer Versuch, eine epistemische Interpretation der QM zu rehabilitieren, stammt von Friedrich (2015). Um Missverständnissen vorzubeugen, sollte aber betont werden, dass es Bohm trotz des epistemischen Charakters der Wahrscheinlichkeiten in seinem Ansatz insgesamt gerade nicht darum ging, eine epistemische Lesart der QM zu propagieren, sondern sein Ansatz explizit als eine kohärente „ontologische Interpretation" (Bohm und Hiley 1993, S. 1) konzipiert ist.

kann. Explizit sieht die Führungsgleichung folgendermaßen aus:

$$\frac{dQ}{dt} = \frac{\nabla S}{m},$$ (12)

wobei $Q(t) = (Q_1(t), Q_2(t), \ldots Q_N(t))$ ist und die Wellenfunktion hierbei indirekt über ihre sogenannte Phase S einfließt.[22] Wie sich die Teilchenkonfiguration Q im Laufe der Zeit verändert ($\frac{dQ}{dt}$), ist also dadurch bestimmt, wie die Wellenfunktion geformt ist (das ist knapp gesagt die Bedeutung der dreidimensionalen räumlichen Ableitung ∇), und zwar vermittelt über S. Ein schönes Beispiel dafür, wie laut der dBB-Theorie das Wellenfeld die Teilchen führt, bietet das Doppelspaltexperiment. Hierfür lassen sich die möglichen Teilchenbahnen („Trajektorien") berechnen, wie in Abb. 2 dargestellt.

Insbesondere drei Dinge sind hierbei anders als in der QM, aber auch anders als in der klassischen Mechanik: Wo ein Teilchen schließlich auf die Fotoplatte ganz rechts (nicht abgebildet) auftreffen wird, hängt schlicht und ergreifend davon ab, durch welchen Spalt und wo genau es durch diesen Spalt getreten ist. Das zu sagen, ist natürlich nur möglich, weil angenommen wird, dass Teilchen sich zu allen Zeiten auf präzisen Bahnen bewegen. Offensichtlich sind diese Bahnen aber keine klassischen Teilchenbahnen, sondern sie sind, für sich betrachtet, auffällig zackig. Wie immer man das bewerten mag, das Endergebnis ist genau das, was man auch beobachtet, nämlich das charakteristische Interferenzmuster, welches man klassisch für Wellen, aber nicht für Teilchen erwartet.

Obwohl die dBB-Theorie sich sowohl von ihrer Ontologie her als auch in ihrer Struktur klar von der QM unterscheidet, ist sie also genau so konzipiert, dass sie sich in ihren experimentell überprüfbaren Konsequenzen nicht von den bestens bestätigten Vorhersagen der QM unterscheidet. Um dies zu gewährleisten, muss in der dBB-Theorie allerdings eine weitere nicht ganz triviale Annahme gemacht werden. Man kann zwar ohne weitere Annahmen zeigen, dass für die dBB-Theorie aufgrund ihrer deterministischen Grundstruktur und wegen der Gültigkeit der Kontinuitätsgleichung Folgendes gilt: Eine einmal gemäß der Born'schen Regel verteilte Menge von Teilchen wird auch für alle zukünftigen Zeiten gemäß der Born'schen Regel verteilt sein und daher mit den probabilistischen Aussagen der gewöhnlichen QM übereinstimmen (Abb. 3).

Aber wieso sollen die Teilchen denn überhaupt zu Beginn so verteilt sein? Sie könnten ja auch anders verteilt sein. Dass die Verteilung genau so ist wie ge-

---

[22] Hierfür wird die sogenannte Polardarstellung $\psi = Re^{\frac{i}{\hbar}S}$ der Wellenfunktion verwendet. Eine detaillierte Präsentation und Diskussion des gesamten Ansatzes bietet Passon (2010) und in knapperer Form Passon (2018). Eine weitere schöne Darstellung findet sich in Albert (1992, Kap. 7).

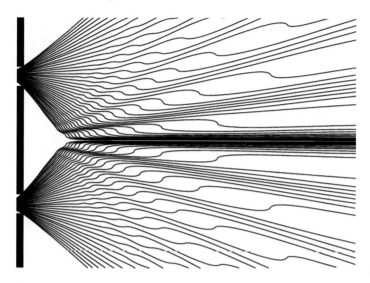

Abb. 2 Ensemble möglicher Bohmscher Trajektorien in einem Doppelspaltexperiment. Aus Philippidis et al. (1979)

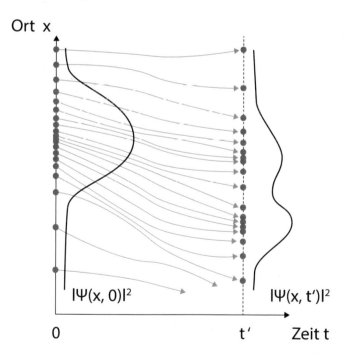

Abb. 3 Zeitliche Entwicklung eines Schwarms möglicher anfänglicher Orte. Modifizierte Version einer Abbildung aus Bricmont (2016)

wünscht, ist die Aussage der sogenannten *(Quanten-)Gleichgewichtshypothese.* Sie besagt, dass ein System, das durch eine Wellenfunktion ψ beschrieben wird, eine Ortsverteilung ρ der Teilchenorte Q_k aufweist, die gerade der wohlbekannten Wahrscheinlichkeitsverteilung der gewöhnlichen QM entspricht, also

$$\rho = |\psi|^2. \tag{13}$$

Da die Rechtfertigung der Gleichgewichtshypothese eine wesentliche Bedeutung für die Bewertung des ganzes Ansatzes hat, werden wir diese Frage in der abschließenden Auswertung wieder aufgreifen.

Bei dem bisher Gesagten ist immer zu beachten, dass die Bedeutungen der jeweiligen Wahrscheinlichkeitsaussagen, also einerseits in der gewöhnlichen QM und andererseits in der dBB-Theorie, ontologisch fundamental verschieden sind – auch wenn sie numerisch übereinstimmen, weil beide der Born'schen Regel genügen. Während es sich nach herrschender Sichtweise in der gewöhnlichen QM um objektive Wahrscheinlichkeiten handelt, sagen die numerisch identischen Aussagen in der (deterministischen!) dBB-Theorie lediglich etwas über unsere Unkenntnis der faktisch aber bestehenden Teilchen-Verteilungen aus.

Abschließend sei noch auf einen insbesondere philosophisch interessanten Aspekt der dBB-Theorie hingewiesen, bei dem nicht unmittelbar klar ist, ob er gegen oder vielleicht gerade für den Ansatz spricht. Nach der dBB-Theorie haben physikalische Objekte auf fundamentaler Ebene nur eine Eigenschaft, nämlich ihren Ort. Alle weiteren Eigenschaften, die wir Elementarteilchen gewöhnlich zusprechen, wie etwa ihr Spin oder ihre Ladung, resultieren in der dBB-Theorie aus der genauen Ortskonfiguration: Ob ein Teilchen in einem Stern-Gerlach-Experiment nach oben oder unten abgelenkt wird, hat danach nichts mit einer Spin-Eigenschaft zu tun, sondern hängt einzig und allein an seiner genauen Flugbahn, sprich ob ober- oder unterhalb der Symmetrieachse. Man nennt dies auch die Kontextualisierung von Eigenschaften. Bevor wir uns auch diesem Punkt in der vergleichenden Bewertung der verschiedenen Ansätze noch näher widmen, schauen wir uns zunächst den dritten und letzten Vorschlag an, den wir hier diskutieren wollen.

2.3 Die Everett-Interpretation (Viele-Welten-Interpretation)

Die dritte Lösung des Maudlin-Trilemmas hat gegenwärtig vielleicht die größte Anzahl von erklärten Anhängern (was allerdings nicht so bleiben muss). 1957 präsentierte Hugh Everett III. einen auf seiner Doktorarbeit basieren-

Abb. 4   Veranschaulichung der Verzweigung für Schrödingers Katze (Schirm 2011)

den Vorschlag, der erst etliche Jahre später durch den Band von de Witt und Graham (1973) unter der (von de Witt stammenden) Bezeichnung „Viele-Welten-Interpretation" breitere Bekanntheit erlangte. Nach dieser bis heute sehr populären Lesart wird bei einer Messung nicht nur jeweils *eines* der möglichen Messergebnisse realisiert, sondern *alle,* nur in verschiedenen, kausal voneinander getrennten Welten, nach dem Motto „Alles, was passieren kann, passiert auch". Danach steht die QM nur scheinbar in Konflikt mit der Erfahrung, da der Eindruck eines einzelnen, definiten Messergebnisses (Katze ist entweder tot oder lebendig) aus globaler Perspektive eine Illusion ist, die daher rührt, dass wir als Beobachter uns ebenfalls „aufspalten" und verschiedene Nachfolge-Beobachter in den parallelen Welten leben und jeweils nur ein Messergebnis wahrnehmen (Abb. 4).

Everett spricht in seinem Aufsatz von 1957 von Zweigen (*branches*), nicht von vielen Welten, und es ist auch sehr fraglich, ob Everetts Idee hierdurch wirklich angemessen getroffen ist. Vor allem aber scheint die Viele-Welten-Interpretation an sich in ihrer populären Variante nicht haltbar zu sein. In der aktuellen Fachdiskussion dominiert denn auch die Bezeichnung „Everett-Interpretation" und nicht „Viele-Welten-Interpretation". Neben Ehrerbietung für Everett liegt dies insbesondere an Entwicklungen, die erst eintraten, lange nachdem Everett selbst die Wissenschaft frustriert verlassen hatte: In den 1970er Jahren entstand die sogenannte Dekohärenz-Theorie[23], ursprünglich als eigenständige Lösung des Messproblems gedacht. Sie scheiterte zwar mit diesem Anspruch, löste aber ironischerweise ein fundamentales Problem der Everett-Interpretation, das zunächst gar nicht richtig gesehen wurde. Damit

---

[23] Die gegenwärtig wohl umfassendste Darstellung bietet Schlosshauer (2007).

erwies sich die Dekohärenz-Theorie schließlich als perfekter Partner für die Everett-Interpretation.

Das Problem, das die Dekohärenz-Theorie löst, tritt am deutlichsten in der Viele-Welten-Sprechweise zu Tage. Formulieren wir das Messproblem anhand eines formalen Beispiels so, dass die Messergebnisse a_1, a_2 und a_3 bzgl. der Observablen A möglich sind, wir mit der QM aber angesichts der linearen Schrödinger-Dynamik bei einer Superposition der Eigenzustände, die mit diesen drei Werten verbunden sind, stehen bleiben und nicht zu einem bestimmten Messwert gelangen. Nach der Viele-Welten-Interpretation kommt es auch gar nicht zu der Reduktion auf ein Messergebnis, sondern alle drei Werte werden realisiert, nur eben in drei verschiedenen Welten. Das klingt erst einmal gut. Jetzt gibt es aber für den Viele-Welten-Ansatz selbst ein fundamentales Problem. Mathematisch gesehen kann derselbe Zustand genauso gut als Superposition von Eigenzuständen einer mit A inkompatiblen Observablen B geschrieben werden (mit den möglichen Messergebnissen b_1, b_2 und b_3).[24] Nichts zeichnet die eine Zerlegung vor der anderen aus. Es ist also überhaupt nicht klar, in welche Menge von parallelen Welten überhaupt eine Aufspaltung stattfinden soll.[25]

Genau dieses sogenannte Basis-Problem erfährt nun eine elegante Lösung durch die Dekohärenz-Theorie. Im Rahmen dieser Theorie kann gezeigt werden, dass die Interaktion mit einem Messgerät, welches in eine makroskopische Umgebung eingebettet ist, unter geeigneten Bedingungen dazu führt, dass eine bestimmte Basis ausgezeichnet wird (oft als Zeigerbasis bezeichnet). Anders als in vorherigen Ansätzen ist diese Auszeichnung einer Basis aber keine rein mathematische Prozedur oder ein Postulat, sondern sie hängt an der konkreten physikalischen Wechselwirkung. Dekohärenz entsteht durch einen realen physikalischen Prozess: Nur wenn die Wechselwirkung mit der Umgebung bestimmte Eigenschaften aufweist und damit zur Messung der betreffenden Observablen geeignet ist, findet eine dynamische Auszeichnung der betreffenden Zeigerbasis statt. Meist ist die ausgezeichnete (oder „bevorzugte") Basis die Ortsbasis.

So erfolgreich die Dekohärenz-Theorie das Basis-Problem der Viele-Welten-Interpretation auch löst, gibt es jetzt allerdings ein Folgeproblem. Die dekohärenzbasierte Auszeichnung einer Zeigerbasis ist zwar ein handfester physikalischer Vorgang mit einem ziemlich klaren Ergebnis, aber auch nur „ziemlich":

---

[24] Das bekannteste Beispiel für inkompatible Observablen sind Ort und Impuls.

[25] Man könnte jetzt auf den Einfall kommen, dass es dann eben alle sechs parallelen Welten gibt. Das würde allerdings zu einer Kaskade an Folgeproblemen führen, die insbesondere mit den quantenmechanischen Wahrscheinlichkeiten für die verschiedenen Messwerte zu tun haben, welche auch in der Viele-Welten-Interpretation sinnvoll untergebracht werden müssen. Das wird uns im Folgenden noch intensiv beschäftigen.

Dekohärenz passiert immer nur näherungsweise, nie hundertprozentig. Da eine *näherungsweise* Aufspaltung in parallele Welten als fundamentaler Vorgang nicht plausibel ist, beschreiben heutige Vertreter dieser Interpretation das Verzweigen („branching") auch als lediglich *emergentes* Phänomen. Entsprechend spricht einer der heutigen Hauptvertreter, David Wallace (2012), vom „emergent multiverse".

Wenden wir uns nun dem zentralen Problem der Viele-Welten- bzw. Everett-Interpretation zu, dem Problem der Wahrscheinlichkeiten.[26] Genauer gesagt gibt es zwei verschiedene Probleme mit Wahrscheinlichkeiten, das sogenannte „Inkohärenzproblem" und das „quantitative Problem" (Greaves 2007). Das Inkohärenzproblem dreht sich um die Frage, warum Wahrscheinlichkeiten in der Everett-Interpretation überhaupt noch auftreten, und das quantitative Problem um die Frage, warum sie genau die Werte haben sollen, die sie laut der Born'schen Regel der QM haben. Beginnen wir mit dem grundsätzlichen ersten Problem: Die Grundidee der Everett-Interpretation besteht darin, dass gar nicht nur eines der möglichen Messergebnisse realisiert wird, sondern alle, nur in verschiedenen Zweigen/Welten. Wenn aber alle Messergebnisse realisiert werden, ist nicht ersichtlich, wie der bestens bestätigte Wahrscheinlichkeitscharakter quantenmechanischer Vorhersagen erklärt werden kann. Der Everettianer kann darauf antworten, dass zwar alle Eigenzustände (bzgl. der verschiedenen möglichen Messergebnisse) realisiert werden, dass sich aber – ganz plakativ ausgedrückt – auch die Beobachterin entsprechend in all diese Möglichkeiten verzweigt und für eine Beobachterin zum Zeitpunkt t_0 objektiv offen ist, als welche der möglichen Beobachterinnen sie zum Zeitpunkt t_1 fortbestehen wird. Nehmen wir einmal an, dass diese Antwort überzeugt und in drei Zweigen Nachfolgebeobachterinnen weiterleben. Jetzt ergibt sich aber sofort ein weiteres Problem: Gäbe es für diese drei Zweige eine Wahrscheinlichkeit von je 1/3, dann wäre das Ganze vielleicht noch plausibel. In der QM treten aber auch oft unterschiedliche Wahrscheinlichkeiten auf. So könnte z. B. die Vorhersage sein, dass die Messwerte a_1 und a_2 mit einer Wahrscheinlichkeit von je 1/4 gefunden werden und a_3 mit der Wahrscheinlichkeit 1/2. Wenn aber alle drei Zweige realisiert werden, welche Bedeutung haben dann die *verschiedenen* Wahrscheinlichkeiten? Dieses oben bereits erwähnte quantitative Problem hat also auch Auswirkungen darauf, welche Lösungen des fundamentaleren Inkohärenzproblems überhaupt plausibel sind.

In den letzten Jahrzehnten hat es zahlreiche Vorschläge zur Lösung dieser beiden Probleme gegeben. Die meisten Anhänger der Everett-Interpretation sind davon überzeugt, dass beide Probleme inzwischen gelöst sind. Die Grund-

---

[26] Im Folgenden spreche ich meist von der „Everett-Interpretation", verwende aber, wie das auch in der gesamten Literatur üblich ist, weiterhin die praktische Bezeichnung „Welten".

idee des Lösungsvorschlags geht auf David Deutsch (1999) zurück und entscheidende Modifikationen, insbesondere aber die Lösung des quantitativen Problems, werden David Wallace (2003) zugeschrieben. Seit dieser Zeit sind viele Everettianer fest davon überzeugt, den Wettbewerb um die Lösung des Messproblems der QM gewonnen zu haben. Schauen wir uns den Lösungsvorschlag also etwas genauer an.

Der zunächst ziemlich überraschende Vorschlag von David Deutsch besteht darin, die *Entscheidungstheorie* zu verwenden, um zu erklären, wieso Wahrscheinlichkeiten überhaupt noch eine Bedeutung haben, wenn doch alle Zweige/Welten realisiert werden. In der Entscheidungstheorie geht es darum zu bestimmen, welches Verhalten unter Bedingungen der Ungewissheit rational ist, z. B. bei Wetten. Solche Überlegungen sind auch sinnvoll, wenn objektiv feststeht, was passieren wird. Es reicht, dass der Verlauf mir als Handelndem unbekannt ist, ich aber Informationen darüber habe, mit welchen (subjektiven) Wahrscheinlichkeiten ich angesichts der genauen Bedingungen meiner Unkenntnis rechnen kann. Unmittelbar einsichtig ist dies beim Würfeln. Sofern ich keine weiteren Informationen über den Würfel oder den Tisch habe, auf den ich den Würfel werfe, sollte ich davon ausgehen, dass für jede der sechs Zahlen eine Eintreff-Wahrscheinlichkeit von 1/6 besteht und entsprechend handeln. Selbst dann, wenn ich annehme, dass es physikalisch determiniert ist, welche Zahl fallen wird, sollte ich in meinem Handeln also rationalerweise auf Grundlage von Wahrscheinlichkeiten entscheiden. Eine Welt, in der alles determiniert ist und es somit keine objektiven Wahrscheinlichkeiten gibt, ist also damit kompatibel, dass subjektive Wahrscheinlichkeiten für mein Handeln wesentlich sind.

Ohne die Details des entscheidungstheoretischen Lösungsvorschlags auszubreiten, lässt sich ein wichtiger Einwand schon jetzt nachvollziehen. Es gibt nämlich einen fundamentalen Unterschied zwischen Würfeln und Everett-Verzweigung: Während beim Würfelwurf am Ende ja nur eine der generell möglichen sechs Zahlen als Ergebnis realisiert wird, ist dies bei der Everett-Verzweigung bei *allen* Zweigen der Fall. Damit würden wir wieder beim Ausgangsproblem landen. Man könnte gegen diesen Einwand geltend machen, dass ja in jedem Zweig ein anderer Nachfolger von mir realisiert wird. Dennoch bliebe bestehen, dass in jedem Fall ein Nachfolger existieren wird. Vor diesem Hintergrund hat Greaves (2007) den Vorschlag gemacht, die mit den verschiedenen Zweigen/Welten verbundenen Wahrscheinlichkeiten als Maß dafür zu sehen, welche Bedeutung ich den einzelnen Zweigen beilege (Greaves nennt dies „caring measure"). Es bleibt dabei allerdings fraglich, ob ich auf diese Weise wirklich gerade zu den Wahrscheinlichkeiten der QM gelange. Greaves bemüht sich, dies in einem Ausschlussverfahren nachzuweisen. Jedoch ist ihre Argumentation dabei so indirekt, voraussetzungsreich und subtil, dass Zweifel bestehen bleiben.

3　Philosophische Bewertung der Lösungsvorschläge

Bei den vorgestellten Ansätzen handelt es sich um Vorschläge im Wettstreit um die beste Lösung des Messproblems. Oft ist bei der Beurteilung von konkurrierenden physikalischen Theorien letztlich die empirische Überprüfung der unterschiedlichen Vorhersagen ausschlaggebend. Bei den Lösungsvorschlägen zum Messproblem eignet sich das Kriterium empirischer Adäquatheit zumindest bisher nur sehr begrenzt für eine Beurteilung, da bei der Konstruktion aller Ansätze das oberste Gebot war, die empirisch bestens bestätigten Vorhersagen der QM zu reproduzieren. Hier und da mag es kleine Unterschiede in den Vorhersagen geben, in der Regel sind die Unterschiede aber so gelagert, dass eine empirische Überprüfung kaum praktikabel ist. Aus diesem Grunde spielen bei der Beurteilung der konkurrierenden Lösungsvorschläge zum Messproblem sogenannte „theoretische Werte" eine noch viel größere Rolle als bei gewöhnlichen physikalischen Theorien.[27]

In unserem Kontext spielen insbesondere folgende theoretische Werte als Bewertungskriterien eine Rolle: Zunächst müssen Theorien natürlich in sich schlüssig sein, es muss also ihre *innere Konsistenz* gewährleistet sein. Daneben gibt es das Kriterium der *äußeren Konsistenz*, nämlich der Frage, in welchem Verhältnis der betreffende Vorschlag zu anderen akzeptierten Theorien oder gegebenenfalls zu anderen Hintergrundannahmen steht. Wenn diese als unaufgebbar angesehen werden, darf eine neue Theorie nicht mit ihnen in Konflikt geraten. Das Kriterium *Sparsamkeit* (auch „Ockhams Rasiermesser") umfasst tatsächlich zahlreiche Unterkriterien wie etwa die Sparsamkeit bzgl. der Ontologie (was wiederum vieles bedeuten kann), mathematische Einfachheit der grundlegenden Gesetze, die Anzahl nicht weiter ableitbarer Naturkonstanten bzw. Parameter und je nach Sichtweise auch die Frage, mit wie vielen bisher erfolgreichen Theorien gebrochen werden muss (inkl. der QM selbst!). Ein weiteres Kriterium ist die sogenannte *Fruchtbarkeit* neuer Theorien (z. B. in Erklärungen).

Von diesen Kriterien haben nicht alle die gleiche Schlagkraft. Empirische Adäquatheit sowie innere und äußere Konsistenz sind harte Pflicht-Kriterien, bei deren Erfüllung nur dann Abstriche zulässig sind, wenn die Aussicht be-

---

[27] Siehe Schindler (2018) zu theoretischen Werten allgemein und Esfeld (2014) zu Bewertungskriterien speziell im Kontext der Lösungsvorschläge zum Messproblem.

steht, dass die entsprechenden Konflikte in Zukunft gelöst werden können. Anders sieht dies bei Kriterien wie Sparsamkeit und Fruchtbarkeit aus. Sie gehören zur Kür, sind also generell keine harten Ausschlusskriterien. Dennoch können Erwägungen in dieser Kriterienklasse faktisch eine entscheidende Rolle spielen, nämlich dann, wenn dies bei den Pflichtkriterien nicht oder nicht eindeutig genug der Fall ist.

Ziel der folgenden Diskussion ist eine exemplarische Beurteilung der drei Lösungsvorschläge zum Messproblem anhand der vorgestellten Kriterien inklusive einer Erwägung ihrer jeweiligen Wichtigkeit. Ein Stück weit findet diese Diskussion auf der philosophischen Metaebene statt, da es nicht nur um die einzelnen Sachargumente geht, sondern auch und insbesondere darum, welche Beurteilungskriterien die verschiedenen Argumente überhaupt betreffen und welche Bedeutung ihnen dementsprechend zukommt.

Beginnen wir mit dem Kriterium der inneren Konsistenz. Die größte Gefahr bezüglich dieses Kriteriums sehe ich bei der Everett-Interpretation, nämlich beim Problem der Wahrscheinlichkeiten. Alle Zweige bzw. Welten werden realisiert und trotzdem sollen die realisierten Alternativen mit (ggf. sogar verschiedenen) Wahrscheinlichkeiten behaftet sein. Ich möchte an dieser Stelle gar nicht nochmal in dieses bereits oben behandelte Problem einsteigen, sondern primär unterstreichen, dass hierbei die innere Konsistenz des Ansatzes in Frage steht, also möglicherweise ein hartes Pflicht-Kriterium verletzt wird. Entsprechend steht und fällt der Everett-Ansatz mit einer überzeugenden Lösung des Problems der Wahrscheinlichkeiten.

Bezüglich der äußeren Konsistenz droht sowohl dem GRW-Ansatz als auch dem dBB-Ansatz ein Konflikt mit der speziellen Relativitätstheorie (SRT), da auf die eine oder andere Weise der Ort bzw. die Ortsbasis ausgezeichnet ist. Genau dies darf aber auf keinen Fall passieren oder zumindest nicht so, dass räumliche Abstände – die nach der SRT beobachterabhängig sind – eine fundamentale Bedeutung bekommen.[28] Am stärksten unter Zugzwang ist in dieser Hinsicht der dBB-Ansatz, da hier die Orte die zentralen (wenn auch „verborgenen") Variablen sind. Entsprechend gelten die intensivsten Anstrengungen der Vertreter des dBB-Ansatzes einer relativistisch invarianten (Um- oder Neu-)Formulierung.

Das Beurteilungskriterium Sparsamkeit spielt bei der Bewertung aller drei Lösungsvorschläge eine wichtige Rolle, wenn auch auf jeweils sehr unterschiedliche Weise. Wie wir oben gesehen hatten, wird beim GRW-Ansatz zur Festlegung der Lokalisationsschärfe des GRW-Kollapses die Breite σ der Gauß-

---

[28] Da in der Everett-Interpretation Dekohärenz eine zentrale Rolle spielt und Letztere sich faktisch meist auf die Ortsbasis bezieht, ist entsprechend auch hier die Ortsbasis oft ausgezeichnet. Diese Auszeichnung ist jedoch ein dynamischer Prozess und mithin etwas Emergentes, nicht etwas Fundamentales.

funktion als neue Naturkonstante eingeführt. Als weitere Naturkonstante wird λ eingeführt, welche die durchschnittliche Anzahl an Kollaps-Ereignissen pro Zeiteinheit festlegt. Naturkonstanten werden auch in anderen neuen Theorien eingeführt. Bei den beiden im GRW-Ansatz eingeführten Naturkonstanten ist es allerdings unschönerweise so, dass ihre Einführung komplett *ad hoc* ist: Sie dienen einzig und allein dem Zweck, die bereits bekannten Vorhersagen der QM zu reproduzieren. Abgesehen davon spielen sie in keinem anderen Kontext eine Rolle und es gibt auch keine Möglichkeit, diese Naturkonstanten unabhängig zu messen. Auf der philosophischen Metaebene ist dieser Makel des GRW-Ansatzes interessant, da er unser erstes Beispiel für eine Kollision mit einem weichen Kür-Kriterium ist. Sollte der *Ad-hoc*-Charakter der GRW-Naturkonstanten bestehen bleiben, wäre dies unschön, aber das wäre es dann auch schon. Sollte der Ansatz – rein hypothetisch gesprochen – darüber hinaus keine Konflikte mit harten Beurteilungskriterien zeigen, wäre dieser Kandidat der Gewinner des Wettbewerbs. So einfach ist es aber natürlich nicht. Erstens drohen auch dem GRW-Ansatz Konflikte mit harten Pflicht-Kriterien und zweitens gibt es weitere problematische Punkte, wie insbesondere die oben kurz angesprochene Tatsache, dass die GRW-Kollapse im abstrakten Konfigurationsraum stattfinden und der genaue Bezug zur Alltagswelt unklar ist.

In puncto Sparsamkeit sind bei der dBB-Theorie zwei Themen besonders einschlägig. Das erste ist die unverzichtbare Gleichgewichtshypothese, deren Rechtfertigung auch unter Bohmianern kontrovers diskutiert wird. Da die Verteilung der Teilchen wegen der deterministischen Grundstruktur der Theorie von Beginn des Universums an so sein sollte, dass sie der Born'schen Regel (angewendet auf die Wellenfunktion des Universums) entspricht, ist die Idee naheliegend, dies als primitive, d. h. nicht weiter zu begründende Tatsache anzusehen. Aus philosophischer Sicht ist so ein Manöver prinzipiell legitim, es sollte aber nur äußerst selten erfolgen. In jedem Fall lohnt sich daher jede Anstrengung, die Annahme von *brute facts* zu vermeiden, wann immer dies möglich ist.[29] Ein weiteres Thema, bei dem das Kriterium Sparsamkeit für die Bewertung der dBB-Theorie entscheidend ist, ist die oben bereits erläuterte Tatsache, dass es auf fundamentaler Ebene nur eine Eigenschaft gibt, nämlich den Ort. Man kann in dieser extrem schlichten Ontologie einen entscheidenden Vorteil sehen, wie dies etwa die Anhänger einer sogenannten „primitiven Ontologie" tun.[30] Diese Einfachheit bezüglich Eigenschaften wird allerdings erkauft durch zusätzliche Naturgesetze und eine zumindest gewöhnungsbedürftige Dynamik.

---

[29] Eine schöne und knappe Darstellung weiterer Vorschläge zur Rechtfertigung der Gleichgewichtshypothese findet sich in Passon (2018, S. 192–194).
[30] Siehe z. B. Allori (2013) und Esfeld (2014).

Auch bei der Everett-Interpretation ist Sparsamkeit, bzw. besser das Fehlen derselben, natürlich ein wichtiger Punkt bei der Beurteilung. Für viele Kritiker ist die permanente und unendliche Vervielfältigung von Welten der Grund, wieso sie den Vorschlag gar nicht erst für ernsthaft erwägenswert halten. Andererseits können Verteidiger der Everett-Interpretation auch bezüglich Sparsamkeit etwas bieten. Ursprünglich schien der zentrale Vorzug der Everett-Interpretation darin zu bestehen, dass kein äußerer klassischer Beobachter postuliert werden muss, der spätestens für das Universum als Ganzes keinen Sinn mehr ergibt. Dies stimmt zwar nach wie vor, jedoch ist es aus heutiger Sicht kein Alleinstellungsmerkmal mehr, das Messproblem durch eine „Quantenmechanik ohne Beobachter" zu lösen, da dies ebenso auf den GRW- wie den dBB-Ansatz zutrifft. Im direkten Vergleich sticht heute ein anderer Aspekt viel deutlicher hervor: Von den hier diskutierten drei Lösungsansätzen für das Messproblem ist die Everett-Interpretation die einzige Lösung, die keinerlei Änderung der QM beinhaltet, sondern wirklich eine Interpretation ist. Die Lösung des Messproblems der QM ergibt sich dadurch, dass die QM „richtig" gelesen wird. Insbesondere hält die Everett-Interpretation daran fest, dass es in der QM nur *eine* Zeitentwicklung gibt, beschrieben durch die Schrödinger-Gleichung. Es wird also keine zweite, indeterministische Dynamik für den Messprozess angenommen.[31] Im Gegensatz zur Everett-Interpretation sind der GRW- wie auch der dBB-Ansatz genau genommen neue Theorien, da sie die QM an fundamentalen Stellen ändern bzw. ergänzen. Wie immer man die Sparsamkeit im Sinne von möglichst geringer Abänderung bewährter Theorien gewichten mag, in jedem Fall ist die Frage, wie gut das Kriterium Sparsamkeit in all seinen Varianten erfüllt wird, immer nur etwas, was sozusagen einen Sieg nach Punkten befördern kann.

Abschließend möchte ich noch an einem anderen Punkt einen kurzen direkten Vergleich vorführen, nämlich zum Thema Wahrscheinlichkeit und damit potentiell zum Kriterium der inneren Konsistenz. Die Wahrscheinlichkeitsaussagen der QM sind empirisch bestens bestätigt und folglich müssen sie in jedem Ansatz zur Lösung des Messproblems an irgendeiner Stelle Platz haben. Dabei dürfen dies nicht irgendwelche Wahrscheinlichkeiten sein, sondern genau diejenigen, welche die QM vorhersagt. Der GRW-Ansatz löst diese Aufgabe wohl am souveränsten, was insofern nicht erstaunlich ist, als dieser explizit statistische Lösungsansatz ja genau so konstruiert ist. Die De-Broglie-Bohm-Theorie ist in quantitativer Hinsicht ebenso erfolgreich, die epistemische Weise, in der Wahrscheinlichkeiten hier auftreten, bedroht jedoch (zusätzlich zum zu postulierenden Quanten-Gleichgewicht) die Attraktivität dieses Ansatzes. Bei

---

[31] Die Everett-Interpretation ist damit die paradigmatische „Nicht-Kollaps-Theorie".

der Everett-Interpretation schließlich sind die Wahrscheinlichkeiten das zentrale Problem (nicht nur für Kritiker) und der ganze Ansatz hängt von einer überzeugenden Antwort ab.

Abschließend seien noch einmal die generellen Faktoren betont, von denen eine endgültige Bewertung der Lösungsvorschläge abhängt. Die Hauptfrage ist natürlich, wie gut die verschiedenen Kriterien tatsächlich erfüllt werden. Das sind zum größten Teil inhaltliche Sachfragen. Etwas versteckter und philosophischer (da auf der Metaebene) sind zwei andere Aspekte, die aber ebenfalls eine große Rolle spielen, gerade weil sie meist nicht explizit thematisiert werden. Der eine Aspekt ist die Frage, welche Kriterien überhaupt berührt werden. Geht es z. B. um innere Konsistenz (also ein hartes Pflicht-Kriterium) oder doch nur um Sparsamkeit (also ein weiches Kür-Kriterium)? Der zweite Aspekt ist die Frage, wie wichtig die verschiedenen Kriterien sind. Dass fast alle Vertreter der verschiedenen Ansätze davon überzeugt sind, am besten abzuschneiden, liegt nicht nur daran, wie erfolgreich die Lösungen der verschiedenen Probleme sachlich sind, sondern auch daran, welche Kriterien überhaupt als relevant betrachtet werden und wie die verschiedenen Kriterien gewichtet werden. Etwas mehr explizite Überlegungen zu diesen allgemeinen Aspekten würden der Debatte um die Lösung des Messproblems bestimmt nicht schaden.

Literatur

Albert, D. Z.: Quantum Mechanics and Experience. Harvard Univ. Press, Cambridge, Mass. (1992).

Albert, D. Z., Loewer, B.: Tails of Schrödinger's cat. In: Clifton, R. (Hrsg.), Perspectives on Quantum Reality, S. 81–92. Kluwer, Boston (1996).

Allori, V.: Primitive ontology and the structure of fundamental physical theories. In: Ney, A., Albert, D. Z. (Hrsg.), The Wave Function: Essays in the Metaphysics of Quantum Mechanics, S. 58–75. Oxford University Press, Oxford (2013).

Bacciagaluppi, G., Valentini, A.: Quantum Theory at the Crossroads: Reconsidering the 1927 Solvay Conference. Cambridge University Press, Cambridge (2009).

Bell, J.S.: Speakable and Unspeakable in Quantum Mechanics. Cambridge University Press, Cambridge (1987).

Bohm, D.: A suggested interpretation of the quantum theory in terms of ‚hidden' variables, I und II. Physical Review **85**, 166–179 und 180–193 (1952).

Bohm, D., Hiley, B.J.: The Undivided Universe. Routledge, London (1993).

Bricmont, J.: Making Sense of Quantum Mechanics. Springer, Cham (2016).

Clifton, R., Monton, B.: Losing your marbles in wavefunction collapse theories. British Journal for the Philosophy of Science **50**, 697–717 (1999).

DeWitt, B.S., Graham, N. (Hrsg.): The Many-Worlds Interpretation of Quantum Mechanics. Princeton University Press, Princeton (1973).

Deutsch, D.: Quantum theory of probability and decisions. Proceedings of the Royal Society of London **A455**, 3129–3137 (1999).

Dorato, M., Esfeld, M.: GRW as an ontology of dispositions. Studies in History and Philosophy of Modern Physics **41**, 41–49 (2010).

Dürr, D., Lazarovici D.: Verständliche Quantenmechanik – Drei mögliche Weltbilder der Quantenphysik. Springer Spektrum, Berlin (2018).

Esfeld, M.: The primitive ontology of quantum physics: Guidelines for an assessment of the proposals. Studies in History and Philosophy of Modern Physics **47**, 99–106 (2014).

Everett, H.: Relative state formulation of quantum mechanics. Reviews of Modern Physics **29**, 454–462 (1957).

Faye, J.: Copenhagen Interpretation of Quantum Mechanics. The Stanford Encyclopedia of Philosophy (2019). https://plato.stanford.edu/.

Friebe, C., Kuhlmann, M., Lyre, H., Näger, P., Passon, O., Stöckler, M. (Hrsg.): Die Philosophie der Quantenphysik. 2. Aufl. Springer, Berlin (2018).

Friedrich, S.: Interpreting Quantum Theory: A Therapeutic Approach. Palgrave Macmillan, Basingstoke (2015).

Frigg, R., Hoefer, C.: Probability in GRW theory. Studies in History and Philosophy of Modern Physics **38B**, 371–389 (2007).

Frigg, R.: GRW theory (Ghirardi, Rimini, Weber Model of Quantum Mechanics). In: Greenberger, D., et al. (Hrsg.) Compendium of Quantum Physics: Concepts, Experiments, History and Philosophy, S. 266–270, Springer, Heidelberg und Berlin (2009).

Ghirardi, G.C., Rimini, A., Weber, T.: Unified dynamics for microscopic and macroscopic systems. Physical Review D **34**, 470–491 (1986).

Greaves, H.: Probability in the Everett Interpretation. Philosophy Compass **2**, 109–128 (2007).

Kuhlmann, M., Glennan, S.: On the compatibility of quantum mechanical and neomechanistic ontologies and explanatory strategies. European Journal for the Philosophy of Science **4**, 337–359 (2014).

Lewis, P. J.: Quantum mechanics, orthogonality, and counting. British Journal for the Philosophy of Science **48**, 313–328 (1997).

Maudlin, T.: Three measurement problems. Topoi **14**, 7–15 (1995).

Maudlin, T.: Quantum Non-Locality & Relativity: Metaphysical Intimations of Modern Physics. 3. Aufl. Blackwell, Sussex (2011).

Mittelstaedt, P.: Universell und inkonsistent? Quantenmechanik am Ende des 20. Jahrhunderts. Physikalische Blätter **56**, 65–68 (2000).

Myrvold, W.: Philosophical issues in quantum theory. The Stanford Encyclopedia of Philosophy (2018). https://plato.stanford.edu/.

Passon, O.: Bohmsche Mechanik. 2. Aufl. Harri Deutsch, Frankfurt/M. (2010).

Passon, O.: Nicht-Kollaps-Interpretationen der Quantentheorie. Kap. 5 in Friebe et al. (2018).

Philippidis, C., Dewdney, C., Hiley, B.J.: Quantum interference and the quantum potential. Il Nuovo Cimento B **52** 15–28 (1979).

Saunders, S., Barrett, J., Kent, A., Wallace, D. (Hrsg.): Many Worlds? Everett, Quantum Theory, and Reality. Oxford University Press, Oxford (2010).

Schindler, S.: Theoretical Virtues in Science: Uncovering Reality through Theory. Cambridge University Press, Cambridge (GB) et al. (2018).

Schirm, C.: Schroedingers cat film. https://commons.wikimedia.org (2011).

Schlosshauer, M.: Decoherence and the Quantum-to-Classical Transition. Springer, Berlin und Heidelberg (2007).

Schrödinger, E.: Quantisierung als Eigenwertproblem I. Annalen der Physik **79**, 361–376 (1926).

Schrödinger, E.: Die gegenwärtige Situation in der Quantenmechanik. Naturwissenschaften **23**, 807–812, 823–828, 844–849 (1935).

Schrödinger, E.: Are there quantum jumps? Part I. The British Journal for the Philosophy of Science **10**, 109–123 (1952).

von Neumann, J.: Mathematische Grundlagen der Quantenmechanik. Springer, Berlin (1932).

Wallace, D.: Everettian rationality: Defending Deutsch's approach to probability in the Everett interpretation. Studies in History and Philosophy of Modern Physics **34**, 415–438 (2003).

Wallace, D.: The Emergent Multiverse: Quantum Theory According to the Everett Interpretation. Oxford University Press, Oxford (2012).

Bloß ungenau oder falsch? – Laborsprache und verborgene Variablen

Reinhard Werner

1   Einleitung

Die Quantenmechanik ist die Grundlage für fast alle Anwendungen der modernen Physik in Technik und Industrie. Die meisten Physiker, sowohl in der experimentellen als auch in der theoretischen Physik, arbeiten auf dieser Basis. Diese beiden Aspekte ergänzen sich hervorragend und auch die exotischeren, wenn nicht paradoxen Aspekte der Theorie finden neuerdings technische Anwendungen. Eine große internationale Forschungslandschaft mit Milliardenförderung widmet sich der Realisierung dieser Möglichkeiten der Quantenkommunikation, der Quantencomputer und der Quantensensorik.

Dennoch hat diese Theorie den Ruf, unverstehbar zu sein. Das ist lächerlich. Denn zu Recht erwarten Studierende der Physik eine Ausbildung, die sie in die Lage versetzt, an dieser großen Unternehmung mitzuwirken und alles zu verstehen, was man dazu braucht. Als einer der Ausbilder kann ich versichern, dass wir das ganz gut hinbekommen. Woher also kommt dieser Ruf?

Man kann das an einem weit verbreiteten Zitat von Richard Feynman festmachen, in Kurzform „Niemand versteht die Quantenmechanik". Das klingt erst einmal wie eine defätistische Äußerung, ein resigniertes Eingeständnis des Versagens des ganzen Physikbetriebes, und wird oft auch genau in diesem Sinn

R. Werner(✉)
Institut für Theoretische Physik, Universität Hannover, Hannover, Deutschland
E-Mail: Reinhard.Werner@itp.uni-hannover.de

© Der/die Autor(en), exklusiv lizenziert an Springer-Verlag GmbH, DE, ein Teil von Springer Nature 2023
H. Fink und M. Kuhlmann (Hrsg.), *Unbestimmt und relativ?*,
https://doi.org/10.1007/978-3-662-65644-0_5

zitiert. Das löst sich allerdings auf, wenn man die verschiedenen Kontexte betrachtet, in denen Feynman so etwas gesagt hat. Denn es geht ihm vielmehr um den Begriff des Verstehens selbst: Wenn man das auf den etablierten Wegen der klassischen Physik versucht, erleidet man eben Schiffbruch, oder wie er sagt, „gerät man in eine Sackgasse, aus der keiner wieder herausgekommen ist". Was er also eigentlich meint, ist: „Niemand versteht die Quantenmechanik in klassischen Begriffen." Das ist nun gar nicht defätistisch, sondern fordert uns nur auf, anzuerkennen, dass die Quantenmechanik neue Wege erfordert. Wenn man das einmal akzeptiert, so wiederum Feynman, stellt man fest, dass die Natur ein faszinierendes Ding ist, und immer wieder mit interessanten Wendungen aufwartet.

Nun ist jeder von uns von Kindesbeinen an ein klassischer „Physiker". Es wäre absurd zu glauben, dass eine Quantentheorievorlesung mal eben das gesamte Denken umkrempelt. Wenn sich Physiker im Labor oder an der Tafel unterhalten, denken sie nicht viel anders und in vieler Hinsicht genauso „klassisch" wie irgendjemand sonst. Das geht auch nicht anders, denn viel davon ist Bestandteil der natürlichen Sprache selbst. Andererseits lernt man im Physikstudium aber auch, dass man bei der naiven Anwendung klassischen Denkens auf mikroskopische Systeme, zum Beispiel am Doppelspalt oder beim Thema Verschränkung, leicht zu Schlüssen kommt, die im Widerspruch zur Beobachtung stehen. Dies sind die Stellen, wo sich die von Feynman beschriebenen Sackgassen auftun. In diesem Spannungsfeld entwickelt sich eine Sprache, in der Physiker auch kontraintuitive Aspekte der Quantenmechanik diskutieren können, ohne Kopfschmerzen zu bekommen. Ich möchte sie die *Laborsprache der Quantenmechanik* nennen.

In diesem Artikel soll beschrieben werden, wie die Laborsprache funktionieren kann, wie sie mit Paradoxien umgeht, wie sie den mathematischen Apparat der Quantentheorie dafür nutzbar macht, aber auch klassische Vorstellungen integriert. Dabei ist die Hoffnung, dass auch für interessierte Laien ein besseres Bild entsteht, wie Physiker in einem so paradox scheinenden Bereich arbeiten.

Diese Unternehmung ist in zwei Richtungen abzugrenzen: Zum einen ist die Laborsprache gerade keine formale Sprache mit strengen Regeln. Menschen im Labor oder an der Tafel reden nicht in mathematisierbaren Symbolen. Sie dazu zu zwingen, wie manche der formaleren Sparten der Wissenschaftstheorie es zu wollen scheinen, würde einfach nicht funktionieren und wäre auch fatal für die kreative Weiterentwicklung der Theorie und Praxis. Zum anderen lege ich hier keine psychologische oder sozialpsychologische Untersuchung vor. Das wäre sicher interessant, aber gar nicht einfach durchzuführen. Es gab verschiedene Umfragen, die Einstellungen zu den Grundlagen der Quantenmechanik zu erfassen suchten. Ich kenne allerdings keine Umfrage, die berücksichtigt hätte, dass ein und dieselbe Person in verschiedenen Kontexten oft unterschiedlich mit den Grundlagenfragen umgeht. Unvergesslich ist dazu die Selbstbeschreibung, die John Bell einmal gegeben hat (Gisin 2002): „Ich bin ein Quanteningenieur, aber sonntags habe ich Prinzipien." Interessant ist für mich gerade diese Schwankung von der Umgangssprache und einem naiven Reden von Quantensystemen, als wären es Billiardkugeln, bis hin zur mathematischen Präzision des quantenmechanischen Formalismus. Meine These ist, dass diese Bandbreite nicht nur empirisch zu beobachten ist, sondern tatsächlich unvermeidlich und dem Erkenntnisgegenstand angemessen ist.

2 Evolution und Erkenntniskategorien

Der menschliche Wahrnehmungsapparat und die Grundstrukturen der Sprache sind ein Ergebnis der Evolution. Sie erlauben uns, Regelmäßigkeiten unserer Umwelt zu identifizieren und intelligent, auch gemeinsam, damit umzugehen. Schon früh lernen Kleinkinder, Objekte zu identifizieren und ihre Kontinuität zu erfassen. Mama mag sich versteckt haben, aber sie ist immer noch da. Der Ball ist in der Kiste, auch wenn ich ihn nicht sehen kann. Dieser Sinn für Kontinuität ist die Grundlage jeder Planung, hat somit offensichtliche evolutionäre Vorteile und ist eng mit unserer Sprache verbunden. Wenn wir Ball sagen, ist die Kontinuität schon mitgedacht.

Wir sind so gemacht, dass wir die Welt in Geschichten verstehen, in denen identifizierbare Personen und Objekte eine Entwicklung durchlaufen. „Erkläre mir, wie es zu diesem Verbrechen kam" ist die Aufforderung, eine Geschichte zu erzählen und glaubhaft zu machen. „Verstanden" haben wir einen Prozess, wenn wir detailliert beschreiben können, was in welchem Moment passiert ist, und warum, also auf Grund welcher kausalen Zusammenhänge. Was wir klassische Physik nennen, funktioniert genau so. Die Beschreibung ist dann mathematisch präzise und die Gesetzmäßigkeiten sind in Bewegungsgleichungen kondensiert. Dieses Vorgehen spricht unseren Wahrnehmungsapparat direkt an. Auch bei beliebig komplexen Systemen bleibt es grundsätzlich so anschaulich, wie es ein Kleinkind erlebt, das einen rollenden Ball beobachtet. Es ist diese Art des Verstehens, auf die sich Feynmans Diktum bezieht: Tatsächlich versteht niemand die Quantenmechanik in diesem Sinn.

Aber wie dann? Wir müssen uns darauf einstellen, dass in der Welt der Quantensysteme ganz andere Gesetzmäßigkeiten am Werk sind als die der makroskopischen Erfahrung, an denen sich unser Wahrnehmungsapparat und unsere Sprache geschult haben. Wären wir viel kleiner, oder würden Quantenphänomene in unserem Alltag eine direkte Rolle spielen, hätten wir vermutlich angeborene Fähigkeiten, damit umzugehen und vernünftige Erwartungen ohne große Anstrengung zu bilden. Aber die Methoden der beobachtenden Naturwissenschaft sind nicht auf die angeborenen Fähigkeiten beschränkt und haben hier unseren Erkenntnishorizont erheblich erweitert.

Es ist nicht das erste Mal, dass das geschieht. Zum Beispiel neigen wir dazu, Vorgänge auf das Handeln anderer zurückzuführen. Wenn es im Gebüsch raschelt, denken wir reflexartig „Ist da wer?". Dieser Alarm hat einen guten evolutionären Sinn, denn es könnte ja ein Raubtier gewesen sein, und da ist langes Zaudern und Überlegen schlecht für die Weitergabe der Gene. Immer wieder Beobachtetes wird absichtsvoll handelnden Entitäten zugeschrieben. Wenn eine Ernte schlecht ausfiel, hatte man wohl einen Gott verärgert. Aus der Naturerklärung wurde der Animismus aber vollständig verbannt.

Eine andere Eigenschaft unseres Wahrnehmungsapparats ist es, Zusammenhänge und Muster zu sehen, auch in zufälligen Anordnungen. Gerade Wissenschaftler suchen ja nach Strukturen, und da kommt es oft vor, dass ein Zusammenhang ins Auge springt, der aber keiner Realität entspricht. Niemand kann diesen Reflex abschalten, und niemand kann das wollen, schon weil diese Fähigkeit im Forschungsprozess die neuen Ideen liefert. Das einzige Mittel gegen vorschnelle Schlüsse ist: Nochmal Hinschauen. Tatsächlich ist die gesamte Methodik der empirischen Wissenschaften darauf ausgerichtet, vermutete Zusammenhänge durch Überprüfung abzusichern. Es gibt nur ein einziges methodisches Prinzip: „Du sollst Dir selbst und anderen nichts in die Tasche lügen." Alles weitere, auch das Falsifikationsprinzip, sind praktische Tipps dazu.

Ich habe in meiner Formulierung des Prinzips absichtlich den Forscher selbst zuerst genannt. Denn er oder sie belügt sich selbst am leichtesten. Das wird durch viele Beispiele irregeleiteter Forschung belegt, wie die N-Strahlen oder die Marskanäle. Man kann die Dynamik gut auch an medizinischen Irrtümern illustrieren. Wenn ich eine Pille gegen eine Krankheit nehme und genese, dann ist es sehr schwer, *nicht* zu glauben, dass die Pille geholfen hat. Das gleiche gilt aber auch für den Arzt, der die Pille verschrieben hat und dabei einen therapeutischen Ansatz verfolgte. Wenn die Konsequenzen nicht gerade dramatisch sind, sieht der Arzt sich und seinen Ansatz oft zu leicht bestätigt, zumal die unzufriedenen Patienten oft einfach wegbleiben und die zufriedenen den Placebo-Effekt auf ihrer Seite haben. Seine Erfahrung mag ihm also durchaus bestätigen, dass homöopathische Kügelchen helfen, auch wenn diese These keiner der vielen kontrollierten Studien standgehalten hat. Bis zum Aufkommen der wissenschaftlichen Medizin im 19. Jh. war der Arzt selbst oft ein größeres Gesundheitsrisiko als die Krankheit. Kontrollierte empirische Studien haben das geändert, aber man darf die in der laufenden Praxis erworbene ärztliche Erfahrung nicht gering schätzen. Ein Arzt, der für jede therapeutische Entscheidung auf eine hochwertige Studie wartet, wäre nicht handlungsfähig. Dieses Zusammenwirken von Ebenen verschiedener wissenschaftlicher Strenge wird sich ähnlich in der Laborsprache finden.

Natürlich hat die Wissenschaft sich mehrfach von Vorstellungen verabschieden müssen, die tief in der alltäglichen Erfahrung verwurzelt waren, wie die ruhende Erde, die Notwendigkeit eines Mediums für die elektromagnetische Wellenausbreitung, oder die Idee der global definierbaren Gleichzeitigkeit. Die Zumutung, die die Quantenmechanik an unser Alltagsverständnis stellt, geht allerdings viel tiefer. Nicht einzelne Vorstellungen werden in Frage gestellt, sondern die Art, überhaupt Vorstellungen und Erklärungen zu bilden.

Die Verfahren der Begriffsbildung und der Argumentation als grundlegende Werkzeuge des systematischen Denkens sind immer wieder von Philosophen präzisiert und geschärft worden. Das mag mit der Logik des Aristoteles begonnen haben und schließt sicher Kants Analyse der Bedingungen der Möglichkeit von Erkenntnis ein. Grunddisziplinen der Philosophie, wie Logik, Ontologie und Erkenntnistheorie sind das Ergebnis. Kann sich da ein hergelaufener Quantenphysiker erdreisten, Fragezeichen anzubringen? Die Logik ist doch schließlich keine empirische Wissenschaft, und Schlussregeln sind universell gültig, unabhängig von den Inhalten oder der empirischen Korrektheit der Aussagen.

Ein Angriff auf die Philosophie liegt mir natürlich fern, aber manches davon basiert auf Voraussetzungen, die eben doch eine empirische Komponente haben. Dies sind die am Anfang des Abschnittes angesprochenen Konstanzerfahrungen. Wenn ich die Sätze „Der Ball ist rund" und „Der Ball ist rot" mit „und" verbinde, dann setzt das voraus, dass in beiden Sätzen der Ball der gleiche ist, und dass der im zweiten Satz ausgedrückte Erkenntniszuwachs nicht den ersten in Frage stellt. Ich kann also problemlos verschiedene Aussagen über das gleiche Objekt zusammenfügen und so zu immer vollständigeren Beschreibungen des Balls kommen. Es lohnt sich weder für Alltagserfahrung noch für die klassische Physik, diese Konstanz zu problematisieren. Aber wie wäre das in einer Welt aus super-empfindlichen Objekten, in der jedes Feststellen einer Eigenschaft eine Störung, eine Veränderung des Objekts erfordert? Dann würde die zweite Feststellung die erste in Frage stellen, und man käme nie zu einer aussagekräftigen Liste von Eigenschaften, nie zu einer *Beschreibung*. Das muss den Logiker nicht anfechten, denn die empirische Überprüfung einer Aussage fällt nicht in sein Fachgebiet; das überlässt er von Berufs wegen anderen Leuten. Es mag zwar ärgerlich sein, dass keine Beschreibung einer empirischen Überprüfung standhält. Aber das wird ihn erst einmal nicht daran hindern, von beschreibbaren Objekten zu sprechen, die eben nur besonders empfindlich sind.

Da könnte man die Sache ruhen lassen, auch für die Quantenmechanik, in der die angesprochene Super-Empfindlichkeit eine bekannte Tatsache ist. Die hypothetische Beschreibung eines Quantensystems nennt man im Fachjargon eine Beschreibung durch *verborgene Variablen*. Das ist ein guter Ausdruck dafür, dass sie sich der empirischen Feststellung entziehen, also nicht direkt messbar sind. Die Theorie könnte diese Variablen benutzen, und müsste nur aufzeigen, wie in diesem Bild eine Beobachtung aussieht und wieso die verborgenen Variablen dabei nicht aufgedeckt werden können. Tatsächlich ist es einfach, auch für die Quantenmechanik, solche Beschreibungen zu geben. Als verborgene Variable kommt dafür die Wellenfunktion in Betracht, nur eben nicht als statistische Verteilungsgröße, sondern auf das einzelne System bezogen.

3   Lokalität oder verborgene Variable?

Der Haken dabei, der zuerst 1935 von Einstein, Podolsky und Rosen aufgezeigt wurde, zeigt sich, wenn man zwei Objekte zusammen beschreiben möchte. Dabei ist die typische Voraussetzung, dass die beiden zwar einmal miteinander in Wechselwirkung standen, und daher korreliert sein können, aber zum Zeitpunkt der Untersuchung weit voneinander getrennt sind, so dass jede bekannte physikalische Wechselwirkung vernachlässigbar klein ist. Jedes der Objekte hätte dann eine Beschreibung durch seine verborgenen Variablen, und die große Trennung gibt Grund zu der Annahme, dass die Beobachtung des einen Systems nicht die Variablen des anderen stört. Wohl gemerkt geht es hier nicht darum, dass die Beobachtungen an den Teilsystemen korrelierte Ergebnisse liefern. Das wäre so alltäglich wie die Übereinstimmung der Texte in zwei weit voneinander entfernt gekauften Exemplaren der gleichen Zeitung. Relevante Störungen sind hier nur solche, bei denen eine *Handlung* auf der einen Seite eine erkennbare *Wirkung* auf der anderen Seite hervorruft, also eine Wirkung, die auch zur Signalübertragung taugen würde. Wenn das ausgeschlossen ist, nennt man die Variablen auch *lokal*. Allerdings lässt sich aus dieser Annahme allein, ohne weitere Details der Theorie zu kennen, bereits eine empirische Vorhersage ableiten, die nach John Bell benannte Korrelationsungleichung. Diese wiederum ist in geeigneten Experimenten verletzt! Etwas stimmt also nicht an der Lokalitätsannahme. Das ist von atemberaubender Tragweite: Wenn ich mit „Beschreibung" eine Beschreibung im oben erklärten klassischen Sinn meine, gibt es keine für die Experimente hinreichende *Beschreibung des Balls,* die nicht auch Information über alle möglicherweise damit korrelierten Bauklötze der Welt enthält.

Mit der letzten Aussage des vorigen Abschnittes zusammen gelesen: Man kann zwar eine Beschreibung des Gesamtsystems, letzten Endes der ganzen Welt, durch klassische Variable erreichen, aber um den Preis, dass es keine Beschreibung der Objekte darin mehr gibt. Da die beschreibende Variable als die Wellenfunktion gewählt werden kann, braucht man also so etwas wie die Wellenfunktion des Universums. Diese repräsentiert die maximal mögliche Kenntnis des Gesamtsystems. Man bekommt daraus aber gerade keine analoge Beschreibung der Teilsysteme. Dieser Effekt, dass die schärfstmögliche Kenntnis eines Gesamtsystems nicht als solche auf die Teilsysteme übertragen werden kann, ist eine mathematische Eigenschaft der Quantenmechanik. Aber die Bell'schen Ungleichungen zeigen mehr: *Jede* Theorie, die die Experimente beschreibt, muss diese Eigenschaft haben. Die klassische Beschreibung des Ganzen wird also immer auf Kosten der Lokalität der Teile erreicht. Man muss sich also entscheiden zwischen

Lokalität: der Möglichkeit, auch Teilsysteme als Gegenstand der Theorie ohne Bezug auf den Rest der Welt zu untersuchen, oder

Klassikalität: der Möglichkeit der Beschreibung jedes Systems durch klassische (wenn auch verborgene) Eigenschaften und Variable.

Die klassische Beschreibung aufzugeben scheint manchen undenkbar. Es gibt naive Philosophen (Maudlin 2014), die vorgeben, nicht einmal zu verstehen, worum es dabei geht. Allerdings ist die dadurch erzwungene Wahl, Lokalität aufzugeben, als Rettung der klassischen Logik nicht wirklich befriedigend. Denn in der klassischen Logik wird traditionell sehr wohl über verschiedene Gegenstände mit ihren je eigenen Eigenschaften gesprochen, für die man auf den Rest der Welt nicht schauen muss. Nach den Bell'schen Ungleichungen erhält aber die Aussage „Der Ball ist rund" einen nachprüfbaren Wert im Allgemeinen nur dadurch, dass ich hinzufüge „und der Bauklotz im Nebenzimmer wird soeben auf seine Form untersucht". Dabei ist die Form selbst egal, aber ob der im Nebenzimmer gewählte Aufbau zur Bestimmung der Form oder zur Bestimmung der Farbe taugt, könnte einen Einfluss haben. Das einfache Feststellen einer Eigenschaft unterliegt also einer potentiell riesigen Menge an möglichen weiteren Abhängigkeiten. Im Gegensatz dazu steht die Quantenmechanik klar auf der Seite der Lokalität. Sie enthält eine Einschränkungsoperation, mit der die Beschreibung des Gesamtsystems auf ein Teilsystem reduziert werden kann. Allerdings ist dies eine statistische Beschreibung: Aus der bekannten (statistischen) Beschreibung der Gesamtsituation folgen die überprüfbaren Aussagen über die Wahrscheinlichkeit für die Eigenschaften des Balls, und diese enthalten keinen Bezug mehr auf damit korrelierte Bauklötze. Die reduzierte Beschreibung ist wieder einfach eine quantenmechanische. Das ist wesentlich für das gesamte Unternehmen der empirischen Naturwissenschaft: Die Theorie lässt sich auf ein Experiment anwenden, auch wenn nicht alle denkbaren Korrelationen mit dem Rest der Welt erfasst wurden.

Können Experimente bei der Entscheidung helfen? Die von einer Verletzung der Bell'schen Ungleichungen erzwungenen Abhängigkeiten sind ja nicht klein und die Möglichkeit der Signalübertragung über beliebige Entfernungen, auch rückwärts in der Zeit[1], wäre ja ein lohnendes Ziel. Es gibt allerdings keinen einzigen experimentellen Hinweis dazu. Die Quantenmechanik ist ebenfalls in ihrem Nein völlig eindeutig: Die Ergebnisse auf nur einer Seite lassen sich aus der reduzierten Beschreibung gewinnen und enthalten keinerlei Abhängigkeiten von Operationen auf der entfernten Seite. Man würde also, um das Signal zu empfangen, einen Zugriff auf die *verborgenen* Variablen brauchen. Einstein hat deshalb von einer *spukhaften* Fernwirkung gesprochen. Das ist häufig so missinterpretiert worden, dass ,spukhaft' hier etwas Beängstigendes bedeutet. Aber ,Fernwirkung' allein war für Einstein sicher schon abwertend genug, und er war auch kaum jemand, der sich vor Geistern gefürchtet hätte. Spukhaft ist also eher, dass es keine echte Fernwirkung ist, die sich im Experiment realisieren ließe.

Zusammenfassend: Es gibt keine experimentellen Hinweise auf eine Verletzung der Lokalität, und auch die Grundstruktur der Quantentheorie basiert auf diesem Prinzip. Der einzige Hinweis auf das Gegenteil, und damit der Grund, warum man immer wieder von der „Nichtlokalität" der Quantenmechanik liest[2], ergibt sich, wenn man die (überwundene?) Vorgängertheorie, die klassische Physik und Logik, zu Grunde legt.

4   Operationale Interpretation und Laborsprache

Nach dem vorigen Abschnitt gibt die Quantentheorie eine statistische Beschreibung, die nicht auf klassischen Variablen beruht. Sie liefert daher auch keine Geschichten, in denen die Entwicklung von Eigenschaften über die Zeit verfolgt wird. Das geht klar auf Kosten der „Anschaulichkeit" und reizt immer

---

[1] Die zeitliche Reihenfolge der weit getrennten Messungen in einem Korrelationsexperiment ist irrelevant, so dass man auch Signale in die Vergangenheit senden könnte.

[2] Unter anderem im Artikel von Stöckler in diesem Band. Den kritisiere ich hier nicht, aber die Diskrepanz zeigt, dass man genau sagen muss, was man mit „Lokalität" meint.

wieder die menschliche Fabulierlust. Vielleicht noch gravierender: Die natürliche Sprache basiert auf den evolutionär in unseren Wahrnehmungsapparat integrierten Konstanzerfahrungen. Diese Spannung ist nicht auflösbar, und ich erwarte daher nicht, dass die Debatte um die Quantentheorie jemals aufhören wird.

Aber auch für professionelle Physiker, die natürlich die Quantenmechanik grundsätzlich akzeptieren, stellt sich die Frage: Wie dann reden? So prinzipiell formuliert scheint das ein ernstes Dilemma zu sein. Bei einem Besuch im Labor aber, oder beim Diskutieren an der Tafel spielt dieses Problem kaum eine Rolle. Wie geht das?

Zunächst müssen wir die Interpretation der Quantenmechanik anschauen. Dabei ist das Wort „Interpretation" sehr vieldeutig und bezieht sich auch auf Erläuterungen, was das Ganze uns sagen möchte, oder auf weit über den Formalismus hinausreichende Zusatzkonstrukte. Ich meine hier etwas sehr Bescheidenes, nämlich die Anweisungen für die Übersetzung von Laboraufbauten und Beobachtungen in die formale, also mathematische Sprache der Theorie. Dies nennt sich auch die *minimale statistische Interpretation* der Theorie. Sie sagt uns, dass zu jedem Systemtyp ein Hilbertraum zu wählen ist, die Präparation von Systemen durch Dichteoperator oder eine Wellenfunktion anzugeben ist, die Messverfahren durch Operatoren, und schließlich die Wahrscheinlichkeiten für die Ergebnisse durch eine einfache Formel, die man auch die Born'sche Regel nennt. Der Fokus ist also operational: Präparation und Messung entsprechen Handlungen im Labor und die berechneten Wahrscheinlichkeiten werden direkt mit den Häufigkeiten verglichen, die sich bei wiederholter Durchführung des gleichen Experiments ergeben. Klassische Eigenschaften wie Ort und Impuls tauchen als Operatoren auf, aber dies sind nicht mehr Größen, die die einzelnen Systeme beschreiben, sondern jeweils einen Typ von Messung. Es gibt also eine Beschreibung von Ortsmessungen und ein Verfahren dafür, Ergebniswahrscheinlichkeiten zu berechnen, bei dem aber nicht unterstellt wird, dass dabei eine vorher bereits vorliegende Eigenschaft „Ort" des Teilchens festgestellt wird. Unbeobachtete Teilchen haben keinen Ort, und wenn stattdessen eine andere Größe („Observable") gemessen wird, ist alles, was man sich zum Ort vielleicht überlegt hätte, ohnehin obsolet geworden. Wenn man so will, ist Heisenbergs Idee, die Theorie auf messbare Größen zu gründen, mit einer Radikalität umgesetzt, die ihm selbst wohl die Sprache verschlagen hätte.

Aber wenn es keine Eigenschaften mehr gibt, muss das nicht jedem die Sprache verschlagen? Zum Glück nicht. Denn mit dem Hinweis, dass die Sinnhaftigkeit der klassischen Beschreibung Konstanzvoraussetzungen hat, die für Quantensysteme nicht erfüllt sind, ist ja auch verbunden, dass dort, wo diese Voraussetzungen erfüllt sind, auch kein Problem besteht. Dies ist der Bereich des Laboraufbaus selbst. Darüber unterhalten sich Physiker völlig normal. Ein Dichtungsring braucht, um seinen Zweck zu erfüllen, gewisse Eigenschaften. Diese sind nicht irgendwie mit weit entfernten Objekten verschränkt, und werden in keiner Weise anders diskutiert als vor dem Aufkommen der Quantenphysik. Das ist auch nicht ein bloß naiver Sprachgebrauch, denn die beste physikalische Theorie, die zu Materialeigenschaften von Dichtungsringen verfügbar ist, ist vollkommen klassisch. Auch die Frage, ob Messergebnisse wirklich fixiert sind, stellt sich nicht anders als die Frage, ob der Inhalt eines Buches oder die Lebensfunktionen einer Katze quantenmechanischer Unbestimmtheit unterliegen. Die Antwort ist ein schlichtes Nein.

Die Quantenmechanik nimmt also den Aufbau des Experiments als klassisch beschreibbar an, gerade um eine sichere Basis zur Diskussion der Physik von Quantensystemen zu haben, für die das nicht mehr gilt. Es bleibt aber eine physikalische Annahme, die daher auch mit Fehlerbalken einhergeht, und mehr oder weniger gut erfüllt sein kann. Das wird besonders dann deutlich, wenn die Quantentheorie auf makroskopische Objekte angewendet wird. Das ist im Prinzip möglich, denn auch Dichtungsringe bestehen ja aus Atomen. Dies ist das Problem der *Entstehung der klassischen Welt* aus der Vielteilchen-Quantenmechanik. Das Fachgebiet, das sich diesem Problem widmet, heißt *Statistische Mechanik.* Es ist ein ernsthaftes Problem, zu dem es viele Ideen, aber keine befriedigend allgemeine und mathematisch klar formulierte Lösung gibt. Sicher ist nur, dass die nackte Quantenmechanik, also einfach die Angabe des Hamiltonoperators für genügend viele Kerne, Elektronen und Photonen der Messapparate, nicht ausreicht. In dieser Sprache kommen fixierte Fakten tatsächlich nicht vor. Nur wenn man einbringt, dass an einem makroskopischen Objekt nicht mehr alle quantenmechanisch ‚im Prinzip' möglichen Quantenoperationen ausgeführt werden können, man also mit einer Teilklasse der Präparationen, Wechselwirkungen und Messungen arbeitet, gibt es eine Chance, die Möglichkeit und Konstanz klassischer Beschreibungen aus der Vielteilchen-Quantenmechanik zu rechtfertigen. Es gibt aber eigentlich keinen Zweifel, dass letzten Endes die klassische Physik in ihrem bekannten Anwendungsbereich im Wesentlichen wieder herauskommt. Genau das meint man ja mit der Aussage, makroskopische Materie sei aus Atomen „aufgebaut". Was die Statistische Mechanik uns also für die Interpretation der Quantenmechanik liefern sollte, ist die Lösung eines Konsistenzproblems: Wir starten die Quantentheorie mit der *Annahme,* dass klassische Physik die Apparate sinnvoll beschreibt, und das sollte dann auch durch die Statistische Mechanik bestätigt werden. Nur: Für die Quantentheorie selbst und für die Laborpraxis der Quantentechnologie ist das kein Problem. Dafür ist die Annahme unproblematisch und ausreichend.

Der Ansatz, zwischen der klassischen Physik und der klassischen Beschreibung der Apparate einerseits und der Welt der Quanten andererseits zu unterscheiden, stammt von Niels Bohr. Er wird allerdings von vielen Physikern angezweifelt, die die verbesserte Theorie Quantenmechanik auf alles anwenden möchten, und keine eigenständige klassische Welt akzeptieren. Ich nenne diese Richtung Quanten-Totalitarismus. Sie führt auf das sogenannte *Messproblem* der Quantenmechanik oder das Schrödinger'sche *Katzenparadoxon*, die ich im vorvorigen Absatz (ohne Namensnennung) angesprochen habe. Den Quanten-Totalitarismus sollte man nach meiner Auffassung durch die Aufforderung einschränken, dass man als Physiker die jeweils beste und aussagekräftigste Theorie zu verwenden hat, die in einer Situation zur Verfügung steht. Zum Beispiel habe ich im vorigen Absatz die klassische Beschreibung eines Apparates mit der durch die nackte Quantenmechanik verglichen. Letztere sagt eben nur „im Prinzip" alles über den Apparat, aber eigentlich führt sie nur in die theoretische Sprachlosigkeit, was Fakten betrifft, und in die totale Überforderung aller mathematischen und numerischen Hilfsmittel. Ohne weitreichende Annahmen über die Präparation (den Dichteoperator) kommt da nichts heraus, und letzten Endes sind dies genau die Annahmen, die in der klassischen Beschreibung schon zusammengefasst sind. Interessant ist natürlich der Zwischenbereich, in dem die Annahmen nur einigermaßen erfüllt sind. Dann besteht eine gewisse Willkür in der Aufteilung zwischen der Quantenseite und der klassischen, dem sogenannten *Heisenberg'schen Schnitt.* Er ist verschieblich, weil Teile des Messapparats wahlweise quantenmechanisch oder klassisch beschrieben werden können. Die Äquivalenz zweier Schnittmöglichkeiten ist oft nicht ganz einfach zu zeigen, und manchmal unterzieht man sich der Mühe der teilweise quantenmechanischen Analyse gerade mit der Absicht, eine genauere Erfassung des Experiments zu erreichen. Der vieldeutige Zwischenbereich widerlegt aber nicht die Notwendigkeit der Unterscheidung. Um ein Bild zu gebrauchen, das ich von Berge Englert gehört habe: Wenn ich mit den Füßen in der Brandung stehe, mag es nicht klar sein, ob ich gerade an Land oder im Meer bin. Wenn ich aber auf den Horizont schaue, ist die Unterscheidung zwischen Land und Meer vollkommen klar.

Für die Auflösung der Spannung zwischen der eingeschränkten Anwendbarkeit der klassischen Logik und der natürlichen Sprache sind wir jetzt ein gutes Stück weiter: Auf der Ebene der Experimentbeschreibung gibt es keine Spannung. Diese Ebene bleibt einfach klassisch. Wenn man mit Experimentatoren spricht, heben sie oft gerade dies hervor, und auch auf der theoretischen Seite, z. B. im axiomatischen Ansatz von Günther Ludwig (1985), ist das Ziel die vollständige Rekonstruktion der Quantentheorie als einer Theorie der Informationsübertragung zwischen makroskopischen Systemen. Andererseits reden sowohl Theoretiker als auch Experimentatoren auch über die Quantensysteme selbst. Man kann kein Quantenexperiment planen, wenn man nicht auch über die Teilchen redet, oder über die Zustände von Atomen, die man mit Lasern zu kitzeln beabsichtigt. Ein Strahl von Atomen mit kinetischer Energie E, oder ein Elektron mit Spin in z-Richtung, ein Atom in einer Überlagerung aus Grundzustand und erstem angeregten Zustand, oder ein Paar von Photonen mit Gesamtspin Null, kommen da so selbstverständlich vor, als seien es klassische Teilchen.

Darf man so reden? Oder, weil es natürlich keine Sprachpolizei gibt: Ist es sinnvoll so zu reden oder führt es vielleicht zu Fehlern? Alle eben erwähnten Formulierungen lassen sich zunächst als Aussagen über spezielle Präparationen deuten. Damit hätten sie eine Übersetzung in die eigenschaftsfreie Sprache der minimalen statistischen Interpretation. Solche Verwendungen der klassischen Sprache sind wiederum unproblematisch. Auch die Herstellung der Atome scharf begrenzter Energie mit Hilfe eines Flugzeitspektrometers lässt sich klassisch diskutieren: Dabei werden zwei Blenden zeitversetzt so geöffnet, dass nur Teilchen der gewünschten Geschwindigkeit durchkommen. Das Timing der Blenden wird man wie bei klassischen Teilchen bestimmen: Man hat also auch ein Stück der Theorie durch klassische Überlegungen ersetzt. Die volle quantenmechanische Behandlung ist wiederum knifflig (zeitabhängige Randbedingungen, spezielle Anfangsbedingungen). Aber sie ist tatsächlich meist nicht nötig, weil man sich nah am klassischen Grenzfall ($\hbar$ klein gegenüber relevanten Wirkungsprodukten) befindet. Solange das für die gewünschte Genauigkeit ausreicht, ist die klassische Sprache adäquat. Solche Sprechweisen, die eigentlich auf speziellen Näherungen beruhen, sind sehr häufig.

Kritisch wird es eigentlich nur, wenn Quantenkorrelationen eine Rolle spielen, die sich nicht durch einen klassischen Mechanismus erzeugen lassen, wofür Schrödinger 1935 den Ausdruck *Verschränkung* einführte. Denn dann könnte man eine Bell'sche Ungleichung verletzen und der sorglose Umgang mit der klassischen Sprache kann zu überprüfbar falschen Ergebnissen führen. Solche Situationen sind in der Physik insgesamt aber nicht sehr häufig. Man kann sein Leben lang Festkörperphysik betreiben, ohne ernsthaft über Verschränkung nachzudenken, obwohl auch dort die dafür relevante mathematische Struktur vorkommt. Nur sind die Freiheitsgrade, zwischen denen die Verschränkung besteht, nicht unbedingt getrennt voneinander manipulierbar. Man muss sich klarmachen, dass es lange gedauert hat und sehr spezielle und sehr saubere Experimente erforderte, bis Verletzungen der Bell'schen Ungleichungen zweifelsfrei nachgewiesen waren. Andererseits ist in den Bereichen, in denen es auf Verschränkung gerade ankommt, also für die neuen Quantentechnologien,

Quanten-Kryptographie und Quantencomputer, jeder vorgewarnt und weiß, wo die Fallstricke liegen.

Das klingt abenteuerlich und unsystematisch. Klassische Sprache mit fallweise angebrachten Verbotstafeln ist ja wohl einer exakten Wissenschaft unwürdig! Es ist aber gar nicht so chaotisch, wie es klingt: Die minimale statistische Interpretation spielt die Rolle der kontrollierenden Instanz. Wenn es mit einer allzu klassischen Sprechweise Probleme gibt, übersetzt man in diese minimalistische Sprache. Wenn das nicht gelingt, ist das ein Hinweis, dass die Fabulierlust und die klassischen Elemente der natürlichen Sprache sich wieder einmal verselbständigt haben. Man hat dann lediglich ein weiteres „Paradoxon" entdeckt, das illustriert, wie Quantenmechanik und klassische Physik sich unterscheiden. Wenn die Übersetzung gelingt, hat man gleich eine präzisierte Version, die man benutzen kann, um den Sprachgebrauch zukünftig etwas weniger missverständlich zu machen. Solche Korrekturen sind nicht sehr oft nötig, wenn auch vielleicht etwas öfter als es tatsächlich stattfindet. Dafür werden wir noch Beispiele geben. Insgesamt erreicht man eine bemerkenswerte Erweiterung der Wissenschaftssprache in Bereiche hinein, in denen die klassische Logik selbst problematisch wird.

5 Etwas Sprachkritik

In vielen Lehrbüchern und Artikeln zur Quantenmechanik findet man notwendig sprachliche und graphische Bilder, die im Vergleich zur rein operationalen Sicht deutlich zu klassisch gedacht sind. Das Bild eines Elektrons mit Spin ist stets eine Kugel mit einem hineingesteckten Pfeil, manchmal mit einer angedeuteten Drehrichtung. Dabei war den Entdeckern des Spins durchaus bewusst, dass halbzahlige Spins nicht von rotierenden Objekten (Bahndrehimpuls) kommen können. Schlecht in jedes Bild passt regelmäßig auch der Umstand, dass nach einer Volldrehung das Kügelchen mit sich selbst destruktiv interferiert. Andererseits erwarte ich von meinen Studierenden, dass sie dieses Faktum erläutern können und ein Experiment (Neutronen-Interferenz) angeben können, wo das experimentell zu Tage tritt. Mit Bildern zu arbeiten, die manches auch falsch repräsentieren, ist überall normal. Mit einem theoretischen Korrektiv, das einem erlaubt richtige, irreführende und falsche Aspekte zu trennen, kann die menschliche Anschauung auch weit entfernte Gegenstände heranholen. Das ist analog zum geometrischen Denken, das sich in mehr als drei Dimensionen gut zurechtfindet, wenn man die Übersetzung der dreidimensionalen Geometrie in die Sprache der Vektorräume erst einmal verstanden hat. Die Absicherung der Sprache durch die minimale Interpretation und den mathematischen Formalismus ist analog und gelingt in solch einfachen Fällen mühelos.

Irreführende Bilder werden oft auch zu irreführenden *Erklärungen* herangezogen. Ein Beispiel ist das verbreitete Bild von *Kegeln im Drehimpulsraum,* auf denen der Drehimpulsvektor wegen der Quantelung der vertikalen Komponente angeblich irgendwie präzediert. Das ist schon deshalb Unsinn, weil das Bild die vertikale Komponente vor allen anderen Richtungen auszeichnet, und liefert auch falsche Vorhersagen für höhere Momente der Drehimpulsverteilungen (Dammeier et al. 2015). Ein anderes Beispiel sind *Feynman-Diagramme*. Sie sind einerseits ein geniales Hilfsmittel, um die Störungsreihe einer Feldtheorie zu organisieren. Andererseits sind sie so suggestiv, dass man sich aktiv daran hindern muss, sie als Raumzeit-Diagramme „virtueller Vorgänge" zu lesen. Kein Mensch weiß, was ein virtueller Vorgang ist.

Das Paradebeispiel für klassisches Denken über einen zeitlichen *Vorgang* ist das *Doppelspalt-Experiment*: Quantenteilchen werden auf eine Barriere mit zwei Löchern geschickt, und die durchgehenden Teilchen auf einem Schirm aufgefangen. Auf dem Schirm findet man ein Interferenzmuster, das sehr verschieden ist von der breiten, strukturarmen Verteilung, die man bekommt, wenn nur ein Loch offen ist. Das scheint paradox, denn jedes Teilchen muss ja wohl durch eines der Löcher gehen und sieht dabei nur dieses eine Loch. Ob das zweite offen ist, sollte ja wohl egal sein. Mit dieser Hypothese sollte die Summe der Einzelloch-Verteilungen gleich dem Interferenzmuster sein, was aber eklatant falsch ist. Die Quantenmechanik bildet natürlich diese Fakten ab. Man liest dann oft: „Nach der Quantenmechanik geht das Teilchen durch beide Löcher gleichzeitig." Daran ist alles falsch. Beim Versuch, die Frage auf Grund der Quantenmechanik zu beantworten, stellt man sofort fest, dass die Theorie gar keinen Begriff dafür hat, dass „ein Teilchen durch ein Loch geht", geschweige denn auf mysteriöse Weise gespalten durch beide. Wenn die vorgestellte Formulierung nur ausdrücken soll, dass beide Löcher offen sein müssen, um das Interferenzmuster zu sehen, na gut. Aber es ist ja mehr gemeint. Irgendwie soll uns der Satz einen Eindruck von dem Geschehen vermitteln, auch wenn er keinen Hinweis darauf gibt, warum ausgerechnet ein Interferenzmuster entsteht. Als Ersatz für den Beitrag zur Erklärung gibt er uns einen kleinen paradoxen Dreh. Nur hat der überhaupt nichts mit der theoretischen Beschreibung zu tun.

Die Frage nach dem Lochdurchgang ist typisch für Fragen nach dem, was zwischen Präparation und Messung *geschieht,* oder was die Teilchen unterwegs *tun.* Eine reduzierte und deshalb noch schärfere Variante ist ein Interferometer mit Strahlteiler am Anfang. Welchen Weg nimmt das Teilchen? Wird hier etwa nicht der Strahl, sondern jedes einzelne Teilchen gespalten? Wie am Doppelspalt hat die Frage eine operationale Komponente: Wir können ja nachschauen und in jeden Teilstrahl einen Zähler stellen. Diese Anordnung ergibt: Immer nur ein Teilchen, kein Hinweis auf merkwürdige Photonenspaltung. Die Interferenz am Ausgang ist so natürlich zerstört.

Eine beliebte Variante ist auch die sogenannte *wechselwirkungsfreie Messung*. Dabei installiert man auf einem der Interferometerpfade eine Wechselwirkung, die bei Durchgang des Teilchens eine Bombe zündet. Auch dadurch verschwindet das Interferenzmuster, selbst in den Fällen, wo die Bombe nicht auslöst, das Teilchen also offenbar gar nicht in der Nähe war. Typisch ist hier die Mischung der quantenmechanischen Beschreibung mit klassischen Vorstellungen über herumfliegende Teilchen. Die Benennung ist ja von Anfang an irreführend, weil die Geschichte eine Wechselwirkung zwischen Teilchen und Bombe braucht. Dass Teilchen „auf dem unverminten Weg" die Bombe auslösen, ist völlig analog dazu, dass Teilchen, die durch ein Loch gehen, irgendwie mitbekommen, dass das zweite Loch offen ist. Die Tel-Aviv-Schule, aus der dieses Beispiel stammt (Elitzur und Vaidman 1993), hat ein ganzes Buch mit Paradoxa produziert (Aharonov und Rohrlich 2005), in denen oft erst eine klassische Erwartung geweckt wird, die dann mit der gegensätzlichen Aussage der Quantentheorie kontrastiert wird. Das ist durchaus instruktiv, aber kaum schockierender als die Feststellung, dass die Quantenmechanik eben keine klassischen Geschichten erzählt. Auch hier gelingt die Trennung des operationalen Kerns von den Paradoxa-produzierenden klassischen Vorstellungen meist einfach. Dadurch verschwindet das Paradoxon allerdings nie: Das besteht ja gerade darin, dass das klassische Bild nicht funktioniert, und wer Erklärungen nur in Form von klassischen Bildern akzeptiert, wird nicht dadurch zufrieden gestellt, dass die Theorie die Bilder nicht anbietet.

Wenn eine klassische Sprechweise von der Theorie nicht abgedeckt wird, kann es natürlich auch daran liegen, dass die Theorie dafür noch nicht entwickelt ist. Ein Beispiel dafür waren Ankunftszeiten. Im Labor sind viele Detektoren von dieser Art: Man wartet auf einen Klick und das Messergebnis ist gerade die *Zeit*, zu der das passiert. Andererseits schweigen sich die meisten Lehrbücher darüber aus, wie man solche Detektoren theoretisch beschreiben soll. Ich fand das in den frühen 80er Jahren eine offensichtliche Lücke im operationalen Anspruch der Theorie und habe verschiedene Möglichkeiten untersucht, solche Observable bereitzustellen. Dazu brauchte man keineswegs den Trajektorienbegriff wiederzubeleben, also Ankunft als einen bestimmten Moment in einer erzählten Geschichte zu begreifen. Wie in diesem Fall, bin ich immer dafür, die operationale Ausdruckskraft der Theorie zu erweitern, auch gerade, um so viel wie möglich an klassischen Intuitionen zu ermöglichen. Aber eben nicht mehr.

6   Unrealistischer Realismus

Klassische Beschreibungen werden oft auch „realistisch" genannt, weil sie nur über das Objekt reden, und nicht über „menschliche" Aktionen wie Präparation und Messung. Sie beziehen sich, so gesehen, auf die Realität da draußen und nicht lediglich auf unser Wissen darüber. Es gibt allerdings eine zweite Bedeutung des Wortes „realistisch", nämlich, dass unsere Theorien sich an der Erfahrung messen lassen sollten. Realismus in diesem Sinn ist die Grundlage jeder Naturwissenschaft. Wenn es um Quantensysteme geht, geraten die zwei Bedeutungen des Wortes in einen Gegensatz: Klassische Beschreibungen für Quantensysteme geraten leicht zu willkürlichen Märchenerzählungen, die mit keiner Erfahrung mehr kollidieren können.

Im folgenden betrachte ich ein paar dieser Märchen. Allerdings kann ich aus Platzgründen die Erzählungen selber nicht ausführlich darstellen, und schon gar nicht die umfangreichen Debatten darüber würdigen. Auch wenn der Text dadurch etwas dichter wird, ist er nicht nur für die Experten gedacht, sondern auch als Skizze zu verstehen, in welche Richtung manche Schulen gedacht haben, und warum ich das nicht befriedigend finde.

Nichts hindert mich daran, mir vorzustellen, jedes Teilchen am Doppelspalt nähme einen bestimmten Weg, den ich allerdings niemals überprüfen kann. Die sogenannte *Bohm'sche Mechanik* ist eine Variante der Quantenmechanik, die solche Wege postuliert, Bewegungsgleichungen dafür angibt und die so gewonnenen Teilchenorte zum einzig Realen erklärt. Erst mit der Einführung dieser Bahnen wird – nach Auffassung der Verteidiger dieser Theorie – die Quantenmechanik zu einer Theorie „über etwas", also über einen klassischen Gegenstand. Allerdings werden diese Bahnen niemals Teil einer Erklärung für etwas anderes. Man hat immer erst das quantenmechanische Problem zu lösen, und benutzt dann die Wellenfunktion zur Berechnung der Verteilung der Bahnen. Eine Rückwirkung der Bahnen auf die Wellenfunktion oder auf sonst etwas in der Welt gibt es nicht. Die einzige Funktion dieser Teilchen ist, „real" zu sein. Teilcheneigenschaften wie Impuls oder Spin sind dagegen angeblich nicht „real", sie müssten erst aus Ortsinformationen erschlossen werden. Da die Verteilungen für Teilchenkonfigurationen mit den quantenmechanischen übereinstimmen, nennen die Bohmianer ihre Theorie empirisch äquivalent zur Quantenmechanik. Dieser Anspruch löst sich allerdings schnell auf, wenn man konkrete Messsituationen untersucht. Da Bohmianer auch dem Quanten-Totalitarismus anhängen, muss der gesamte Aufbau, und wohl auch der Experimentator und das Universum, bohmsch beschrieben werden. Eine Einschränkung auf Teilsysteme folgt nur in exotischen Ausnahmefällen wieder der Bohm'schen Mechanik (ich nenne das das Messproblem der Bohm'schen

Mechanik). Es gibt damit kaum eine Chance, eine Aufteilung der Situation vorzunehmen, deren Abhängigkeiten zu kontrollieren und zu Aussagen zu kommen, die erkennbar unabhängig von den mikroskopischen Details der Beschreibung der Messapparate sind. Das geht nur, indem man das Märchen mit den Trajektorien vergisst und die Quantenmechanik wie üblich verwendet. In diesem Sinne gilt dann allerdings die empirische Äquivalenz.

Der Fairness halber muss ich hier einräumen, dass experimentell prüfbare Aussagen auch nicht das Ziel dieser Theorie sind: Es geht allein um die Rettung der realen Welt, also des klassischen Narrativs. Der Welt ist das zwar egal, aber man mag das Motiv für ehrenwert halten. Erhoffen könnte man sich höchstens eine Reduktion des paradoxen Gefühls in typischen quantenmechanischen Situationen wie dem Doppelspalt. Im Quantenmechanik-Lehrbuch steht, dass die beiden Situationen (ein oder zwei Löcher offen) eben verschiedene Randbedingungen in der Schrödingergleichung erfordern und damit verschiedene Wellenfunktionen als Lösung haben. Das als paradox Empfundene an dieser Situation, nämlich dass Teilchen, die durch nur einen Spalt „gehen", den anderen irgendwie spüren, wird von dieser Antwort kaum berührt, denn die Teilchenbahnen kommen ja nicht vor. In der Bohm'schen Mechanik gibt es zwar die Bahnen, aber wieder keine Verbindung zwischen den beiden Situationen: Man muss ja immer erst die Schrödingergleichung lösen, bevor man mit den Bahnen anfängt. Mit anderen Worten: In dieser kritischen Situation ist die Bohm'sche Mechanik exakt genauso unbefriedigend als Auflösung des „Paradoxons" wie die Quantenmechanik.

Wir hatten das Messproblem als Konsequenz der naiven Anwendung der Vielteilchen-Quantenmechanik auf makroskopische Systeme kennengelernt: In dieser Sprache ist die klassische Aussage, dass eine Messung einen bestimmten Wert ergeben hat, nicht einmal formulierbar. Im Prinzip ist es laut Quantenmechanik auch immer noch möglich, eine unitäre Wechselwirkung einzuschalten, die den gesamten Messprozess wieder rückgängig macht. Dieses „im Prinzip" stellt den potentiellen Experimentator vor absurd schwierige Anforderungen, wie das Einfangen aller thermisch vom Apparat emittierten Photonen und ihre kohärente Rückführung. Tatsächlich sind quantenmechanische Messwerte genauso verlässlich fixiert wie klassische, und natürlich steht dies unter den gleichen Bedingungen des Entstehens der klassischen Welt aus der Vielteilchen-Quantenmechanik, die in der Statistischen Mechanik gebraucht werden. Dies wird deutlich an der Geschichte von *Wigners Freund,* die jüngst wieder in die Diskussion gekommen ist (Frauchiger und Renner 2018). Dabei wird ein Messvorgang durch einen Experimentator (den Freund) quantenmechanisch als Gesamtsystem durch einen anderen (Wigner) beschrieben. Aus der quantenmechanischen Sicht des Gesamtsystems hat eine irreversible Messung nie stattgefunden. Aber die anscheinend unschuldige Prämisse der Geschichte, dass der Freund eine Messung ausgeführt hat, bringt gerade all die Voraussetzungen an Konstanz mit ein, die es praktisch unmöglich machen, das Ergebnis dynamisch zu widerrufen. Auch Wigner muss sich also entscheiden, wie er eine adäquate Beschreibung des Experiments erreichen will. Der Hinweis, dass die nackte Quantenmechanik Operationen enthält, die die Uhr zurückdrehen, nebenbei auch die Lebensfunktionen des Freundes auf Anfang stellen und den zweiten Hauptsatz der Thermodynamik auf den Kopf stellen, hilft ihm dabei nicht.

Wenn man Quanten-totalitär die Theorie auf makroskopische Systeme anwendet, ist die Verschränkung makroskopischer Objekte die Regel und keineswegs exotisch. Um zwei Katzen zu verschränken, reicht es, wenn sie sich anschauen können und entsprechend Photonen austauschen. Natürlich wird das nie beobachtet, weil der kohärente Zugriff auf die relevanten Freiheitsgrade nicht gelingt. Manche fanden die Vorstellung verschränkter Katzen aber irgendwie obszön, auch ohne sagen zu können, wie eine makroskopische Superposition eigentlich aussähe, und fanden es nötig, die Quantenmechanik durch ein zusätzliches fundamentales Dekohärenz-Rauschen abzuändern. Dadurch werden reine Zustände zu gemischten und aus der Superposition wird eine probabilistische Mischung (Ghirardi et al. 1986). Solche *Kollapstheorien* lösen angeblich auch das Messproblem, sind aber nur eine Trotzreaktion darauf. Eine erfolgreiche Theorie willkürlich und ohne weitere Evidenz abzuändern, nur aus Geschmacksgründen, ist so unsinnig, wie der Versuch, alle schwarzen Löcher durch einen Eingriff in die Relativitätstheorie zu stopfen. In einem Vortrag zur experimentellen Suche nach dem erwähnten Rauschen, den ich kürzlich hörte, wurde ein Diagramm gezeigt (Feldmann und Tumulka 2012), in dem große Parameterbereiche experimentell bereits ausgeschlossen waren, und nur noch sehr kleine Werte des Rauschens möglich blieben. Noch etwas kleinere Werte, und damit die Quantenmechanik mit Rauschen = 0, waren als „philosophisch unbefriedigend" gekennzeichnet. Traurige Philosophie, und jedenfalls schlechte Physik.

Wir hatten gesehen, dass Wellenfunktionen für ein einzelnes System als verborgene Variable genommen werden können, also als Beschreibung jedes einzelnen Systems, und nicht nur als Größe nach Art einer Wahrscheinlichkeitsverteilung. Daraus lässt sich aber keine Wellenfunktion für Teilsysteme gewinnen. Teilsysteme hätten nach dieser „realistischen" Lesart keine eigene Realität. Wenn man dieses fragwürdige Prinzip ins Kosmische extrapoliert, bekommt man die sogenannte *Vielwelten-Interpretation* der Quantenmechanik, deren einzig „realistischer" Aspekt die Wellenfunktion des Universums ist, über die sich außer der Bezeichnung Ψ praktisch nichts weiter sagen lässt.

Dadurch ist eine Superposition aller möglichen Welten beschrieben, also auch verschiedener Ausgänge jeder Messung. Da sich dem Experimentator eine der Möglichkeiten zeigt, wird dadurch ein „Ast" der Wellenfunktion (der „relative Zustand") ausgewählt, und das Universum spaltet sich in die verschiedenen möglichen Welten auf. Leider haben die Vertreter dieser Interpretation bisher wenig geleistet, um dieses Bild zu konkretisieren. Was genau zählt als Messung, in welchem Sinne „geschieht" bei der Aufspaltung etwas, und wie verträgt sich das mit dem Realitätsanspruch von Ψ? Was ist mit verschiedenen möglichen und nicht verträglichen Messungen („Basisproblem")? Braucht man vorab eine Tensorprodukt-Zerlegung in Teilsysteme? Angeblich kann man in diesem Rahmen die Born'sche Regel (Wahrscheinlichkeitsinterpretation) der Quantenmechanik ableiten, aber alle dazu bekannten Überlegungen sind zirkulär, weil sie das Wegdiskutieren von Ästen geringer Wahrscheinlichkeit benötigen. Von ihren Vertretern wird die Vielwelten-Interpretation gern als alternativlos dargestellt (Deutsch 1998), aber mir scheint sie eher wie eine gigantische, ja kosmische Ausflucht, die ein Problem lösen soll (das Messproblem), das ich nicht habe.

7　Zusammenfassung

Theoretische Physik besteht aus einem dynamischen Gewebe von Theorien, in einem lebendigen Dialog mit der experimentellen Praxis. Gerade als jemand, der sich lebenslang um die Stärkung der Erklärungszusammenhänge zwischen Teilen dieses Gewebes bemüht hat, muss ich betonen, dass letzten Endes auch Augenmaß und Pragmatismus nötig sind, besonders um extreme Extrapolationen zu relativieren. Die Sprache, in der all das ausdiskutiert werden kann, hat wichtige mathematische Anteile, braucht aber auch die nicht formalisierte Laborsprache. Hier sind ungenauere Sprechweisen erlaubt, und können fallweise an der formaleren Seite der Theorie korrigiert, sozusagen ausbuchstabiert werden. Gerade wenn es um Quantenobjekte geht, die sich der klassischen Beschreibung und damit der in unserer Sprache ausgeprägten Weltsicht entziehen, ist dieses Vorgehen nicht nur üblich, sondern unvermeidlich.

Literatur

Aharonov, A. und Rohrlich, D.: *Quantum Paradoxes: Quantum Theory for the Perplexed.* Wiley-VCH, Berlin (2005).

Dammeier, L., Schwonnek, R. und Werner, R.: Uncertainty relations for angular momentum. *New J. Phys.* 17:093046 (2015).

Deutsch, D.: *The Fabric of Reality: The Science of Parallel Universes – And Its Implications*. Penguin, London (1998).

Elitzur, A. C. und Vaidman, L.: Quantum mechanical interaction-free measurements. *Found. Phys.* **23**, 987–997 (1993) und arXiv/hep-th/9305002.

Feldmann, W. und Tumulka, R.: Parameter diagrams of the GRW and CSL theories of wavefunction collapse. *J. Phys. A* **45**:065304 (2012).

Frauchiger, D. und Renner, R.: Quantum theory cannot consistently describe the use of itself. *Nat. Commun.* **9**:3711 (2018).

Ghirardi, G., Rimini, A. und Weber, T.: Unified dynamics for microscopic and macroscopic systems. *Phys. Rev. D* **34**, 470–491 (1986).

Gisin, N.: Sundays in a quantum engineer's life. In R. Bertlmann und A. Zeilinger (Hrsg.), *Quantum (Un)speakable. From Bell to Quantum Information*, S. 199–208. Springer, Berlin (2002) und arXiv:quant-ph/0104140.

Ludwig, G.: *An Axiomatic Basis of Quantum Mechanics*. Springer, Heidelberg (1985).

Maudlin, T.: Reply to Werner (2014). arXiv:1408.1828.

Von Einzelgängern und Teamplayern
Wie sich Fermionen und Bosonen in unserer Alltagswelt bemerkbar machen

Gert-Ludwig Ingold

Ein wesentlicher Unterschied zwischen unserer Alltagswelt und der Quantenwelt besteht darin, dass sich einzelne Quantenteilchen der gleichen Sorte, zum Beispiel Elektronen, grundsätzlich nicht voneinander unterscheiden lassen. Dies hat zur Folge, dass in unserer dreidimensionalen Welt zwei fundamental verschiedene Klassen von Teilchen existieren können, Fermionen und Bosonen, deren Verhalten im ersten Fall eher an Einzelgänger und im zweiten Fall eher an Teamplayer erinnert. Wir werden sehen, dass diese Ununterscheidbarkeit von Quantenteilchen von grundlegender Bedeutung auch in unserer Alltagswelt ist. Ohne sie würde es keine chemischen Elemente geben und damit letztlich auch kein Leben, wie wir es kennen.

1 Unterscheidbar oder nicht – Ein Unterschied zwischen Alltags- und Quantenwelt

Aus unserem täglichen Leben sind wir es gewohnt, dass sich Personen, Tiere oder Gegenstände voneinander unterscheiden lassen. Wir müssen unter Umständen nur sehr genau hinsehen, zum Beispiel bei eineiigen Zwillingen.

G.-L. Ingold (✉)
Institut für Physik, Universität Augsburg, Augsburg, Deutschland
E-Mail: Gert.Ingold@physik.uni-augsburg.de

© Der/die Autor(en), exklusiv lizenziert an Springer-Verlag GmbH, DE, ein Teil von Springer Nature 2023
H. Fink und M. Kuhlmann (Hrsg.), *Unbestimmt und relativ?*,
https://doi.org/10.1007/978-3-662-65644-0_6

Auf einem Billardtisch können wir die einzelnen Kugeln in ihrer Bewegung auch dann verfolgen, wenn sie sich nicht farblich unterscheiden. Natürlich kann die Unterscheidung in der Praxis schwierig sein, was sich Hütchenspieler zu Nutze machen. Aber es spricht nichts dagegen, die Bewegungen auch eines geschickten Hütchenspielers nachzuvollziehen, zumindest im Prinzip.

Erst diese Unterscheidbarkeit erlaubt es auch, dass wir uns als Individuen wahrnehmen, ein Umstand, der eine zentrale Rolle für unser Selbstverständnis spielt. Dabei ist die Wahrnehmung der eigenen Person als »Ich« nicht selbstverständlich, sondern entwickelt sich üblicherweise im zweiten Lebensjahr. Auch bei bestimmten Tierarten kann diese Selbstwahrnehmung nachgewiesen werden. Im Rahmen eines Spiegeltests, bei dem sich ein Tier in einem Spiegel sehen kann, wird anhand der Reaktion darauf geschlossen, ob die betreffende Tierart in der Lage ist, das eigene Spiegelbild als solches zu identifizieren oder ob es dieses als Artgenossen begreift.

Wenn wir von der Alltagswelt in den Mikrokosmos gehen und uns mit den Bausteinen der Materie, also Elementarteilchen wie zum Beispiel den Elektronen, beschäftigen, ist es natürlich nicht sinnvoll, nach der Selbstwahrnehmung zu fragen. In der unbelebten Natur gibt es kein Bewusstsein. Wir können aber die Frage stellen, ob Elektronen so wie zuvor die Billardkugeln unterscheidbar sind. Können wir also die Frage beantworten, ob das Elektron, das bei uns daheim aus der Steckdose kommt, von einem Kernkraftwerk auf die Reise geschickt wurde oder von einem Windkraftwerk? Angesichts der schieren Zahl der fließenden Elektronen wird dies in der Praxis nicht möglich sein, aber wäre es zumindest im Prinzip denkbar?

Falls Elektronen und andere Elementarteilchen dagegen ununterscheidbar sind, stellt sich die Frage nach den Konsequenzen. Was hat es für Folgen in der atomaren Welt, wenn sich Elementarteilchen nicht unterscheiden lassen, und sind diese Auswirkungen letztlich nur für Physikerinnen und Physiker von Interesse? Oder würde unsere Alltagswelt anders aussehen, wenn Elementarteilchen unterscheidbar wären? Wir werden diese Fragen hier nicht erschöpfend diskutieren können, sondern uns auf einige Aspekte beschränken. Am Ende wird sich aber zeigen, dass es für die Welt, wie wir sie kennen, entscheidend ist, ob Elementarteilchen individuell unterscheidbar sind oder eben nicht.

2   Wege von Quantenteilchen an einem halbdurchlässigen Spiegel

Um uns der Frage nach der Unterscheidbarkeit von Elementarteilchen zu nähern, greifen wir erneut zu einem Spiegel und stellen ein Gedankenexperiment an. Dieses Experiment hat aber nichts mit dem zuvor genannten Spiegelexperiment zu tun, da verhaltenspsychologische Experimente an Elementarteilchen sinnlos wären. Unser Spiegel unterscheidet sich von Spiegeln, wie wir sie zum Beispiel aus dem Badezimmer kennen, insofern, als er halbdurchlässig ist. Fällt Licht auf einen solchen Spiegel, so wird die Hälfte des Lichts reflektiert und die andere Hälfte geht durch den Spiegel, wird also transmittiert.

Elementarteilchen sind allerdings Quantenobjekte und diese können sich sowohl wie eine Welle als auch wie ein Teilchen verhalten. Dies gilt auch für Licht, das unter geeigneten Bedingungen seinen Teilchencharakter offenbart. Man spricht dann von Photonen. Experimentell ist es möglich, immer nur ein Elektron oder ein Photon auf den Spiegel fallen zu lassen. Was bedeutet es dann, dass der Spiegel halbdurchlässig ist? Teilt sich das Teilchen womöglich in zwei Hälften auf? Dies kann offenbar nicht der Fall sein, da Elementarteilchen nicht halbiert werden können. Sogar für Elementarteilchen wie zum Beispiel Protonen, die aus noch kleineren Bausteinen, den Quarks, bestehen, ist eine Halbierung nicht möglich. Es gibt keine halben Protonen.

Betrachtet man ein einzelnes Elementarteilchen, so gibt es am halbdurchlässigen Spiegel nur die zwei Möglichkeiten, dass das Teilchen entweder reflektiert oder aber transmittiert wird. Diese beiden Möglichkeiten sind im linken Teil der Abb. 1 angedeutet, wobei das Elementarteilchen hier entweder von links oder von unten auf den Spiegel fallen kann. Ob ein Teilchen reflektiert oder transmittiert wird, unterliegt völlig dem Zufall. Gemittelt über sehr viele Teilchen wird aber die Hälfte der Teilchen reflektiert und die andere Hälfte transmittiert. Damit finden wir auch wieder Anschluss an unsere vorherige Aussage, dass eine Welle jeweils zur Hälfte reflektiert und transmittiert wird. Für die weiteren Überlegungen ist das Teilchenbild geeigneter, so dass wir also davon ausgehen, dass zum Beispiel das im linken Teil der Abb. 1 von links auf den Spiegel fallende Teilchen die Möglichkeit hat, entweder geradeaus nach rechts weiterzulaufen oder reflektiert zu werden und dann nach oben zu laufen.

Bis jetzt war nur von einem einzelnen Teilchen die Rede, bei dem die Frage der Unterscheidbarkeit jedoch nicht sinnvoll ist. Wir müssen uns also

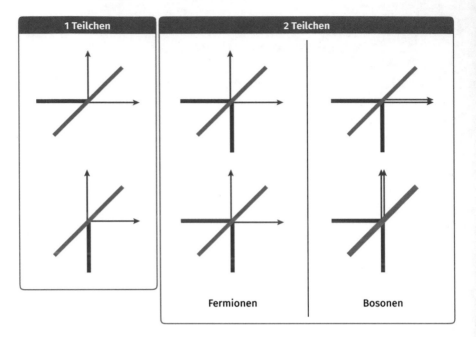

Abb. 1 Teilchen an einem halbdurchlässigen Spiegel. Fermionen laufen in unterschiedliche Richtungen, Bosonen dagegen in die gleiche Richtung.

das Verhalten von mindestens zwei Teilchen an einem halbdurchlässigen Spiegel ansehen. Dazu lassen wir eines der beiden Teilchen, wie im rechten Teil der Abb. 1 gezeigt, von links auf den Spiegel fallen, während das andere Teilchen von unten kommen soll. Falls die beiden Teilchen unterscheidbar sind, können wir die Gesamtsituation als Überlagerung der beiden zuvor beschriebenen Fälle betrachten. Wir erhalten damit vier mögliche Ausgänge unseres Gedankenexperiments. In einem Viertel der Fälle werden die beiden Teilchen einfach durch den Spiegel transmittiert und in einem anderen Viertel der Fälle werden beide Teilchen am Spiegel reflektiert. Diese Szenarien sind in der linken Spalte dargestellt. Obwohl in jedem dieser Fälle eines der Teilchen rechts des Spiegels und ein anderes Teilchen oberhalb des Spiegels gefunden wird, können wir die beiden Fälle wegen der Unterscheidbarkeit der Teilchen unterscheiden. In den verbleibenden beiden Fällen, die in der rechten Spalte gezeigt sind, wird eines der Teilchen reflektiert und das andere transmittiert. Somit werden beide Teilchen in einem weiteren Viertel der Fälle rechts des Spiegels gefunden, und in einem weiteren Viertel laufen beide Teilchen nach oben weg.

Während das Gedankenexperiment für unterscheidbare Teilchen also vier unterschiedliche Ausgänge haben kann, reduziert sich deren Zahl für ununterscheidbare Teilchen auf lediglich drei Ausgänge. Entweder nehmen die beiden Teilchen wie in der linken Spalte unterschiedliche Wege, wobei sich im Gegensatz zu den unterscheidbaren Teilchen nun nicht mehr sagen lässt, welches der Teilchen nach rechts und welches nach oben läuft. Wir dürfen die unterschiedlichen Farben in der Abbildung ja jetzt nicht mehr zur Unterscheidung heranziehen. Darüber hinaus gibt es noch zwei Möglichkeiten für die beiden Teilchen, hinter dem Spiegel in die gleiche Richtung zu laufen, wie es die rechte Spalte zeigt.

3   Zwei Sorten von Teilchen

Tatsächlich ist es aber nicht so, dass für eine gegebene Art von Elementarteilchen alle drei Möglichkeiten auftreten können. Vielmehr gibt es zwei grundsätzlich verschiedene Arten von Elementarteilchen, die als *Bosonen* und *Fermionen* bezeichnet werden. Fallen zwei Bosonen von verschiedenen Seiten auf einen halbdurchlässigen Spiegel, so bewegen sie sich anschließend gemeinsam in die gleiche Richtung. Bosonen haben die Tendenz sich zusammenzutun, sie sind gewissermaßen Teamplayer.

Ganz anders dagegen die Fermionen. Bei ihnen ist immer die dritte Möglichkeit realisiert. Nachdem sie auf den Spiegel getroffen sind, laufen sie in unterschiedliche Richtungen weiter. Man findet nie zwei Fermionen auf der gleichen Seite des Spiegels. Fermionen sind also eher Einzelgänger. Dabei haben die beiden beteiligten Fermionen die Möglichkeit, entweder beide reflektiert zu werden oder beide ungehindert durch den halbdurchlässigen Spiegel zu gehen.

Das unterschiedliche Verhalten der beiden Teilchensorten am halbdurchlässigen Spiegel können wir im Wellenbild durch eine Analogie mit unserer Alltagswelt verstehen. Regentropfen, die in eine Regenpfütze fallen, führen zu sich überlagernden Wellen. Dabei tritt das Phänomen der Interferenz auf, bei dem sich Wellenberge und Wellentäler gegenseitig verstärken oder auslöschen können, und so zu einem detailreichen Muster führen. Wie wir nachher noch sehen werden, kann Bosonen und Fermionen ein Vorzeichen zugeordnet werden, das ähnlich einem Wellenberg oder Wellental wirkt. Als Folge der Interferenz sind dann bestimmte der vier Möglichkeiten ausgeschlossen, die im rechten Teil der Abb. 1 dargestellt sind.

Die beiden Teilchenarten – Bosonen und Fermionen – tragen ihren Namen in Erinnerung an zwei Physiker. Der 1894 geborene indische

Physiker Satyendra Nath Bose ist Namenspatron der Bosonen. Er hatte ihre charakteristische Eigenschaft in einer Publikation, möglicherweise durch eine glückliche Fügung, vorhergesagt, ohne dabei auf die Ununterscheidbarkeit hinzuweisen. Dies fiel erst Albert Einstein bei der Lektüre des Artikels auf. Die andere Teilchenart, die Fermionen, verdanken ihren Namen Enrico Fermi, einem 1901 geborenen italienischen Physiker, der unter anderem den ersten von Menschen geschaffenen Kernreaktor in Betrieb nahm.

Alle bekannten Elementarteilchen lassen sich also einer von zwei Kategorien zuordnen. Die Bausteine der uns umgebenden Materie, Elektronen, Protonen und Neutronen, gehören zu den Fermionen. Lichtquanten, also Photonen, dagegen sind Bosonen. Interessant ist, dass bosonische Teilchen Wechselwirkungen vermitteln. So sind Photonen für die elektromagnetische Wechselwirkung, also die Kräfte zwischen geladenen Elementarteilchen, verantwortlich. Das Z^0-Boson und die beiden geladenen W-Bosonen, W^+ und W^-, vermitteln die schwache Wechselwirkung, und für die starke Wechselwirkung sind die Gluonen und in bestimmten Situationen die π-Mesonen, alles ebenfalls Bosonen, zuständig.

4   Vertauschen ununterscheidbarer Teilchen

Nun kann man sich die Frage stellen, ob es nur zwei Sorten von Teilchen gibt und an welcher Eigenschaft man sie erkennen kann. Wenden wir uns zunächst der ersten Frage zu. Schon bei der Diskussion des Verhaltens von Teilchen an halbdurchlässigen Spiegeln hatten wir gesehen, dass das unterschiedliche Verhalten von Fermionen und Bosonen erst deutlich wird, wenn man mindestens zwei gleiche Teilchen betrachtet. Stellen wir uns also vor, dass wir zwei identische Teilchen vorliegen haben.

Dann können wir die beiden Teilchen miteinander vertauschen, ohne dass sich der Unterschied in einer messbaren Weise feststellen ließe. In der Quantentheorie, die wir zur Beschreibung der Teilchen benötigen, wird der Zustand der beiden Teilchen durch eine so genannte Wellenfunktion festgelegt, die üblicherweise mit dem Buchstaben ψ bezeichnet wird. In Abb. 2 charakterisieren die Argumente der Wellenfunktion die Anordnung der Teilchen, wobei wir so tun, als könnten wir die Teilchen unterscheiden. Im Ausgangszustand ganz links befindet sich das erste Teilchen links vom zweiten Teilchen, so dass der Zustand durch die Wellenfunktion $\psi(1, 2)$ angegeben wird.

Nun vertauschen wir die beiden Teilchen, indem wir das zweite Teilchen um das erste Teilchen herumführen. Der in Abb. 2 gezeigte Faden, der das

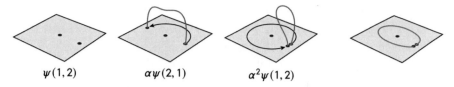

$$\psi(1,2) \qquad \alpha\psi(2,1) \qquad \alpha^2\psi(1,2)$$

Abb. 2 Beim zweimaligen Vertauschen zweier Teilchen entsteht ein Faktor α^2, der in drei Dimensionen gleich eins sein muss. In zwei Dimensionen lässt sich der Anfangszustand vom Zustand nach zweimaligem Vertauschen unterscheiden.

zweite Teilchen in Gedanken mit dem Ausgangspunkt verbindet, wird nachher noch eine Rolle spielen. Im zweiten Bild der Abb. 2 befindet sich das zweite Teilchen nun links des ersten Teilchens. Dieser Zustand wird dementsprechend durch die Wellenfunktion $\psi(2, 1)$ beschrieben. Allerdings lässt es die Quantentheorie zu, dass dabei zusätzlich noch ein konstanter Faktor auftreten kann, den wir hier mit α bezeichnen wollen. Nach dem ersten Vertauschungsschritt lautet unsere Wellenfunktion also $\alpha\psi(2, 1)$.

In einem zweiten Vertauschungsschritt führen wir das zweite Teilchen vollständig um das erste Teilchen herum. Dabei ändert sich die Anordnung der Teilchen wiederum, und wir erhalten einen weiteren Faktor α. Der neue Zustand wird also durch die Wellenfunktion $\alpha^2\psi(1, 2)$ beschrieben. Wenn wir uns den Faden, der das zweite Teilchen mit dem Anfangspunkt verbindet, als Gummifaden vorstellen, so kann sich dieser vollständig zusammenziehen. Wir können damit den Zustand nach zweimaliger Vertauschung nicht vom Ausgangszustand unterscheiden und dürfen den neuen Zustand auch einfach durch die Wellenfunktion $\psi(1, 2)$ angeben. Damit muss aber das Quadrat von α gleich 1 sein. Es gibt demnach genau zwei Möglichkeiten: α kann entweder gleich 1 sein oder es kann, wegen Minus mal Minus gleich Plus, gleich -1 sein. Wir haben es also mit zwei Klassen von Teilchen zu tun, den Bosonen, für die α gleich 1 ist, und den Fermionen, für die α gleich -1 ist. Dieser Unterschied im Vorzeichen hat direkt das unterschiedliche Verhalten von zwei Fermionen oder zwei Bosonen an einem halbdurchlässigen Spiegel zur Folge.

Der Vergleich der beiden rechten Bilder in Abb. 2, die den Zustand nach zweimaligem Vertauschen der beiden Teilchen darstellen, deutet darauf hin, dass das Ergebnis in drei Dimensionen nicht auf eine Welt übertragbar ist, die nur zwei räumliche Dimensionen besitzt. In drei Dimensionen konnten wir nämlich argumentieren, dass sich der Faden, der das zweite Teilchen mit dem Ausgangspunkt verbindet, über das erste Teilchen hinweg zusammenziehen lässt. In einem zweidimensionalen Raum ist dies jedoch nicht möglich. Der Zustand nach zweimaligem Vertauschen lässt sich von dem ursprünglichen Zustand durch eine Windungszahl unterscheiden, die angibt, wie oft der Faden um das erste Teilchen herumgeführt wurde. Damit ist unsere vorige Argumentation dafür, dass es nur Bosonen und Fermionen geben kann, in einer zweidimensionalen Welt hinfällig. Dort kann es weitere Teilchen geben, die man zusammenfassend als Anyonen vom Englischen *any* für „irgendein" bezeichnet.

Auch in unserer dreidimensionalen Welt können diese Anyonen unter bestimmten Umständen eine Rolle spielen, wenn auch nicht als echte Teilchen, sondern als so genannte Quasiteilchen. Zwingt man Elektronen dazu, sich in geeignet geschichteten Halbleiteranordnungen in einer Ebene zu bewegen, so kann die Vorstellung von Anyonen zum Beispiel helfen, das Verhalten solcher Systeme in einem senkrecht zur Ebene stehenden Magnetfeld beim fraktionalen Quanten-Hall-Effekt zu verstehen.

5   Fermionen, Bosonen und ihr Spin

Nachdem uns diese eher formale Betrachtung gezeigt hat, dass es in unserer dreidimensionalen Welt nur Fermionen und Bosonen geben kann, wollen wir uns der Frage zuwenden, ob es eine experimentell zugängliche Eigenschaft gibt, an der man schon an einem einzigen Teilchen erkennen kann, ob es sich um ein Fermion oder ein Boson handelt. Dies ist in der Tat der Fall: Fermionen haben einen halbzahligen Spin, während der Spin von Bosonen immer ganzzahlig ist. Der Spin kann als Drehimpuls verstanden werden, wie wir ihn beispielsweise von einem sich um seine Achse drehenden Ball kennen. Allerdings weist der Spin als Quanteneigenschaft ein paar Besonderheiten auf.

So besitzen Elektronen einen Spin, obwohl sie nach allem, was wir wissen, punktförmig sind und sich daher nicht um sich selbst drehen können. Zudem kann der Spin nur halb- oder ganzzahlige Vielfache des Planck'schen Wirkungsquants betragen, wobei man üblicherweise verkürzt von einem halb- oder ganzzahligen Spin spricht. Für ein klassisches Objekt wie den angesprochenen, sich drehenden Ball dagegen kann der Drehimpuls beliebige Werte annehmen, indem man seine Drehgeschwindigkeit entsprechend einstellt. Eine solche Einstellung ist beim Spin nicht möglich, da es sich um eine feste Eigenschaft des betreffenden Teilchens handelt, genauso wie seine Masse oder seine Ladung. Man spricht daher auch gerne von einem Eigendrehimpuls.

Bei geladenen Elementarteilchen wie dem Elektron oder dem Proton, aber auch bei dem aus geladenen Quarks bestehenden, aber elektrisch neutralen Neutron, geht der Spin mit einem magnetischen Moment einher. Dieses kann man sich wie einen Elementarmagneten vorstellen, der sich relativ zu einem Magnetfeld in einer von mehreren, von der Größe des Spins abhängigen Anzahl von Richtungen einstellen kann. Damit wird der Spin in diesen Fällen experimentell zugänglich.

Auch wenn wir bei unseren Betrachtungen zunächst in erster Linie an Elementarteilchen gedacht haben, lassen sich diese Ideen auch auf zusammengesetzte Quantenobjekte, zum Beispiel Atomkerne, übertragen. Zur Illustration betrachten wir den einfachsten zusammengesetzten Atomkern, den des Heliumatoms. Es gibt zwei stabile Isotope des Heliums. Weitaus am häufigsten ist das Isotop, das aus zwei Protonen und zwei Neutronen besteht, das Helium-4. Da sowohl Protonen als auch Neutronen einen halbzahligen Spin tragen, ist der Spin des Helium-4 ganzzahlig. Es handelt sich damit um ein Boson. Das seltenere Isotop, Helium-3, besitzt ein Neutron weniger und ist damit ein Fermion. Dieser Unterschied macht sich in den unterschiedlichen physikalischen Eigenschaften von Helium-3 und Helium-4 bei tiefen Temperaturen bemerkbar.

6 Fermionen und Bosonen besetzen Quantenzustände verschieden

Um besser zu verstehen, was für fundamentale Auswirkungen die Existenz von Fermionen und Bosonen und damit die Ununterscheidbarkeit der Bausteine der Materie zur Folge haben, müssen wir uns das unterschiedliche Verhalten von unterscheidbaren Teilchen einerseits und Fermionen sowie Bosonen andererseits anschen. Um die Diskussion möglichst einfach zu halten, betrachten wir zwei Teilchen und verteilen sie auf zwei Quantenzustände. Wir können uns dabei auch vorstellen, dass wir zwei Murmeln auf zwei Schachteln verteilen, wobei wir es aber auch mit Quantenmurmeln zu tun haben, die sich wie Fermionen oder wie Bosonen verhalten.

Abb. 3 zeigt, wie unterschiedlich sich die drei verschiedenen Teilchenarten verhalten. Beginnen wir mit zwei unterscheidbaren Teilchen, also Objekten, wie wir sie aus unserem Alltag gewohnt sind. Um die Unterscheidbarkeit zu verdeutlichen, verwenden wir unterschiedlich gefärbte Punkte. Die waagrechten Linien deuten die beiden Zustände an, auf die wir die Teilchen verteilen können. Da wir jedes der beiden Teilchen beliebig einem der beiden

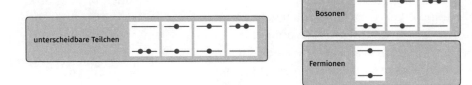

Abb. 3 Besetzungsmöglichkeiten für zwei Zustände in der klassischen Physik (links) und der Quantenphysik (rechts) für Bosonen und Fermionen.

Zustände zuordnen können, ergeben sich insgesamt die vier dargestellten Möglichkeiten.

Rechts in der Abb. 3 sind die Besetzungsmöglichkeiten für ununterscheidbare Teilchen dargestellt. Die zweite und dritte Möglichkeit für unterscheidbare Teilchen lassen sich nun nicht mehr unterscheiden, und so erhalten wir für Bosonen nur noch drei verschiedene Möglichkeiten, zwei Bosonen auf zwei Zustände zu verteilen.

Für Fermionen reduziert sich die Zahl der Möglichkeiten weiter. Von unseren Überlegungen zum Verhalten ununterscheidbarer Teilchen an einem halbdurchlässigen Spiegel wissen wir, dass sich Fermionen wie Einzelgänger verhalten. Dies hat zur Folge, dass wir in jeden der beiden Zustände höchstens ein Fermion setzen können. Damit bleibt uns von ursprünglich vier denkbaren Möglichkeiten eine einzige übrig. Das nach dem Physiker Wolfgang Pauli benannte *Pauli-Prinzip* besagt, dass ein Quantenzustand höchstens von einem Fermion besetzt werden kann. Eine der Konsequenzen hiervon wollen wir uns nun ansehen.

7   Von den ununterscheidbaren Elektronen zu chemischen Elementen

Schon lange vor der Entwicklung der Quantenphysik, die erst ein Verständnis des Aufbaus von Atomen ermöglichte, wurde versucht, die bekannten chemischen Elemente in einem Schema sinnvoll anzuordnen. Diese Bemühungen gipfelten in einer Publikation von Dmitri Mendelejew aus dem Jahre 1869, in der er sein Periodensystem der Elemente vorstellte. Die ersten drei Perioden sind in einer modernen Anordnung oben in Abb. 4 dargestellt. Die untereinander angeordneten Elemente gehören jeweils zu einer Gruppe. Die kleine Lücke zwischen der zweiten und dritten Gruppe soll andeuten, dass bei den schwereren, hier nicht dargestellten Elementen weitere Gruppen in dieser Lücke eingefügt werden. Für unsere Zwecke genügt jedoch die Beschränkung auf drei Perioden.

Für das chemische Verhalten der Atome sind die negativ geladenen Elektronen relevant, die an den positiv geladenen Atomkern gebunden sind und sich in bestimmten Quantenzuständen befinden können. Diese Zustände sind, wie schon in Abb. 3, im unteren Teil der Abb. 4 durch die waagrechten Striche dargestellt. Rechts ist die räumliche Struktur der zugehörigen Elektronenverteilung angedeutet. Dabei unterscheiden wir hier zwischen den kugelsymmetrischen s-Zuständen und den p-Zuständen, die eine Ebene besitzen, in der das Elektron nie anzutreffen ist.

Von unten nach oben nimmt die Energie der Zustände zu, wobei die Darstellung hier nicht maßstabsgetreu, sondern lediglich schematisch ist. Farblich angedeutet sind die drei Schalen, die mit den Zahlen 1 bis 3 durchnummeriert sind. In höheren Schalen befindet sich das Elektron weiter vom Atomkern entfernt als in den niedrigeren Schalen.

Im so genannten Grundzustand befinden sich die Elektronen in einem energetisch möglichst niedrigen Zustand. Hier ist es nun entscheidend, ob es sich bei Elektronen um Fermionen oder Bosonen handelt. Wären Elektronen Bosonen, würden sie einfach das niedrigste Energieniveau, den 1s-Zustand, bevölkern. Wir wissen aber bereits, dass Elektronen Fermionen sind und für sie das Pauli-Prinzip gilt, nach dem jeder Zustand höchstens von einem Fermion besetzt werden kann. Allerdings müssen wir noch berücksichtigen, dass Elektronen einen Spin tragen, der zwei verschiedene Einstellungen zulässt, die als unterschiedliche Zustände zählen. Wir können also in jedem Energiezustand bis zu zwei Elektronen mit unterschied-

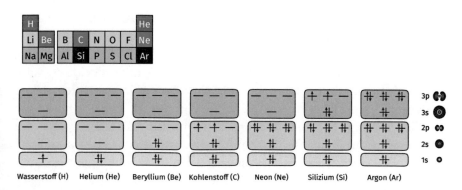

Abb. 4 Ausschnitt aus dem Periodensystem der Elemente und Besetzung der Energieniveaus für ausgewählte Elemente.

licher Spineinstellung, die wir durch nach oben und unten gerichtete Pfeile andeuten, unterbringen.

Nun können wir beginnen, die Zustände mit Elektronen zu besetzen. Das Wasserstoffatom besitzt ein einziges Elektron, das wir in den 1s-Zustand setzen, um eine möglichst geringe Energie zu erzielen. Gehen wir in der ersten Periode nach rechts zum Helium, so müssen wir zwei Elektronen verteilen. Wegen des Spins kommen beide im 1s-Zustand unter. Da es keine 1p-Zustände gibt, ist die erste Schale damit gefüllt. Dies hat zur Konsequenz, dass das Heliumatom keine chemische Bindung eingehen kann.

Gehen wir im Periodensystem eine Zeile weiter, so haben wir vier weitere Orbitale zur Verfügung, die wir mit insgesamt acht Elektronen besetzen können. In dieser Periode finden wir also acht verschiedene chemische Elemente, vom Lithium bis zum Neon. Bewegt man sich entlang dieser Periode, so wird zunächst der 2s-Zustand sukzessive gefüllt, der beim Beryllium die maximal erlaubten zwei Elektronen enthält. Danach werden die 2p-Zustände aufgefüllt. Das für die belebte Natur so wichtige Kohlenstoffatom besitzt dort zwei Elektronen. Füllt man die zweite Schale vollständig auf, kommt man bei einem weiteren Edelgas, dem Neon an, das wie das über ihm stehende Helium keine chemische Bindung eingeht.

Unter dem Kohlenstoff steht in der dritten Periode das Silizium, das in seiner äußersten, der dritten Schale die gleiche Elektronenkonfiguration aufweist wie der Kohlenstoff in der zweiten Schale. Daraus resultiert eine chemische Verwandtschaft und es wird gelegentlich spekuliert, dass Leben auch auf der Basis von Silizium möglich sein könnte. Allerdings bedeutet die übereinstimmende Elektronenkonfiguration in der äußersten Schale nicht, dass das chemische Verhalten vollkommen gleich ist. Der Weg durch die dritte Periode des Periodensystems endet mit einem weiteren Edelgas, Argon, bei dem auch die dritte Schale vollständig aufgefüllt ist.

Von der beschriebenen Elektronenstruktur der Atome und den damit verbundenen Konsequenzen für deren chemisches Verhalten bliebe nichts übrig, wenn Elektronen wie Alltagsgegenstände unterscheidbar wären oder es sich bei ihnen um Bosonen handeln würde. Dann würden sich im Grundzustand sämtliche Elektronen im 1s-Zustand befinden, und es gäbe nicht die vielfältige Chemie, die die Welt, in der wir leben, prägt. Insbesondere wäre auf Kohlenstoffverbindungen basierendes Leben unmöglich, da organische Moleküle nicht existieren würden. Wir sollten also froh sein, dass Elektronen nicht unterschieden werden können.

8   Ausblick

Die Ununterscheidbarkeit ist eine wesentliche Eigenschaft von Quantenteilchen mit erheblichen Konsequenzen für unsere Alltagswelt, wie wir gerade an der Existenz chemischer Elemente als vielleicht besonders prägnantem Beispiel gesehen haben. Es wird nicht überraschen, dass der Unterschied zwischen Fermionen und Bosonen, der sich bei der Besetzung von Quantenzuständen durch diese Teilchen äußert, Einfluss auf das Verhalten verschiedenster Quantensysteme hat. Dabei kann es sich durchaus auch um sehr große Objekte handeln wie zum Beispiel Neutronensterne. Diese eher exotischen Objekte im Kosmos bestehen aus Neutronen, also Fermionen, die aufgrund des Pauli-Prinzips den Neutronenstern stabilisieren.

Die Aufteilung der Elementarteilchen in Fermionen und Bosonen, die wir kurz angesprochen hatten, scheint für eine Art Zwei-Klassen-Gesellschaft zu sorgen. Allerdings werden schon seit etwa 50 Jahren supersymmetrische Modelle der Elementarteilchenphysik diskutiert, in denen jedes fermionische Elementarteilchen einen bosonischen Partner und umgekehrt besitzt. Ob diese supersymmetrischen Partner tatsächlich existieren, ist derzeit jedoch noch eine offene Frage und so haben Fermionen und Bosonen nicht nur Auswirkungen in unserer Alltagswelt, sondern sorgen weiterhin für spannende physikalische Fragestellungen.

Weiterführende Literatur

Gert-Ludwig Ingold und Astrid Lambrecht: *Die 101 wichtigsten Fragen – Moderne Physik*, C. H. Beck, München (2008).

Holger Lyre: Quanten-Identität und Ununterscheidbarkeit. In: Cord Friebe, Meinard Kuhlmann, Holger Lyre, Paul M. Näger, Oliver Passon und Manfred Stöckler, *Philosophie der Quantenphysik*, zweite Aufl., Springer Spektrum, Berlin (2018).

Lichtteilchen?
Ein Versuch, etwas Licht auf Photonen zu werfen

Oliver Passon

1   Einleitung

Vor einigen Jahren fragte ich den Sohn von Freunden, was gerade in seinem Physikunterricht behandelt würde. Die Antwort lautete: „Wir nehmen gerade ‚Licht' durch". Aber, so ergänzte er mit einem Ausdruck des Bedauerns, die Lehrerin mache das „nicht richtig", denn „Photonen würden gar nicht vorkommen". Vermutlich hatte ich es hier mit einem besonders (neunmal-)klugen Sechstklässler zu tun. Dennoch belegt diese Anekdote sehr schön, wie der Begriff des Photons das allgemeine Bewusstsein erobert hat. Nicht selten dürfte man die Vorstellung antreffen, Licht bestehe eigentlich aus einem Strom dieser winzigen „Lichtteilchen" und lediglich ihre Kleinheit hätte verhindert, dass dies nicht schon früher aufgefallen sei. In diesem Beitrag möchte ich zeigen, wie grob irreführend diese Vorstellung ist.

Im Physikunterricht zeichnet man natürlich grob die historische Entwicklung nach und beginnt im Anfängerunterricht mit der Behandlung von „Licht und Schatten" durch die geometrische Optik (sicherlich war dies der Inhalt des Unterrichts, von dem mir der Junge berichtete). In diesem Modell lassen sich einfache Schattenbilder, aber auch Streuung, Reflexion und Brechung (d. h. die Ablenkung von „Lichtstrahlen" beim Über-

O. Passon (✉)
AG Physik und ihre Didaktik, Universität Wuppertal, Wuppertal, Deutschland
E-Mail: passon@uni-wuppertal.de

gang in ein anderes Medium) einfach erklären.[1] Die geometrische Optik, also das Modell von Lichtstrahlen, ist ein mächtiges Werkzeug. Aus der Brechung folgt zwanglos die Behandlung von Linsen und damit die gesamte Abbildungsoptik für optische Instrumente (Lupe, Fernrohr, Mikroskop etc.).

Aber die geometrische Optik stößt auch an Grenzen. Zum Beispiel dürften in diesem Modell optische Instrumente keiner prinzipiellen Auflösungsgrenze unterliegen, denn es beschreibt Punkt-zu-Punkt Abbildungen zwischen Gegenstand und Bild. Bekanntlich beschränken „Beugung" (d. h. die Ausbreitung in den geometrischen Schattenraum) sowie „Interferenz" (die periodische Verstärkung und Auslöschung) das Auflösungsvermögen optischer Instrumente jedoch prinzipiell (Abbe 1873).[2] Beugung und Interferenz sind nun aber die Kronzeugen für das Wellenmodell des Lichts, das die Strahlenoptik als Grenzfall enthält, falls die Größe der streuenden Objekte deutlich über der Wellenlänge liegt. Etwas später identifiziert der Physikunterricht diese Lichtwellen dann mit der elektromagnetischen Strahlung – der sichtbare Bereich entspricht Wellenlängen von ca. 400 bis 650 nm (nm = Nanometer = Milliardstelmeter).

Aber auch das Wellenmodell besitzt Grenzen. Die meisten Darstellungen auf populärem oder Schulbuchniveau behaupten an dieser Stelle, dass gemäß der Quantentheorie das Licht *sowohl* wellen- *als auch* teilchenartige Eigenschaften aufweise und das entsprechende „Lichtteilchen" eben das Photon sei.[3] Unter der Rubrik „Quantenobjekt" werden hier (also

---

[1] Aber wirklich „anschaulich" möchte man diese Erklärungen auch nicht nennen, denn wie Licht an einem Hindernis „geblockt", an einem Spiegel „reflektiert" oder beim Eintritt in Wasser „gebrochen" wird, lässt sich gar nicht beobachten (also „anschauen"). Der tatsächlich wahrgenommene Eindruck entspricht natürlich nicht diesen „mechanischen" Vorstellungen, sondern eher dem Folgenden: Im Schattenraum kann die Lampe nicht mehr gesehen werden, im Spiegel habe ich den Blick in einen „Spiegelraum", in dem zwar die gleichen optischen Gesetze gelten, die Objekte jedoch nicht mehr berührt werden können, und beim Blick ins Wasser erscheint mir die Ansicht „gehoben". Eine solche „phänomenologische Optik" bzw. „Optik der Bilder" (Maier 1993), die auf die identischen objektiven Gesetze führt, aber dennoch das erlebende Subjekt in den Mittelpunkt stellt, wird leider nur an wenigen (Waldorf-)Schulen gepflegt.

[2] Damit klingt bereits hier das Motiv der „Erkenntnisgrenze" an, das innerhalb der Quantenphysik eine noch größere Rolle spielt. Es existieren jedoch auch Methoden der sog. Superauflösungsmikroskopie, die es erlauben, die Beugungsgrenze von Abbe zu umgehen (Passon und Grebe-Ellis 2016). Es ist nicht ohne Ironie, dass einige dieser Verfahren gerade Quanteneigenschaften der Licht-Materie-Wechselwirkung ausnutzen. Hier ist es also die vorgeblich „unbestimmte" neue Physik, die eine genauere Auflösung liefert, als die „alte Physik".

[3] Einstein führt 1905 den Begriff „Lichtquant" ein und ab ca. 1926 setzte sich die Sprechweise „Photon" durch. Die Literatur enthält in der Regel den Hinweis, dass der amerikanische Chemiker Gilbert Lewis 1926 den Begriff „Photon" erfunden hat. Dies ist nicht ganz richtig, denn bereits 1916 taucht er in einer Arbeit des Physikers und Psychologen Leonard T. Troland auf (Kragh 2014). Ich verwende im Folgenden die Ausdrücke „Lichtquant", „Lichtteilchen" oder „Photon" synonym. Der entscheidende Unterschied betrifft vielmehr das „Photon der aktuellen Fachwissenschaft" und das „Photon" bzw. „Lichtquant" der populären und didaktischen Diskussion.

etwa in Lehrplänen oder Schulbüchern) Elektronen und Photonen gerne parallelisiert und das Narrativ hat eine enorme Schlüssigkeit: Genauso, wie die ursprünglich teilchenhaft gedachten Elektronen im Zuge der Quantenmechanik mit „wellenartigen" Eigenschaften ausgestattet werden mussten, wurden am ursprünglich wellenartig vorgestellten Licht „teilchenhafte" Eigenschaften entdeckt.

Welche Experimente waren es nun, die diese (auch) „teilchenhafte" Natur des Lichts begründet haben? Hier wird fast immer der lichtelektrische Effekt ins Treffen geführt. Bestrahlt man z. B. eine (gut geschmirgelte) Zinkplatte mit dem Licht einer Bogenlampe, lösen sich Elektronen aus dem Metall heraus. Die Energie dieser Photoelektronen ist proportional zur Frequenz des eingestrahlten Lichts (und hängt nicht von seiner Intensität ab). Nach üblicher Darstellung war es Einstein, der 1905 diese Eigenschaft erklärte (genauer: vorhersagte), indem er die fünf Jahre zuvor von Max Planck in einem anderen Zusammenhang eingeführten Energieelemente $\varepsilon = h \cdot \nu$ (mit h dem Planck'schen Wirkungsquantum und ν der Frequenz) zu „Lichtquanten" mit der Energie $E = h \cdot \nu$ umdeutete. Als weitere Stützen dieser Lichtquantenhypothese wird ebenfalls oft das Bohr'sche Atommodell von 1913 zitiert, bei dem Elektronen Strahlung aussenden, die der Bohr'schen Frequenzbedingung $\Delta E = h \cdot \nu$ genügt. ΔE bezeichnet hier die Energiedifferenz zwischen den stationären Bahnen, zwischen denen das Elektron wechselt). Schließlich war es aber (wiederum nach üblicher Auffassung) der sog. Compton-Effekt, der 1922/23 die letzten Zweifler davon überzeugte, dass es Photonen tatsächlich gibt.[4]

Sehr häufig wird zur Erläuterung des Photon-Begriffs aber auch gar nicht historisch argumentiert, sondern das berühmte Doppelspalt-Experiment zitiert. Seine Durchführung – so das Argument – führe auch bei einer sehr schwachen Lichtquelle („nur ein Photon pro Minute") auf das bekannte Interferenzmuster, wenn man den Schirm ausreichend lange belichtet. Die Quantenmechanik würde jedoch die „Wahrscheinlichkeit" der diskreten Auftrefforte vorhersagen. Nach dieser häufig anzutreffenden Darstellung besitzt das Photon also eine Wahrscheinlichkeitsinterpretation, wie sie 1926 von Max Born für die Wellenfunktion des Elektrons vorgeschlagen wurde.

Charakterisiert ein Autor eine Darstellung jedoch so penetrant als „üblich", „verbreitet" oder „häufig anzutreffen", wie ich es hier tue,

---

[4] Der Compton-Effekt besteht in der Streuung von Röntgenstrahlung an Elektronen, bei denen (abhängig vom Streuwinkel) eine charakteristische Wellenlängenveränderung auftritt. Arthur H. Compton (und ebenfalls Peter Debye) gelang es, diesen Vorgang als Stoß zwischen teilchenhaften Photonen und Elektronen zu beschreiben.

möchte er sich in der Regel von ihr distanzieren. Dies ist hier ebenso, denn die obige Skizze weist zahlreiche historische und fachliche Mängel auf. Nun ist natürlich unbestritten, dass populäre und didaktische Darstellungen ihren Gegenstand vereinfachen müssen. Historische und fachliche Genauigkeit sind kein Selbstzweck, und falls der Anspruch auf sie den Gegenstand unverständlich macht, geht jeder Lern- und Bildungswert erst recht verloren. Im Falle der obigen Photon-Erzählung vermengen sich jedoch so viele unnötige Legenden, Halb- und Unwahrheiten, dass hier kaum etwas Lernenswertes übrig bleibt. Dieser Beitrag versucht, einige dieser Schwierigkeiten zu korrigieren und schließlich Vorschläge für eine angemessenere Darstellung zu machen.[5]

Bevor die Diskussion im Folgenden kleinteilig wird, soll das Grundproblem bereits in der Einleitung kurz geschildert werden. Die gesamte oben skizzierte Darstellung bezieht sich auf die Frühphase der Quantentheorie und stellt höchstens den Bezug zur nichtrelativistischen Schrödinger-Gleichung von 1926 (und der Wahrscheinlichkeitsdeutung der Wellenfunktion) her, während die relativistische Verallgemeinerung der Quantentheorie erst später erfolgte (und z. B. in der Schule gar nicht behandelt wird). „Nichtrelativistisch" bedeutet jedoch, dass die Theorie nur auf Erscheinungen angewendet werden kann, deren Geschwindigkeiten klein im Vergleich zur Lichtgeschwindigkeit (im Vakuum) sind ($v \ll c$). „Licht" pflanzt sich jedoch (man traut sich kaum darauf hinzuweisen) mit Lichtgeschwindigkeit fort. In diesem Sinne muss das „Photon" also ein Fremdkörper im Curriculum der nichtrelativistischen Quantenmechanik bleiben und seine Darstellung ungenügend sein.

Die „üblichen" Darstellungen tun schließlich so, als ob sie die Entdeckung und Konsolidierung des aktuellen Photon-Konzepts schildern würden. Dieses „aktuelle" Photon findet seine fachwissenschaftliche Begründung aber erst in der später entwickelten relativistischen Quantenfeldtheorie des Elektromagnetismus (Quantenelektrodynamik oder kurz QED genannt). Man spricht auch davon, dass in dieser Theorie das Strahlungsfeld „quantisiert" wird.

Nun ließe sich einwenden, dass physikalische Begriffe natürlich immer einer Entwicklung unterworfen seien, die auch zu einer Bedeutungsverschiebung führen könne. Dem ist nicht zu widersprechen. Auch das

---

[5] Kritik an der herkömmlichen Einführung des Photon-Konzepts ist dabei alt – aber scheinbar folgenlos; siehe etwa Scully und Sargant (1972), Simonsohn (1981), Strnad (1986a), Kidd et al. (1989) und Jones (1991).

„Elektron", das Joseph J. Thomson 1897 „entdeckt" hat, wurde zunächst ganz anderes konzeptualisiert, als das „Elektron" der späteren Quantenmechanik oder Quantenfeldtheorie.[6] Aber, und dies ist der entscheidende Unterschied, die von J. J. Thomson untersuchte „Kathodenstrahlung" ist auch nach heutigem Verständnis ein Phänomen, dessen Erklärung auf „Elektronen" rekurriert. Die oben geschilderten Effekte (Lichtelektrischer und Compton-Effekt) liefern aber nach heutigem Verständnis überhaupt keinen Anlass, das elektromagnetische Feld zu quantisieren und sie können ohne jeden Bezug auf „Photonen" erklärt werden. Und schließlich werden wir auch sehen, dass das Photon (des aktuellen Verständnisses) fundamental andere Eigenschaften als das Elektron der Quantenmechanik besitzt. Ihre Parallelisierung verleitet deshalb zu vollständig falschen Vorstellungen über das Licht.

2 Die (Quasi-)Geschichte des Photons

Nach dieser Vorrede will ich mich nun den etwas verwickelten Details dieser Geschichte zuwenden. Dadurch wird an einigen Stellen auch deutlich werden, wie diese Missverständnisse (Whitaker (1979) nennt diese Verzerrungen in Lehrbüchern „Quasigeschichte") entstehen konnten. Zunächst wende ich mich den historischen Darstellungen zu, bevor ich in Abschn. 2.5 auf das Doppelspaltexperiment eingehe.

2.1 Plancks Energiequanten haben nichts mit Einsteins Lichtquanten zu tun

Die Legende will es, dass Albert Einstein (1905) die Energiequanten Plancks (die zunächst bloß diskrete Anregungszustände in einem Festkörper waren) zu Lichtquanten umgedeutet hat. Richtig ist, dass Planck 1900 die diskreten „Energieelemente" $\varepsilon = h \cdot \nu$ eingeführt hat, um sein Gesetz für die Energieverteilung der Schwarzköperstrahlung herzuleiten.[7] Unrichtig ist jedoch, dass Einstein sich 1905 in seiner Lichtquantenarbeit auf die Planck'sche

---

[6] Kurioserweise wurde George P. Thompson 1937 der Physik-Nobelpreis für den Nachweis der Elektronenbeugung verliehen. Es war also der Sohn, der (vereinfacht ausgedrückt) zeigte, dass das vom Vater gefundene „Teilchen" eigentlich eine „Welle" ist.

[7] Durchaus umstritten ist dabei, ob Planck zu diesem Zeitpunkt den Rahmen der Kontinuumsphysik bereits verlassen hat (siehe Passon und Grebe-Ellis (2017) für eine Darstellung der Debatte in der Physikgeschichte).

Strahlungsformel bezogen hat. Die simple Lektüre dieser Arbeit (offensichtlich wird sie oft zitiert, aber selten gelesen) zeigt, dass Einstein 1905 noch nicht einmal die Planck'sche Konstante h verwendet hat.[8] Stattdessen beruht sein Argument für „Lichtquanten" auf dem sog. Wien'schen Strahlungsgesetz (von Willy Wien (1896) vorgeschlagen). Dieses Gesetz galt als korrekte Beschreibung des Spektrums, bevor im Sommer 1900 neue Daten im Bereich niedriger Frequenzen deutlich davon abwichen (und Planck veranlassten, das nach ihm benannte Strahlungsgesetz zu entwickeln).

Einstein bezog sich deshalb in seiner Arbeit von 1905 auch ausdrücklich gar nicht auf Licht im Allgemeinen, sondern bloß auf die Strahlung im Gültigkeitsbereich des Wien'schen Gesetzes. Unter dieser Einschränkung leitete Einstein dann mit einem raffinierten statistischen Argument seine „Lichtquanten" her, die sich wie die Teilchen eines „klassischen" Gases zu verhalten schienen, nämlich „unterscheidbar" und „lokalisierbar" waren. Diese beiden „klassischen" Eigenschaften besitzt das Photon des aktuellen fachwissenschaftlichen Verständnisses aber gerade nicht.[9] Während die Lichtquantenhypothese von Einstein (mit Recht) als „sehr revolutionär" angesehen wurde, war sie in dieser Hinsicht doch noch zu vorsichtig.

2.2   Lokalisierbarkeit und Ununterscheidbarkeit

Ich möchte noch genauer erläutern, was diese Eigenschaften eigentlich bedeuten: „Lokalisierbar" meint natürlich einfach, dass man einem Objekt einen (wenigstens unscharfen) Ort zuschreiben kann. Tatsächlich haben Wigner und Newton (1949) aber gezeigt, dass Photonen gar keinen „Ortsoperator" besitzen (siehe den Beitrag von Manfred Stöckler in diesem Band für eine Erklärung des Begriffs „Operator"). Damit hat die Frage nach dem Ort nicht bloß keine eindeutige Antwort, sondern kann noch nicht einmal

---

[8] Richtig ist jedoch, dass er einen mathematisch äquivalenten Ausdruck für h verwendete – die „Lichtquantenformel" $E = h \cdot \nu$ taucht also nicht der Form, aber der Sache nach, bei Einstein (1905) durchaus auf. Wie ist es aber möglich, dass man mit einem Strahlungsgesetz von 1896 eine quantentheoretische Vorhersage über Strahlung herleiten kann? Technisch gesprochen liegt dies daran, dass das Planck'sche Strahlungsgesetz im Grenzfall hoher Frequenzen das Wien'sche Gesetz enthält.

[9] Der Begriff der „klassischen Physik" ist nicht unproblematisch, worauf vor allem von Richard Staley (2005) hingewiesen wurde. Man sollte bei seiner Verwendung bedenken, dass es sich um eine analytische Kategorie handelt, die erst in der Rückschau jeweilige Gemeinsamkeiten und Unterschiede hervorhebt (und gelegentlich auch überbetont). Es ist deshalb auch schon der Vorschlag gemacht worden, auf den Begriff „klassische Physik" ganz zu verzichten. Da ich im Folgenden jedoch unter anderem ein Konzept diskutiere, für das sich der Name „semi-klassische Näherung" eingebürgert hat, kann ich hier diesem Vorschlag nicht sinnvoll nachkommen.

sinnvoll gestellt werden (auf diesen Punkt werde ich in Abschn. 2.5 sowie in 3 noch einmal zurückkommen).

„Ununterscheidbar" (das ist wirklich kein Tippfehler und das Wort beginnt mit „unun"!) nennt man Objekte, bei denen das Vertauschen auf keinen physikalisch unterscheidbaren Zustand führt. Mit anderen Worten: Diese Objekte besitzen keine „Identität".[10] Photonen sind nach aktuellem Verständnis aber gerade solch „ununterscheidbare" Objekte. Bereits 1914 konnten Paul Ehrenfest und Heike Kamerlingh-Onnes zeigen, dass aus solchen statistischen Gründen die Energiequanten des Planck'schen Strahlungsgesetzes und die Lichtquanten Einsteins nicht verwechselt werden dürfen (siehe Ehrenfest und Kamerlingh-Onnes (1915) für die ein Jahr später veröffentlichte deutsche Fassung).

Allem Anschein nach verhinderte der erste Weltkrieg, dass diese Forschungsrichtung weiter verfolgt wurde und erst durch die Zufallsentdeckung des indischen Physikers Satyendra Nath Bose im Jahr 1924 wurden diese Fragen der „Quantenstatistik" schließlich aufgeklärt. Es zeigte sich, dass die Planck'sche Strahlungsformel aus der besonderen Statistik der ununterscheidbaren Lichtquanten hergeleitet werden kann (der sog. Bose-Einstein-Statistik für „Teilchen" mit ganzzahligem Spin – sog. „Bosonen"), während das Wien'sche Strahlungsgesetz gerade auf der Statistik unterscheidbarer Teilchen beruht.

Im Übrigen sind auch die Elektronen ununterscheidbare (d. h. nicht individuierbare) Objekte, aber weil ihr Spin halbzahlig ist (solche Objekte werden „Fermionen" genannt), genügen sie einer anderen Form der Quantenstatistik („Fermi-Dirac-Statistik").

Die Quantenstatistik ist ein schwieriges Thema (vgl. dazu den Beitrag von Gert-Ludwig Ingold in diesem Band), aber auf einen Punkt muss ich doch noch kurz eingehen. Der Unterschied zwischen Bosonen (also z. B. Photonen) und Fermionen (also z. B. Elektronen) ist fundamental. Während Bosonen dieselben Zustände in beliebig großer Zahl besetzen können, kann bei Fermionen jeder Zustand eines Systems nur höchstens einfach besetzt sein. Diese Tatsache liegt etwa der quantenphysikalischen Erklärung des Periodensystems der Elemente zugrunde. Dort werden bekanntlich die möglichen Zustände der Atome mit Elektronen „aufgefüllt" und jeder Zustand ist höchstens einfach besetzt. Unterlägen Elektronen dieser Beschränkung (auch „Pauli-Verbot" genannt) nicht, wären in der Regel die meisten Elektronen im Grundzustand versammelt und die uns umgebende Welt sähe

---

[10] Gelegentlich trifft man auch die Sprechweise von „identischen Teilchen" an. Diese ist aber nicht gut.

vollständig anders aus. Die chemischen Elemente (wie wir sie kennen) wären allesamt instabil. Photonen unterliegen als Bosonen nicht diesem Pauli-Verbot. Auf diese Weise können beliebig viele Photonen denselben Zustand bevölkern. Es ist gerade diese Eigenschaft, die verständlich macht, dass Licht in klassischer Näherung durch eine Welle (mit – vereinfacht ausgedrückt – beliebig vielen Photonen in jeder Schwingungsmode) beschrieben werden kann – während Elektronen in klassischer Näherung als diskrete Teilchen erscheinen.[11]

2.3   Zur Rolle des lichtelektrischen Effekts

In der Literatur firmiert die Einstein'sche Lichtquanten-Arbeit von 1905 oft als „Arbeit über den lichtelektrischen Effekt"; so als ob dieser Gegenstand eine zentrale Rolle in der Arbeit gespielt hätte. Dies ist ebenfalls nicht zutreffend, denn dieser Effekt (auch Photoelektrischer oder kurz Photoeffekt genannt) wird von Einstein bloß am Rande (als eine von drei möglichen Anwendungen) erwähnt.[12]

Dieser Einwand erschiene jedoch kleinlich, wenn dieser Effekt tatsächlich erlauben würde, den Nachweis über Lichtquanten zu führen. Im Jahr 1916 konnte Robert Millikan tatsächlich die Einstein'sche Vorhersage für den Zusammenhang zwischen Geschwindigkeit der Elektronen und Frequenz der Strahlung bestätigen. Verblüffenderweise machte dies aber noch nicht einmal Millikan zu einem Anhänger der Lichtquantenhypothese und diese Eigenschaft des Photoeffekts hatte damals auch konkurrierende Erklärungsansätze. Über lange Zeit hatte die Lichtquantenhypothese anscheinend bloß wenige Anhänger – zu offensichtlich war ihr Widerspruch mit den bekannten Interferenzerscheinungen.

---

[11] Rudolf Peierls (selber ein Pionier der Quantenphysik) beschreibt genau diesen Unterschied in seinem schönen Buch „Surprises in Theoretical Physics" von 1979. In Abschn. 1.3 („waves and particles") erinnert er zunächst daran, dass der Welle-Teilchen-Dualismus von Licht und Materie in der Frühzeit der Theorie eine bedeutende heuristische Rolle gespielt hat. „Es mag deshalb überraschen", schreibt er, „dass die Analogie zwischen Licht und Materie sehr bedeutenden Einschränkungen unterliegt" (S. 10, Übersetzung OP). Im Anschluss an diese Bemerkung gibt er eine recht untechnische Erläuterung dessen, was oben bloß kurz skizziert wurde.

[12] Richtig ist jedoch, dass Einstein den Nobelpreis 1921 (erst 1922 verliehen) für „seine Verdienste um die theoretische Physik, besonders für seine Entdeckung des Gesetzes des photoelektrischen Effekts" verliehen bekam. Dies zeigt aber vor allem, dass die zeitgenössische Rezeptionsgeschichte genau so seltsam war wie die heutige.

2.4   Das Bohr'sche Atommodell, der Photoeffekt und der Compton-Effekt haben nichts mit Photonen zu tun

Nicht zuletzt Bohr gehörte bis ca. 1925 zu den energischen Kritikern der Einstein'schen Lichtquantenhypothese. Es ist deshalb kurios, dass man seine Frequenzbedingung von 1913 ($\Delta E = h \cdot v$) in populären oder didaktischen Darstellungen häufig so erklärt, als wenn Photonen der Energie ΔE emittiert bzw. absorbiert würden. In seinem Atommodell von 1913 postuliert Bohr an dieser Stelle aber tatsächlich *kontinuierliche* elektromagnetische Strahlung mit dieser speziellen Frequenz.

Der Compton-Effekt 1922/23 hat dann wohl tatsächlich eine gewisse Rolle für die (freundlichere) Rezeption der Lichtquantenhypothese gespielt. Aber all diese Entwicklungen betreffen eine Zeit, in der die Quantenphysik eher einem tastenden Suchen glich und noch keine kohärente Theorie vorlag. Dies änderte sich erst 1925/26, als mit Werner Heisenberg („Matrizenmechanik") und Erwin Schrödinger („Wellenmechanik") sogar zwei verschiedene Varianten einer solchen Theorie vorgelegt wurden. Dies bedeutet auch eine interessante Wendung für unsere Photon-Geschichte.

Nach Formulierung der Schrödinger-Gleichung konnte der neue Formalismus natürlich auch bei der Berechnung bekannter Effekte erprobt werden. Gregor Wentzel (1926) und Guido Beck (1927) widmeten sich dabei der Beschreibung des Photoeffekts mithilfe der Schrödinger-Theorie. Dies scheint zunächst der eingangs gemachten Behauptung zu widersprechen, dass diese nichtrelativistische Theorie nicht geeignet ist, Licht zu beschreiben. Die Methode, die deshalb zur Anwendung kam, wird auch „semi-klassische Näherung" genannt. Sie besteht darin, das Strahlungsfeld als kontinuierliche Welle nach Maxwell zu beschreiben und lediglich auf die Materie die neue Quantentheorie anzuwenden.[13] In solche Berechnungen geht also das nichtquantisierte elektrische Feld ein. Das vielleicht überraschende Ergebnis: Die Beschreibung des Photoeffekts gelang vollständig. Diese Berechnung ist dabei nicht bloß eine Alternative zu der Einstein'schen Beschreibung, sondern deutlich überlegen. Während in der semi-klassischen Näherung nämlich auch die Winkelverteilung der Photoelektronen korrekt vorhergesagt werden konnte, erlaubte die Vorstellung von teilchenhaften Photonen, die Elektronen aus dem Festkörper schlagen, dies nicht.

---

[13] Für die Experten: Das kontinuierliche Strahlungsfeld wird mit dem Dipoloperator multipliziert in den Hamiltonian eingefügt.

Ganz buchstäblich haben wir hier also eine Erklärung des „Photoeffekts ohne Photonen". Lediglich die Elektronen müssen mithilfe der Quantentheorie beschrieben werden. Genau die gleiche Strategie erlaubt nun auch die Erklärung der Compton-Streuung. In beiden Fällen liegt also gar kein Effekt vor, der die Quantisierung des Strahlungsfeldes (also: „Photonen") erforderlich macht. Es handelt sich schlichtweg gar nicht um QED-Effekte und eine tiefere Beziehung zum „Lichtquant" oder „Photon" existiert nicht.

Dies erkannten eigentlich auch die Zeitgenossen, und als Arthur Compton 1927 der Physik-Nobelpreis für die Entdeckung des nach ihm benannten Effekts verliehen wurde, bemerkte der schwedische Physiker Manne Siegbahn (Nobelpreisträger 1924 für seine Beiträge zur Röntgenspektroskopie und Mitglied des Nobelpreis-Komitees) in der Preisverleihung unter anderem: „[...] der Compton-Effekt hat durch die jüngsten Entwicklungen der Atomphysik seine ursprüngliche Erklärung durch eine Korpuskulartheorie verloren" (Siegbahn 1927, Übersetzung OP). Damit spielt Siegbahn aber auf die ein Jahr vorher veröffentlichte Schrödinger-Gleichung an. Im Besonderen hatte Erwin Schrödinger (1927) mit ihrer Hilfe eine solche semi-klassische Beschreibung des „Compton-Effekts ohne Photonen" vorgelegt (vgl. dazu auch Strnad 1986b).[14]

Diese semi-klassische Beschreibung der Licht-Materie-Wechselwirkung ist im Übrigen auch heute noch sehr verbreitet und mit ihrer Hilfe können ungezählte praktische und theoretische Probleme (einschließlich der Funktionsweise des Lasers) behandelt werden. Das bedeutet aber keineswegs, dass die Quantenelektrodynamik eigentlich überflüssig wäre. Zum einen gibt es auch Probleme, deren Lösung das quantisierte elektromagnetische Feld (also „Photonen") erfordert, des Weiteren verlangt auch die formale Konsistenz eine einheitliche Behandlung von Strahlung und Materie. Und schließlich hat die Elementarteilchenphysik weitere Wechselwirkungen eingeführt, die ebenfalls durch Quantenfeldtheorien beschrieben werden und für die eine „klassische" Näherung gar nicht existiert.

---

[14] Natürlich kann man diese Effekte auch innerhalb der Quantenelektrodynamik betrachten − also quasi mit „Kanonen auf Spatzen schießen". Wie das etwa für den Doppelspaltversuch ausgeht, beschreibt Jones (1994), und Kuhn und Strnad (1995) diskutieren unter anderem den Photoeffekt aus dieser Perspektive. In allen Fällen zeigt sich jedoch, dass „Photonen" im naiven Verständnis gar keine Rolle spielen. Einen Sonderfall stellt hier vielleicht der Compton-Effekt dar. Er ist sogar ein Lehrbuch-Beispiel für eine QED-Anwendung, obwohl das QED-Resultat in unterster Näherung auch semi-klassisch gewonnen werden kann (Klein und Nishina 1929). Für „höhere Korrekturen" (also feinere Details) spielen QED-Effekte dann durchaus eine Rolle. Aber auch hier nicht im Sinne eines naiven (teilchenhaften) Photons, sondern als abstrakte Feldanregungen (Peskin und Schroeder 1995, S. 22), die lediglich im Physikerinnen- und Physiker-Jargon „Teilchen" genannt werden.

Was der Erfolg der semi-klassischen Näherung aber sehr wohl illustriert, ist, dass die Quantennatur des Lichts sehr viel subtiler ist, als die Vorstellung von naiven Lichtquanten suggeriert. Bevor ich darauf in Abschn. 3 eingehen werde, sollen noch ein paar Anmerkungen zum berühmt-berüchtigten „Doppelspaltexperiment mit Photonen" gemacht werden.

2.5   Das Doppelspaltexperiment: Wie seine Beschreibung mit Photonen nicht gelingt

Nicht selten wird das Photon mithilfe des Doppelspaltexperiments eingeführt. Natürlich ist dieser Versuch eigentlich wunderbar mit der Wellentheorie des Lichts zu erklären (und falls man den diskreten Nachweis am Schirm zusätzlich betrachten möchte, kann man die semi-klassische Beschreibung für die Licht-Materie-Wechselwirkung am Schirm hinzunehmen).

Folgt man jedoch dem üblichen Narrativ, wird man zu der Vorstellung verleitet, Licht bestehe eigentlich aus einem Strom von Lichtquanten. Lediglich ihre „Kleinheit" hätte verhindert, dass diese Quantennatur nicht schon früher aufgefallen sei. Wie aber soll man sich dann die wellentypische Interferenz und Beugung erklären? Hier greifen populäre und didaktische Darstellungen (siehe etwa Bayer (2007), Grehn (2007) oder Bader (2012) für eine Auswahl von Schulbüchern) gerne auf die Wahrscheinlichkeitsdeutung zurück, die Max Born 1926 für die Interpretation der Wellenfunktion von Materieteilchen eingeführt hatte. Gemäß dieser Idee sagt die Quantenmechanik also voraus, mit welcher Wahrscheinlichkeit die Lichtteilchen auf dem Schirm auftreffen. Im Falle des Doppelspalts folgt diese Wahrscheinlichkeit gerade dem beobachtbaren Interferenzmuster.

Diese Analogie zur Behandlung von Aufenthaltswahrscheinlichkeiten mit der Schrödinger-Gleichung ist hier aber gar nicht anwendbar, da Photonen gar keine Wellenfunktion besitzen (deren Quadrat einer Wahrscheinlichkeit im Ortsraum entsprechen könnte). Tatsächlich besitzen Photonen (wie bereits kurz angedeutet) die Eigenschaft „Ort" gar nicht; sie sind nicht-lokalisiert (siehe dazu auch Peierls 1979, S. 10 ff.).

Interessanterweise wurde ein ganz ähnliches Problem bereits von Paul Ehrenfest (1932) diskutiert. Diese Arbeit trägt den originellen Titel „Einige die Quantenmechanik betreffende Erkundigungsfragen" und beginnt mit einer entwaffnenden Bemerkung: „Es sei gestattet, im folgenden einige Fragen zusammenzustellen, die sich in ähnlicher Weise fast jedem Dozenten aufgedrängt haben müssen, der einem interessierten und zur

Kritik erzogenen Zuhörerkreis die Quantenmechanik einführend darzulegen hatte."[15]

Ehrenfest behandelt im Folgenden eine Reihe von konzeptionellen Schwierigkeiten der Quantenmechanik. Mit Bezug auf die vorgebliche Analogie zwischen Photon und Elektron bemerkt er, dass im speziellen Falle monochromatischer elektromagnetischer Strahlung aus den lokalen elektrischen und magnetischen Feldern einfach auf die „Anzahl" der Photonen in einem Interferenzfeld geschlossen werden könne. Man könne schließlich aus den lokalen Feldern die Energie in einem Raumbereich berechnen und durch $h \cdot v$ teilen.[16] Falls aber, so Ehrenfest sinngemäß weiter, das Strahlungsfeld nicht monochromatisch sei, gebe es ja gar keine feste Frequenz v, durch die man dividieren könne. Natürlich gebe es ein mathematisches Verfahren (die sog. Fourier-Analyse), um die in der Strahlung vorkommenden Frequenzen zu ermitteln. Dieses sei jedoch eine nicht-lokale Operation (technisch ausgedrückt: die Fourier-Analyse besteht in einer Integration über den ganzen Raum) und der lokale Zusammenhang zwischen den Feldern und der „*lokalen* Wahrscheinlichkeit für die Anwesenheit eines Photons" (Hervorhebung im Original, ibid. S. 556) gehe verloren. In diesem Sinne könne man sich Photonen also gar nicht als teilchenhafte Objekte vorstellen, denn im Gegensatz zu Elektronen seien sie noch nicht einmal unscharf lokalisiert.

Wie soll man sich Photonen aber stattdessen vorstellen? Wenden wir uns nun also endlich dem „Photon des aktuellen fachwissenschaftlichen Verständnisses" zu.

3   Quantenelektrodynamik und das Photon der aktuellen Physik

Um das Jahr 1928 legte Paul Dirac die Grundlagen für eine quantentheoretische Behandlung von elektromagnetischer Strahlung und die entsprechende Theorie (die sog. Quantenelektrodynamik oder kurz „QED")

---

[15] Nur ein Jahr später (am 25. September 1933) beendete Paul Ehrenfest sein Leben durch Suizid. In seinen Briefen aus der Zeit drückte er immer wieder das Gefühl aus, zur Entwicklung der Quantentheorie nichts mehr Sinnvolles beitragen zu können, da „die Jungen" an mathematischer Gewandtheit und Geschicklichkeit so sehr überlegen seien. Die „Erkundigungsfragen" sind vor diesem Hintergrund ein bewegendes Dokument eines „Alten" (Ehrenfest war gerade 52 Jahre alt), der nach eigenem Urteil einige „sinnlose Fragen" vorbringt.

[16] In der Maxwell-Theorie berechnet sich die Energiedichte eines elektromagnetischen Feldes (in üblicher Schreibweise und bis auf Vorfaktoren) als: $E(x,t)^2 + B(x,t)^2$.

entwickelte sich seit den späten 1920er Jahren. Ich möchte hier jedoch gar nicht die historische Entwicklung nachzeichnen, sondern (i) die Frage beantworten, welche experimentellen Hinweise es für die Einführung des Photons tatsächlich gibt, wenn lichtelektrischer und Compton-Effekt entgegen der üblichen Auffassung ausfallen, sowie (ii) eine Skizze des ominösen „Photons des aktuellen fachwissenschaftlichen Verständnisses" geben. Damit wird auch die wichtige Frage berührt, wie eine bessere Einführung des Photon-Begriffs aussehen könnte (Abschn. 3.3).

3.1   Welche Effekte können nur mit Photonen erklärt werden?

Wenden wir uns zunächst (i) zu, d. h. der Frage nach den „echten" QED-Effekten, deren Behandlung nur mithilfe des quantisierten Strahlungs-feldes (vulgo: „mit Photonen") gelingt. Diese Phänomene sind naturgemäß ziemlich subtil und hören auf Namen wie „Casimir-Effekt", „Lamb-Verschiebung" oder „anormales gyromagnetisches Verhältnis". Das einfachste (aber immer noch recht komplexe) Beispiel ist aber vermutlich die „spontane Emission".

Das Konzept der „spontanen Emission" wurde bereits 1916 von Albert Einstein eingeführt, als dieser eine besonders elegante Herleitung der bereits erwähnten Planck'schen Strahlungsformel entdeckte (Einstein 1916). Er betrachtete dazu eine Menge von Molekülen, die lediglich zwei Energie-niveaus E_1 und E_2 besitzen und durch Strahlung Energie austauschen können. Einstein fragte nun, welche Mechanismen für den Übergang notwendig sind, um im Gleichgewicht auf das Planck'che Strahlungsgesetz zu führen.[17] Das Ergebnis dieser Untersuchung lautet, dass bei den Übergängen drei Mechanismen eine Rolle spielen müssen. Diese sind (jeweils mit Erläuterung):

- **Absorption** (Strahlung wird aufgenommen und ein Molekül wechselt in das höhere Niveau. Mechanisches Beispiel: Ein Kind sitzt auf der Schaukel. Ich schaukele es „in Phase" an, d. h. jeder neue Schubs verstärkt das Schaukeln.)

---

[17] Die Gleichgewichtsbedingung ist dabei leicht einzusehen: Offensichtlich müssen pro Zeiteinheit gleich viele Übergänge $E_1 \rightarrow E_2$ wie $E_2 \rightarrow E_1$ stattfinden.

- **Induzierte Emission** (Eine geeignete Strahlung veranlasst das System, in den energetisch niedrigeren Zustand zu wechseln. Mechanisches Beispiel: Ein Kind sitzt auf der Schaukel. Ich schaukele es nun jedoch „gegenphasig" an, d. h. der neue Schubs wirkt entgegen der bisherigen Bewegung.)
- **Spontane Emission** (Abstrahlung ohne ein äußeres Feld. Dies vergleicht Einstein (1916) mit der Strahlung eines Hertz'schen Dipols bzw. dem radioaktiven Zerfall.)

Für jeden dieser drei Mechanismen musste Einstein einfache Annahmen über ihre Rate machen, die zunächst unbekannte Parameter für die Wahrscheinlichkeit dieser Übergänge enthielten (sie sog. „Einstein-Koeffizienten"). Aus der Gleichgewichtsbedingung (sowie dem Koeffizientenvergleich im Grenzfall mit bekannten Gesetzen) folgte dann exakt die Planck'sche Strahlungsformel.[18]

Auf diese Weise war ein recht intuitives Bild für den Vorgang gewonnen. Kann man aber die Einstein-Koeffizienten auch berechnen (und nicht bloß aus dem Koeffizientenvergleich mit anderen Gesetzen gewinnen)? Die Antwort lautet im Falle der Absorption und induzierten Emission tatsächlich „Ja". Die Methode der semi-klassischen Näherung ist hier geeignet. Die spontane Emission kann auf diese Weise jedoch nicht behandelt werden. Dies leuchtet auch unmittelbar ein: In der semi-klassischen Näherung beschreibt man das Strahlungsfeld ja gemäß der Maxwell-Theorie. Bei der spontanen Emission liegt jedoch gar kein Feld vor, das (nach dieser Methode) betrachtet werden könnte! Erst innerhalb der Quantenelektrodynamik (QED) gelingt es, die Rate der spontanen Emission (den sog. Einstein'schen A-Koeffizienten) zu berechnen. In der QED besitzt nämlich auch der sog. Vakuum-Zustand des elektromagnetischen Feldes eine nichtverschwindende Energie.[19]

Die Berechnung der spontanen Emission gelingt nun (grob gesprochen) nach dem Motto: „Spontane Emission ist durch die Vakuumenergie des

---

[18] Interessanterweise folgt das Wien'sche Strahlungsgesetz, wenn man auf den Mechanismus der induzierten Emission verzichtet.

[19] Dies ist analog zum einfachen Pendel (vornehm: „Harmonischer Oszillator") in der Quantenmechanik, für dessen Energie im n-ten Anregungszustand die Beziehung $E_n = \left(n + \frac{1}{2}\right) \cdot h\nu$ gilt, d. h. auch für $n = 0$ liegt eine nichtverschwindende sog. Nullpunktsenergie vor.

Feldes induzierte Emission".[20] Die Anregung erfolgt also durch diskrete Quanten der Energie $E = h \cdot v$, die spontan aus dem Vakuum entstehen. Hier begegnen uns jedoch bereits zwei Eigenschaften, die charakteristisch für die relativistische Quantenfeldtheorie sind: Die „Teilchenzahl" kann sich ändern und im hier betrachteten Effekt kommt es sogar zu Anregungen aus dem „Vakuum" (dem Zustand mit Teilchenzahl Null, der aber offensichtlich einen irreführenden Namen trägt).[21]

3.2 Das Photon der Quantenelektrodynamik

Damit sind wir aber auch in der Lage, zumindest in aller Skizzenhaftigkeit einige Worte über das Photon zu sagen. Am leichtesten ist es, wenn wir dabei einige Ideen der Quantenmechanik voraussetzen dürfen (vgl. den Beitrag von Manfred Stöckler in diesem Band). In der Quantenmechanik wird ein Zustand durch die sog. Wellenfunktion beschrieben. Ein System, das mit diesem Zustand beschrieben wird, hat hinsichtlich von Eigenschaften wie Ort, Impuls oder Energie typischerweise keinen festen Wert (bzw. er kann sich in einer Überlagerung von Zuständen mit verschiedenen (Eigen-)Werten befinden). Als konkretes Beispiel denken wir etwa an einen unscharf lokalisierten Zustand. Allerdings hat die Teilchenzahl in der nichtrelativistischen Theorie immer einen festen Wert. Berechnet man etwa die Eigenschaften eines N-Elektronen-Systems und findet am Ende der Untersuchung die Elektronenzahl $N-1$, weiß man, dass man sich garantiert verrechnet hat.

In der QED gibt es nun keine „Wellenfunktion" für das Photon, die es erlaubt, z. B. die Aufenthaltswahrscheinlichkeit zu berechnen (man könnte sagen, dass seine diskrete Energie $h \cdot v$ dem ganzen Raumbereich angehört, den das Strahlungsfeld einnimmt). Stattdessen werden die elektrischen und magnetischen Felder selber zu Operatoren. Die daraus abgeleiteten diskreten Zustände des Strahlungsfeldes werden Photonen genannt. Genauso wie in der nichtrelativistischen Quantenmechanik die Eigenschaft „Ort" bei einem Zustand im Allgemeinen keinen scharfen Wert hat, gilt nun, dass für Photon-Zustände die Eigenschaft „Anzahl" im Allgemeinen unbestimmt ist.

---

[20] Natürlich ist auch diese Geschichte etwas komplizierter und die Vakuumenergie erklärt bloß 50 % des Effektes. Für die andere Hälfte muss man andere Methoden anwenden (Milonni 1983), aber dabei versteht man zusätzlich, warum der Vorgang der „spontanen Absorption" nicht auftreten kann. Schade eigentlich, denn damit ließen sich alle unsere Energieprobleme vollkommen regenerativ lösen.

[21] Die weiter oben zitierten QED-Effekte wie „Lamb-Verschiebung" und „Casimir-Effekt" verdanken ihre Erklärung ebenfalls solchen Nullpunkts- oder Vakuumenergien.

Zu beachten ist nun, dass (fast) alle Lichtquellen ein Strahlungsfeld besitzen, dessen Photonen-Anzahl in diesem Sinne unbestimmt
ist. Thermische Strahler (vulgo: „Glühbirne"), LED oder auch Laser
produzieren eine Strahlung, bei der man nicht davon sprechen kann, „wie
viele Photonen pro Zeitintervall" ausgestrahlt werden. Die Vorstellung, dass
bei genügend schwachem Licht (etwa nach dem Passieren von starken Grau-
filtern) lediglich „einzelne Photonen" betrachtet würden, ist deshalb auch
Unfug.[22]

Richtig ist jedoch, dass ein beliebiger Zustand als Überlagerung von
Zuständen mit verschiedener (aber definierter) Photon-Anzahl dargestellt
werden kann. Dies scheint nun aber doch wieder der Sprechweise vom
Licht, das aus Photonen „besteht", eine fachliche Grundlage zu bieten.
Dieser Schein trügt jedoch, denn diese Überlagerung ist nur eine von (buchstäblich) unendlich vielen gleichwertigen Darstellungen.[23] Und zusätzlich
gilt, dass ein Zustand mit fester Photonenzahl z. B. auch als Überlagerung
von sog. „kohärenten Zuständen" dargestellt werden kann. Ein solcher
„kohärenter Zustand" beschreibt dabei ein quantentheoretisches Strahlungsfeld, das bestmöglich dem „klassischen" elektromagnetischen Feld entspricht, d. h. näherungsweise eine definierte Phase und Feldstärke besitzt
(der Laser erzeugt beispielsweise solche kohärenten Zustände).

Woraus ist unser beliebiges Lichtfeld (von Glühlampe, LED etc.) also
„zusammengesetzt"? Aus Photonen (genauer: Zuständen mit definierter
Photonenzahl)? Oder doch aus kohärenten Zuständen, bei denen die
Photonenzahl ganz unbestimmt ist? Oder vielleicht gemäß einer noch ganz
anderen Darstellung?

Diese nicht sinnvolle Frage kann nur gestellt werden, wenn man voraus-
setzt, dass das Ganze auf eindeutige Weise in Teile zerlegt werden kann.
Diese Voraussetzung ist jedoch in der Quantenphysik nicht immer erfüllt.
Das Überlagerungsprinzip der Quantentheorie entzieht der Vorstellung von
„Lichtteilchen" die Grundlage. Mit anderen Worten: Zu sagen, dass Licht
aus Photonen „besteht", ist nicht bloß falsch, weil Licht in Wirklichkeit
andere Bestandteile hätte. Es handelt sich vielmehr um einen Kategorien-
fehler.

---

[22] Zustände mit definierter Photonenzahl (vor allem „1-Photon-Zustände") können überhaupt erst seit
den 1970er Jahren erzeugt werden. Dies ist aufwendig und teuer!

[23] Banales Beispiel: Genauso wie die Zahl „5" als „4 + 1" geschrieben werden kann, gilt ebenfalls die
Gleichung „5 = 3 + 2" oder „5 = 7 − 2". Auch hier ist keine „Darstellung" ausgezeichnet und keine
dieser Gleichungen verrät uns mehr über die Zahl fünf, als eine andere.

3.3   Wie sollte man das Photon besser einführen?

Die hier beschriebene und kritisierte Darstellung des Photons ist häufig anzutreffen. In der populärwissenschaftlichen Literatur ist dies bloß bedauerlich, in Lehrplänen und Schulbüchern jedoch ein echtes Ärgernis. Eigentlich sogar ein Skandal. Wie könnte also eine fachlich und historisch angemessenere Darstellung (etwa in der Schule) aussehen?

Natürlich muss z. B. auf die Behandlung des lichtelektrischen Effektes nicht verzichtet werden. Dieser Versuch war nicht nur historisch bedeutsam, sondern gehört zu der kleinen Zahl schultauglicher Experimente der modernen Physik und erlaubt zudem die Bestimmung einer grundlegenden Naturkonstante. Tatsächlich kann sogar die traditionelle Deutung dieses Effekts mit Hilfe von teilchenhaften Photonen erwähnt werden, wenn man diesem Modell nur denselben vorläufigen Status wie dem acht Jahre später (!) formulierten Bohr'schen Atommodell einräumt. Genauso wie in der weiteren Behandlung der Quantenmechanik die Unhaltbarkeit der Vorstellung von kontinuierlichen Teilchenbahnen thematisiert wird, muss die naive Teilchenvorstellung im Zusammenhang mit den Energiequanten der elektromagnetischen Strahlung als vorläufige Etappe charakterisiert werden.

Um dann das Photon des aktuellen fachlichen Verständnisses zu motivieren, müssen offensichtlich Experimente und Phänomene diskutiert werden, die nur mit der Quantenelektrodynamik zu erklären sind. In diese Kategorie fällt die weiter oben erwähnte spontane Emission. Natürlich kann es hier bloß um Überblickswissen gehen, aber immerhin spielt die spontane Emission in so alltäglichen Erscheinungen wie der Sonnenstrahlung und dem Glühwürmchen eine Rolle.

Das sog. Experiment von Hanbury-Brown und Twiss kann schließlich eine besonders interessante Rolle spielen. Hier betrachtet man Licht an einem halbdurchlässigen Spiegel („Strahlteiler") und platziert Photodetektoren in die beiden Strahlgänge. Offensichtlich erwartet man von „teilchenhaftem" Licht, dass die Detektoren nicht gemeinsam ansprechen. Genau dies tun sie jedoch, egal ob ein thermischer Strahler, eine LED oder ein Laser als Lichtquelle verwendet wird. Erst bei Verwendung einer „echten" 1-Photon-Quelle kommt es zu der „erwarteten" Antikorrelation. Aber auch diese 1-Photon-Zustände verhalten sich sozusagen „wie Licht", d. h. können z. B. Interferenzmuster ergeben. Dies verweist wiederum auf ihren delokalisierten Charakter (siehe Passon und Grebe-Ellis (2015) für eine genauere Diskussion und weitere Referenzen).

4   Zusammenfassung

Übliche Darstellungen folgen bei der Einführung des Photons einer Argumentation, die historisch problematisch und fachlich unhaltbar ist. Ignoriert werden eigentlich alle Entwicklungen, die nach 1926 zur Ausformulierung des aktuellen Photon-Konzepts geführt haben. Die Experimente, die in dieser Argumentation die Quantennatur des Lichts plausibilisieren sollen, haben sich bereits in den 1920er Jahren allesamt als ohne Photonen erklärbar herausgestellt (vgl. dazu auch Fußnote 14). Durch dieses Narrativ verfestigt sich eine naiv teilchenhafte bzw. mechanische Vorstellung von Erbsen-Photonen, die Elektronen „herausstoßen" etc.

Die Situation ähnelt in gewisser Hinsicht folgendem historischen Beispiel: Bekanntlich vermutete Galilei einen Zusammenhang zwischen der Erdbewegung und den Gezeiten. Aus heutiger Sicht war dies natürlich ein untauglicher Versuch, seine Hypothese der Erdbewegung zu stützen, obgleich sich diese ja später doch als richtig herausstellte. Nun würde sicherlich niemand auf die Idee kommen, auch heute noch diese richtige These mit dem falschen Argument zu begründen. Im Falle des Photons wird anscheinend ein weniger strenger Maßstab angelegt.

Aber auch dort, wo die Verknüpfung zu genuin quantenmechanischen Vorstellungen gesucht wird, etwa durch die Parallelisierung von Elektronen und Photonen, begeht man bloß andere Fehler. Hier stattet man Photonen mit einem „unscharfen Ort" aus, über den die Theorie vorgeblich Wahrscheinlichkeitsaussagen trifft. Dabei besitzt das Photon gar keine Wellenfunktion mit einer Wahrscheinlichkeitsinterpretation im Ortsraum.

Bereits das Elektron der (nichtrelativistischen) Quantenmechanik hat wichtige Teilcheneigenschaften eingebüßt. Es besitzt keine Teilchenbahn und kann ebenfalls nicht „individuiert" werden (d. h. es ist ununterscheidbar). Aber sein Ort ist wenigstens unscharf definiert und seine Anzahl sogar streng erhalten. Ob man so etwas noch „Teilchen" nennen möchte, erscheint mir eine Geschmacksfrage.

Das Photon des aktuellen fachwissenschaftlichen Verständnisses ist jedoch noch viel ärmer an Attributen als das Elektron. Die Eigenschaften, die dem Elektron fehlen, hat es natürlich ebenfalls nicht (Bahn und Unterscheidbarkeit). Zusätzlich ist sein Ort nicht bloß unscharf, sondern gar nicht mehr definiert. Lediglich die Kategorie „Anzahl" kann noch angewendet werden – aber in der Regel hat es bezüglich dieser Eigenschaft auch bloß einen unscharfen Wert. Mir scheint, dass die Sprechweise von „Photonen" als „Teilchen" hier lediglich ein Jargon ist, der seinen Ursprung darin hat, dass in der Wechselwirkung von Materie und Feldern diskrete Energie- und Impulswerte ausgetauscht werden.

Natürlich kann man sich dafür entscheiden, seinen Begriff von „Teilchen" so vollständig zu revidieren, dass auch „Photonen" darunter fallen. Unklar ist mir jedoch, welche Funktion er dann noch haben soll. Sinnvoller erscheint mir deshalb, die Sprechweise vom Photon als dem „Lichtteilchen" zu unterlassen. Dies betrifft natürlich auch (oder vor allem) den vorgeblichen Welle-Teilchen-Dualismus des Lichts. Ohne Teilcheneigenschaften des Lichts wird dieses heuristische Konzept aus der Frühzeit der Theorieentwicklung offensichtlich hinfällig.[24]

Aber selbst wenn man bereit ist, einen solchen ins Absurde verallgemeinerten Teilchenbegriff anzuwenden, kann man nicht davon sprechen, dass Licht aus diesen „Teilchen" „zusammengesetzt" ist. Die Teil-Ganze-Relation ist hier nicht anwendbar, weil keine eindeutige Zerlegung in Teile gelingt.

Der Lehrerin aus der eingangs erwähnten Anekdote ist also dafür zu gratulieren, dass in ihrem Unterricht Photonen nicht vorkamen. Dem damaligen Sechstklässler ist zu wünschen, dass der spätere Physikunterricht seine Alltagsvorstellungen und Präkonzepte zum Photon aufgegriffen und revidiert hat. Wahrscheinlich ist dies leider nicht.

Literatur

Abbe, E.: Beiträge zur Theorie des Mikroskops und der mikroskopischen Wahrnehmung. M. Schultze's Archiv für mikroskopische Anatomie **9**, 413–468 (1873).

Bayer, R. et al.: Impulse Physik Oberstufe. Klett, Stuttgart (2007).

Bader, F. (Hrsg.): Dorn-Bader Physik Gymnasium Gesamtband Sek II. (10. Auflage). Westermann, Schroedel Diesterweg Schöningh Winklers, Braunschweig (2012).

Beck, G.: Zur Theorie des Photoeffekts. Zeitschrift für Physik **41**, 443–452 (1927).

Ehrenfest, P., Kamerlingh-Onnes, H.: Vereinfachte Ableitung der kombinatorischen Formel, welche der Planckschen Strahlungstheorie zugrunde liegt. Annalen der Physik **351**, 1021–1024 (1915).

---

[24]Tatsächlich kann man argumentieren, dass die vorgeblichen „Welleneigenschaften" des Elektrons ebenfalls bloß metaphorisch aufzufassen sind. Zum Beispiel ist die Wellenfunktion des Elektrons im Allgemeinen auf einem abstrakten hochdimensionalen Raum definiert. Die Analogie zu gewöhnlichen „Wellen im Raum" ist hier also ebenfalls eingeschränkt und das heuristische Konzept des „Welle-Teilchen-Dualismus" stößt an seine Grenzen.

Ehrenfest, P.: Einige die Quantenmechanik betreffende Erkundigungsfragen. Zeitschrift für Physik **78**, 555–559 (1932).

Einstein, A.: Über einen die Erzeugung und Verwandlung des Lichtes betreffenden heuristischen Gesichtspunkt. Annalen der Physik **17**, 132–148 (1905).

Einstein, A.: Zur Quantentheorie der Strahlung. Mitteilungen der Physikalischen Gesellschaft Zürich **16**, 47–62 (1916).

Friebe, C., Kuhlmann, M., Lyre, H., Näger, P., Passon, O. und Stöckler, M.: Philosophie der Quantenphysik (2. Auflage). Springer, Heidelberg (2018).

Grehn, J., Krause, J. (Hrsg.): Metzler Physik. Westermann, Braunschweig (2007).

Jones, D. G. C.: Teaching modern physics – misconceptions of the photon that can damage understanding. Physics Education **26**(2), 93–98 (1991).

Jones, D. G. C.: Two slit interference – classical and quantum pictures. European Journal of Physics **15**, 170–178 (1994).

Kidd, R., Ardini, J., Anton, A.: Evolution of the modern photon. American Journal of Physics **57**(1), 27–35 (1989).

Klein, O., Nishina, Y.: Über die Streuung von Strahlung durch freie Elektronen nach der neuen relativistischen Quantendynamik von Dirac. Zeitschrift für Physik **52**(11), 853–868 (1929).

Kragh, H.: The names of physics: Plasma, fission, photon. European Physical Journal H **39**, 263–281 (2014).

Kuhn, W., Strnad, J.: Quantenfeldtheorie. Vieweg, Braunschweig (1995).

Maier, G.: Optik der Bilder. Verlag der Kooperative Dürnau, Dürnau (1993).

Milonni, P.: Why spontaneous emission? American Journal of Physics **52**(4), 340–343 (1983).

Newton, T. D., Wigner, E. P.: Localized states for elementary systems. Reviews of Modern Physics **21**(3), 400–406 (1949).

Passon, O., Grebe-Ellis, J.: Moment mal: Was ist eigentlich ein Photon? Praxis der Naturwissenschaften – Physik in der Schule **64**(8), 46–48 (2015).

Passon, O., Grebe-Ellis, J.: Note on the classification of super-resolution in far-field microscopy and information theory. Journal of the Optical Society of America A **33**(7), B31–B35 (2016).

Passon, O., Grebe-Ellis, J.: Planck's radiation law, the light quantum, and the prehistory of indistinguishability in the teaching of quantum mechanics. European Journal of Physics **38**(3), 035404 (2017).

Peierls, R.: Surprises in Theoretical Physics. Princeton University Press, Princeton, NJ (1979).

Peskin, M. E., Schroeder, D. V.: An Introduction to Quantum Field Theory. Perseus, Reading, MA (1995).

Schrödinger, E.: Über den Comptoneffekt. Annalen der Physik **387**(2), 257–264 (1927).

Scully, M. O., Sargent, M. III: The concept of the photon. Physics Today **25**, 39–47 (1972).

Simonsohn G.: Probleme mit dem Photon im Physikunterricht. Praxis der Naturwissenschaften **30**(9), 257–266 (1981).

Strnad, J.: Photons in introductory quantum physics. American Journal of Physics **54**(7), 650–652 (1986a).

Strnad, J.: The Compton effect – Schrödinger's treatment. European Journal of Physics **7**, 217–221 (1986b).

Siegbahn, K. M. G.: Award ceremony speech for the Nobel prize in physics 1927 (1927). https://www.nobelprize.org/prizes/physics/1927/ceremony-speech/

Staley, R.: On the co-creation of classical and modern physics. Isis **96**(4), 530–558 (2005).

Wentzel, G.: Zur Theorie des photoelektrischen Effekts. Zeitschrift für Physik **40**, 574–589 (1926).

Wien, W.: Ueber die Energievertheilung im Emissionsspectrum eines schwarzen Körpers. Annalen der Physik **294**, 662–669 (1896).

Whitaker, M. A. B.: History and quasi-history in physics education. Physics Education **14**, 108–112 (Teil 1) und 239–242 (Teil 2) (1979).

Symmetrie und Symmeriebrechung Grundlagen und Weltbild der Physik

Klaus Mainzer

Symmetrien werden in der Wissenschafts- und Kulturgeschichte als grundlegende Ordnungsmodelle verwendet. Damit stellt sich die Frage, ob sie von Menschen bloß ausgedacht wurden, um die Vielfalt der Erscheinungen zu ordnen, ob sie gar nur einem ästhetischen Bedürfnis entspringen oder ob es sich um Grundstrukturen der Natur handelt, die unabhängig vom Menschen existieren. In der Antike jedenfalls wurden Erkenntnis, Kunst und Natur aus einer gemeinsamen symmetrischen Grundordnung verstanden. In der Neuzeit bricht diese Einheit von Natur- und Humanwissenschaften auseinander. In der Kunst werden Symmetrien und Symmetriebrechungen auf subjektive Geschmacksurteile bezogen. In Mathematik und Naturwissenschaften bleiben Symmetrien und Symmetriebrechungen fundamentale Annahmen der Naturbeschreibung, deren Anwendung von der Entstehung der Urmaterie bis zur Evolution des Lebens reicht. Tatsächlich hängen aktuelle Entdeckungen und Gesetze in Kosmologie, Physik, Chemie und Biologie mit Symmetrie und Symmetriebrechungen zusammen. Ob aber diese mathematischen Strukturen tatsächlich fundamentalen Naturgesetzen entsprechen, entscheiden wie immer in der Physik am Ende Beobachtung, Messung und Experiment.

K. Mainzer (✉)
Senior Excellence Faculty, Technische Universität München,
München, Deutschland
E-Mail: k.mainzer@outlook.com

1   Symmetrie und Symmetriebrechung in frühen Weltbildern

Die Suche nach Mustern und Regelmäßigkeiten war und ist für uns Menschen lebensnotwendig, um sich in einem Wirrwarr von Eindrücken und Signalen der Natur zurechtzufinden. Mustersuche bedeutet Reduktion von Komplexität. Hier ist der Ursprung unserer Suche nach Gesetzen, mit denen wir die Vorgänge in der Welt verstehen, erklären und voraussagen wollen. Einfache, regelmäßige und harmonische Muster wurden immer schon ausgezeichnet, um das Komplexe und Unverständliche darauf zurückzuführen. Bis heute üben daher Symmetrien auf Menschen aller Kulturen und Religionen eine eigentümliche Faszination aus.

Euklids Lehrbücher der Geometrie gipfelten in dem Nachweis (Mainzer 1980, S. 52 ff.), dass es im dreidimensionalen Raum genau fünf reguläre Körper gibt, nämlich den Würfel aus sechs gleichseitigen Quadraten, das Tetraeder aus vier regulären Dreiecken, das Oktaeder aus acht regulären Dreiecken, das Ikosaeder aus zwanzig regulären Dreiecken und das Dodekaeder aus zwölf regulären Fünfecken (Abb. 1). Diese mathematisch faszinierenden Körper machten auf Platon einen derart starken Eindruck, dass er sie mit den damals angenommenen Elementen des Universums identifizierte: Das Feuer sei danach aus Tetraedern gemacht, Erde aus Würfeln, Luft aus Oktaedern und Wasser aus Ikosaedern. Später wird das aus Fünfecken aufgebaute Dodekaeder als „Quintessenz" und Baustein der Himmelssphären hinzugenommen. Eine geniale Idee war geboren: Das Universum lässt sich trotz aller Vielfalt auf grundlegende mathematische Symmetrien zurückführen. Diese Vorstellung beherrscht noch heute die mathematische Naturbeschreibung, zum Beispiel in der Quanten- und Elementarteilchenphysik. An die Stelle einfacher geometrischer Körper treten heute mathematische Formeln, auf die die Komplexität der Welt zurückgeführt werden soll.

Symmetrie bestand für die platonische Welt nicht nur im Kleinen, sondern auch im Großen: In platonischer Tradition wird ein zentralsymmetrisches Planetenmodell angenommen – mit der Erde im Zentrum, umkreist von den damals angenommenen Wandelsternen, zu denen auch Mond und Sonne gezählt wurden. Und dann passiert für Platon etwas Ungeheuerliches: Die Astronomen beobachten rückläufige Planetenbahnen. Das wäre eine Symmetriebrechung der Sphärenharmonie. Für Platon konnten die beobachteten rückläufigen Planetenbahnen (z. B. Mars entlang der Ekliptik) nur Schein bedeuten. Die Mathematiker mussten

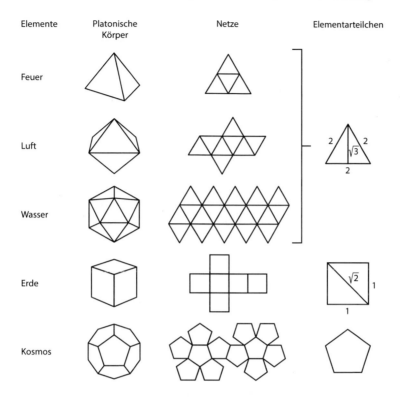

Elemente	Platonische Körper	Netze	Elementarteilchen

Feuer

Luft

Wasser

Erde

Kosmos

Abb. 1 Platonische Körper als Weltformel

tiefer nachdenken, quasi „hinter" die äußeren Beobachtungen schauen, um die „Phänomene zu retten" (Mittelstraß 1970) und sie wieder auf die fundamentale Symmetrie des Kosmos zurückzuführen.

Tatsächlich lassen sich verschiedene geometrisch exakte Verfahren angeben, um rückläufige Bewegungen mit geometrisch gleichförmigen Kreisbewegungen zu erklären. Ein Beispiel ist die auf Apollonius von Perga zurückgehende Epizykel- und Deferententechnik. Danach lassen sich alle möglichen elliptischen, regulären, periodischen und ebenso nicht-periodischen und asymmetrischen Kurven auf gleichförmige Kreisbewegungen zurückführen. Der Preis ist allerdings hier die Aufgabe der Zentralsymmetrie: Auf einem Großkreis (Deferent) um die Erde wird ein gleichförmig sich bewegender Punkt angenommen, der als Zentrum eines kleineren Kreises (Epizykel) dient, auf dem sich gleichförmig der Planet bewegt.

In der mittelalterlichen Astronomie werden Hierarchien von aufeinander „reitenden" Epizykeln von Epizykeln angenommen, um alle möglichen

Bewegungsformen zu erzeugen. Tatsächlich sind diese Konstruktionen auch mathematisch exakt und lassen sich analytisch beweisen, wie man heute aus der Theorie der fast-periodischen Funktionen weiß (Bohr 1932). Allerdings hatten sie den entscheidenden Nachteil, dass dafür keine physikalische Erklärung bekannt war. Selbst in der damals vorherrschenden aristotelischen Naturphilosophie konnte man sich nur ein zentralsymmetrisches Modell mit der Erde im Zentrum und umkreisenden Planetensphären erklären. So klafften im Spätmittelalter mathematische Astronomie und aristotelische Physik immer weiter auseinander. Die Epizykel entlarvten sich als *ad hoc*-Annahmen, um die zentrale Symmetriehypothese der platonischen Theorie zu retten. Diese Art der „Immunisierung" von Theorien gegenüber neuen falsifizierenden Beobachtungen wird selbst in der modernen Naturwissenschaft auftreten.

Am Beginn der Neuzeit inspirierte der Glaube an Symmetrie auch den großen Mathematiker und Astronomen Johannes Kepler. So unternahm er systematische Untersuchungen regulärer Vielecke und Körper und beschäftigte sich mit Anwendungen auf Kristalle in der Natur. In seinem Frühwerk „Mysterium cosmographicum" von 1596 versuchte er sogar, die Entfernungen im Planetensystem auf die regulären „Platonischen Körper" zurückzuführen. Hierbei ging er bereits von einem heliozentrischen Weltmodell aus, in dem sich die Planeten auf Kugelsphären um den Mittelpunkt der Sonne drehen. Die Planeten Saturn, Jupiter, Mars, Erde, Venus und Merkur entsprachen sechs ineinander gelagerten Sphären, die in dieser Reihenfolge durch Würfel, Tetraeder, Dodekaeder, Oktaeder und Ikosaeder getrennt wurden. Die Kepler'schen Spekulationen konnten schon deshalb nicht zutreffen, da die Entdeckung weiterer Planeten späteren Jahrhunderten vorbehalten blieb. Auf Grund genauerer Beobachtungen gab Kepler schließlich sein Sphärenmodell zugunsten von Ellipsenbahnen auf.

2   Symmetrien in der Mathematik[1]

Was ist Symmetrie? In der Frühgeschichte der Mathematik bezeichnet Symmetrie (griech. συμμετρία) das gemeinsame Maß bzw. die Harmonie der Proportionen von Figuren und Körpern in Kunst, Architektur und im Kosmos. Symmetrieeigenschaften sind z. B. Spiegelung, Rotation und Periodizität. Mathematisch handelt es sich bei diesen anschaulichen Bei-

---

[1] Für den folgenden Abschnitt vgl. Mainzer (1988, Kap. 2).

spielen um Selbstabbildungen (Automorphismen) von Figuren und Körpern, bei denen ihre Struktur unverändert (invariant) bleibt. Ein geometrisches Beispiel für Automorphismen sind die Ähnlichkeitsabbildungen, bei denen die Form einer Figur unverändert (invariant) bleibt. Die Relation der Ähnlichkeit $F \sim F'$ zweier Figuren F und F' erfüllt die Bedingungen einer Äquivalenzrelation:

1) $F \sim F$ (Reflexivität);
2) Wenn $F \sim F'$, dann $F' \sim F$ (Symmetrie);
3) Wenn $F \sim F'$ und $F' \sim F''$, dann $F \sim F''$ (Transitivität).

Daher ist die Form einer Figur bis auf Ähnlichkeit eindeutig bestimmt. Allgemein erfüllt die Verknüpfung von Automorphismen die Axiome einer mathematischen Gruppe:

1) Die Identität I, die eine Figur auf sich selbst abbildet, ist ein Gruppenelement, d. h. $I \in A$.
2) Zu jeder Abbildung $T \in A$ gibt es eine inverse Abbildung $T^{-1} \in A$ mit $T \circ T^{-1} = T^{-1} \circ T = I$.
3) Wenn S und T Automorphismen sind, dann ist auch ihre Verknüpfung $S \circ T$ ein Automorphismus.

Die Symmetrieeigenschaften einer Figur sind daher durch ihre Automorphismengruppe eindeutig bestimmt. Beispiele von diskreten Gruppen sind die endlichen Rotationsgruppen von Polygonen, die ein reguläres Vieleck durch endlich viele Drehungen in sich selbst überführen können. Berücksichtigt man neben den möglichen Drehungen eines regulären Polygons auch ihre möglichen Spiegelungen, so wird die zyklische Gruppe zur Diedergruppe erweitert, mit der die Symmetrieeigenschaften der Figur vollständig bestimmt sind.

Ein einfaches Beispiel für eine stetige Gruppe ist die Rotation eines Kreisradius, die alle Gruppenaxiome erfüllt. Stetige Gruppen wurden von Sophus Lie untersucht und sind von zentraler Bedeutung für die moderne Physik. Der Lie'sche Gedanke, homogene Mannigfaltigkeiten unter der Voraussetzung einer stetigen Isometriegruppe zu konstruieren, wurde von Elie Cartan verallgemeinert. Cartan versteht unter einem „symmetrischen Raum" eine Riemann'sche Mannigfaltigkeit, in der die Spiegelung an einem beliebigen Punkt eine isometrische Transformation ist. Für die moderne Kosmologie sind „symmetrische Räume" von besonderer Bedeutung, da sie Homogenität und Isotropie des Kosmos im Großen zu beschreiben erlauben.

Weitere Beispiele von diskreten Gruppen betreffen die Symmetrien von Ornamenten und Kristallen. Die Klassifikation dreidimensionaler Kristalle war ein zentrales Problem der Chemie seit dem 19. Jahrhundert. Um die diskreten Raumgruppen systematisch zu erfassen, beginnt man mit den regulären Körpern der euklidischen Geometrie. Jede Rotation, die den Würfel invariant lässt, lässt auch das Oktaeder invariant und umgekehrt. Entsprechendes gilt für Dodekaeder und Ikosaeder. Der entsprechende reguläre Körper des Tetraeders ist selbst ein Tetraeder. Analog lässt sich fragen, welche endlichen Bewegungsgruppen ebene und räumliche Gitter invariant lassen, um ihre Symmetrieeigenschaften zu bestimmen. Eine berühmte Anwendung war Max von Laues Analyse von Kristallen durch Röntgenstrahlen.

Seit dem 19. Jahrhundert werden Symmetrieeigenschaften zur Klassifizierung verschiedener geometrischer Theorien verwendet. In der Nachfolge von Felix Kleins „Erlanger Programm" ordnete man verschiedene Geometrien unter dem Gesichtspunkt geometrischer Invarianten, die bei metrischen, affinen, projektiven, topologischen Transformationen unverändert bleiben. So ist z. B. der Begriff eines regulären Dreiecks eine Invariante der euklidischen Geometrie, aber nicht der projektiven Geometrie: Er bleibt invariant gegenüber metrischen Transformationen, während eine projektive Transformation die Dreiecksseiten verändert. Die geometrischen Transformationsgruppen haben eine erhebliche Bedeutung für die Raum-Zeit-Konzepte der modernen Physik.

3   Symmetrie und Symmetriebrechung in der Physik

Unter dem Eindruck mathematischer Analysen von geometrischen Invarianten werden seit dem 19. Jahrhundert physikalische Raum-Zeit-Konzepte durch geometrische Symmetrien charakterisiert. So entspricht der galileisch-newtonschen Raum-Zeit eine Invarianz der klassischen Bewegungsgleichungen gegenüber der Gruppe der Galilei-Transformationen. Anschaulich ist damit gemeint, dass Bewegungsgleichungen bis auf die Galilei-Invarianz unabhängig von gleichförmig bewegten Bezugssystemen (Inertialsystemen) eines Beobachters gelten. Statt also der Symmetrie von Figuren und Körpern untersucht die Physik, inwieweit mathematische Naturgesetze gegenüber Symmetrietransformationen invariant sind.

So gelten die Gesetze der klassischen Physik, etwa die Keplerschen Planetengesetze, unverändert in allen gleichförmig zueinander bewegten Bezugssystemen. Sie treffen auf dem Mars ebenso wie auf der Erde zu. Werden die Koordinaten in Raum und Zeit nach den sogenannten Galilei-Transformationen (Audretsch und Mainzer 1994, S. 38; Ehlers 1973) verschoben, bleiben die mechanischen Gesetze gleich. Und weil diese Symmetrie überall gilt, wird sie eine „globale Symmetrie" genannt. In diesem Fall sind die Gleichungen unempfindlich gegenüber einer gleichmäßigen Verschiebung aller Koordinaten. Albert Einstein erweiterte diese Symmetriebetrachtung für seine *Spezielle Relativitätstheorie,* indem er die Symmetrien der klassischen Mechanik mit der Elektrodynamik vereinigte. Mit dem neuen Bezugssystem der Lorentz-Transformationen liegt auch hier eine globale Symmetrie vor.

Analog ist die Form einer Kugel unveränderlich bei einer Rotation, wenn die Koordinaten aller Punkte um denselben Winkel verändert werden. Auf der Oberfläche entstehen Verzerrungen oder Risse, wenn nur „lokale" Veränderungen der Koordinaten vorgenommen werden. Die Form der Kugel bleibt jedoch erhalten, wenn wie bei einer Gummihaut Dehnungs- und Verzerrungskräfte angenommen werden. Mit Platon könnte man sagen, dass die Symmetrie der Kugel durch diese Kräfte „gerettet" wird, weil so die Symmetriebrechung durch Zerreißen der Kugeloberfläche vermieden wird.

In seiner *Allgemeinen Relativitätstheorie* arbeitete Einstein erstmals mit Bezugssystemen, in denen die globale Symmetrie gebrochen wird. An manchen Stellen im Raumzeit-Gefüge können lokale Beschleunigungen auftreten. Um auch in den Gleichungen der Allgemeinen Relativitätstheorie eine mathematische Symmetrie zu erhalten, kompensiert Einstein die lokalen Abweichungen, indem er dort jeweils eine Kraft walten lässt: die Gravitationskraft. Mit dieser bleibt Einsteins Gravitationsgesetz trotz der lokalen Symmetriebrüche gegenüber Raumzeit-Verschiebungen invariant. Diese Beobachtung am Beispiel der Gravitation war später eine nützliche Heuristik, um quantenphysikalische Wechselwirkungen durch „lokale Symmetrien" zu charakterisieren.

Im Standardmodell der relativistischen Kosmologie wird die kosmische Evolution durch das Kosmologische Prinzip von Howard P. Robertson und Arthur G. Walker erklärt. Danach ist für einen Beobachter zu jedem Zeitpunkt der räumliche Zustand des Universums (bei geeigneter Skalenwahl) homogen und isotrop. Dieses Symmetrieprinzip lässt sich mathematisch durch eine stetige Symmetriegruppe bestimmen, bei der die Form physikalischer Größen wie Gravitationspotentiale und Energie-Impuls-Tensor invariant („forminvariant") bleibt. Die Konstruktion homogener Mannigfaltigkeiten durch Isometriegruppen ist eine Verallgemeinerung der Differentialgeometrie von Riemann, Helmholtz und Lie, die mathematisch in Cartans Theorie symmetrischer Räume eingeführt wurde.

Quantenphysikalisch lassen sich die elektromagnetische Wechselwirkung sowie die zwischen Elementarteilchen dominierende starke und schwache Wechselwirkung durch lokale Symmetrien ihrer Gesetze bestimmen.[2] Die von der Theorie vorhergesagten Wechselwirkungen ändern sich somit nicht, wenn man bestimmte Größen an einem Ort („lokal") frei wählt. Das erinnert an das Eichen von Maßstäben. Daher sprach der Mathematiker Hermann Weyl von Eichinvarianz beziehungsweise Eichsymmetrie, wenn Gleichungen invariant sind gegen beliebige Verschiebungen einer Größe (vgl. Weyl (1918)).

Nach heutigem quantenphysikalischem Verständnis der Grundkräfte in der Natur gibt es zu jeder Kraft Vermittlerteilchen, Bosonen, welche die Kraft übertragen und die Symmetrie der Kraftgleichungen retten. So überträgt nach dem Verständnis der Quantenphysik das Photon die elektromagnetische Wechselwirkung. 1954 entwickelten die Physiker Chen Ning Yang und Robert Mills eine Eichtheorie, die zur Beschreibung der starken und schwachen Wechselwirkung herangezogen werden sollte. Sie erwies sich zunächst als falsch, da sie die entsprechenden Vermittlerteilchen als masselos annahm, wie es für das masselose Photon der Fall ist. Tatsächlich jedoch haben etwa die 1984 entdeckten Bosonen der schwachen Wechselwirkung eine beträchtliche Masse. Die Reichweite der von ihnen übertragenen Kraft ist somit endlich.

Verschiedene Vermittlerteilchen mit verschiedenen Massen? Das ist wiederum eine Symmetriebrechung und ein Hindernis, will man alle Kräfte der Natur in einer *Grand Unified Theory* (GUT: Große Vereinigungstheorie), also in einem Formelwerk, zusammenführen. Die Symmetriebrechung der Teilchenmassen lässt sich jedoch kitten, nimmt man an, dass es einen

---

[2] Ein einfaches Beispiel: Globale Phasentransformationen $\psi(x,t) \rightarrow \psi'(x,t) = e^{i\alpha}\ \psi(x,t)$ für ein Materiefeld $\psi(x,t)$ mit Phase α konstant für alle Punkte (x,t) der Raum-Zeit lassen Feldgleichungen invariant. Lokale Phasentransformationen $\psi(x,t) \rightarrow \psi'(x,t) = e^{i\alpha(x,t)}\ \psi(x,t)$ mit lokal sich verändernder Phase $\alpha(x,t)$ lassen Feldgleichungen von $\psi(x,t)$ nicht invariant (z. B. Schrödinger-Gleichung, relativistische Wellengleichung eines freien Teilchens). Invarianz bei lokalen Transformationen erfordert daher Zusatzterme der Feldgleichung, die einer physikalischen Wechselwirkung des Teilchens mit einem externen Feld entsprechen (Yang-Mills-Theorien).

zusätzlichen, im Hinblick auf Massen invarianten Mechanismus gibt. Das ist der von dem schottischen Physiker Peter Higgs in den 1960er Jahren aufgezeigte Mechanismus (Higgs 1964). Er kann erklären, wieso verschiedene Eichbosonen verschiedene Massen haben. Doch erfordert die Higgstheorie selbst wiederum ein Boson, sozusagen das Vermittlerteilchen für Masse. Vieles spricht nun dafür, dass das vom Europäischen Kernforschungszentrum CERN gefundene Teilchen ein solches Higgs-Teilchen ist.

Kosmologen nehmen an, dass alle heute beobachtbaren Grundkräfte sich kurz nach dem Urknall aus einer einheitlichen Urkraft schrittweise separiert haben. Es müsste somit eine überwölbende Formel geben, die sich aus den Splittern der einzelnen heute bekannten Kraft-Formeln zusammensetzt. Tatsächlich ist es Anfang der 1980er Jahre am Forschungszentrum CERN experimentell gelungen, zumindest zwei dieser einzelnen Kräfte zu vereinigen: die schwache und die elektromagnetische Wechselwirkung (Weinberg 1985). Bei sehr hoher Energie sind beide Wechselwirkungen nicht mehr zu unterscheiden. Bei niedriger Energie bricht diese Symmetrie jedoch spontan auseinander. Bei noch höherer Energie lässt sich auch die starke Wechselwirkung mit der elektromagnetischen und schwachen Wechselwirkung vereinigen (Georgi 1980; Georgi und Glashow 1974).

Mathematische Spekulation ist allerdings noch jene Ursymmetrie, aus der womöglich einst alles entstand. Heisenbergs Vorschlag von 1958 blieb ebenso vorläufig wie Einsteins Suche nach einer einheitlichen Feldtheorie. Derzeitige Ansätze wie z. B. die Stringtheorie bieten bisher keine Möglichkeit der empirischen Überprüfung. Die Bestätigung von Higgs-Teilchen bedurfte bereits einer gewaltigen Experimentalmaschine wie des Teilchenbeschleunigers in CERN. So bleibt zu erwarten, dass zukünftige Fortschritte nicht nur von der Theorie, sondern von noch genaueren Messmethoden, steigendem Aufwand der Experimentaltechnik verbunden mit wachsender Rechenkapazität von Supercomputern und der Bewältigung von Big Data abhängen werden.

Theoretisch wäre es nötig, auch die Gravitation mit den drei bekannten quantenphysikalischen Kräften und ihren lokalen Eichsymmetrien zu vereinigen. Einsteins Allgemeine Relativitätstheorie müsste mit der Quantenfeldtheorie der starken, schwachen und elektromagnetischen Wechselwirkungen zusammengeführt werden. Während Einsteins Theorie im Sinn klassischer Physik von beliebig kleinen Einheiten ausgeht, nimmt die Quantenwelt eine kleinste Größe (Planck'sches Wirkungsquantum) an, von der die starken, schwachen und elektromagnetischen Wechselwirkungen abhängen. Anschaulich gesprochen ist die Quantenwelt „gekörnt", während die klassische Welt stetig ist. Die klassische Physik wird daher als eine

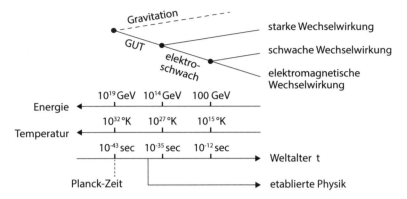

Abb. 2 Spontane Symmetriebrechung und Separation der Teilkräfte. (Nach Audretsch und Mainzer 1990, S. 98)

Approximation an die Quantenwelt aufgefasst: In der Größendimension des Alltags sieht man noch nicht die Quanten des Mikrokosmos und die Welt erscheint stetig.

Spontane Symmetriebrechung ist auch im Alltag zu finden. So besitzt ein Ei idealerweise eine vollkommen symmetrische Form. Um die Längsachse herum sieht es in allen Seiten gleich aus. Stellen wir es aber mit der Spitze auf eine glatte Tischplatte, dann fällt es spontan zu einer Seite und bricht damit die Rotationssymmetrie, obwohl zunächst keine Richtung ausgezeichnet war.

Ob wir nun eine Ursymmetrie annehmen oder nicht. In jedem Fall lässt sich mathematisch die Existenz des heutigen Universums durch eine Reihe von Symmetriebrechungen erklären, in der sich die Teilkräfte des Universums an kritischen Zuständen der Energie und Temperatur während der Expansion des Universums separierten (Abb. 2). In jedem Fall ist es ein weiterer Schlüssel zum Hochenergielaboratorium des Universums, in dem wir leben.

4   Symmetrie und Eleganz von Formeln in der Physik

Die mathematischen Gleichungen der Quantenphysik, die in den 1920er Jahren eingeführt wurden, waren elegant und zeichneten sich durch formale Symmetrien aus. Physiker wie Werner Heisenberg, Paul Dirac und Erwin Schrödinger hatten für diese mathematische Glanzleistung den Nobelpreis erhalten. Allerdings sind diese Formeln auch abstrakt und können nicht mehr ohne Weiteres so anschaulich gedeutet werden, wie wir das

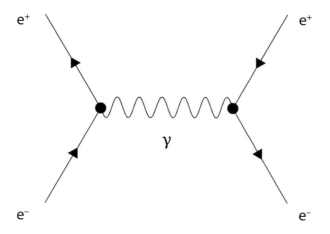

Abb. 3 Veranschaulichung von Formeln durch Feynman-Diagramme

aus der klassischen Physik gewohnt sind. So entsprechen den Differential-gleichungen der Quantenmechanik keine eindeutigen Bewegungskurven von z. B. Kugeln wie in der klassischen Mechanik. Vielmehr können nur Wahrscheinlichkeiten für das zukünftige Verhalten von Elementarteil-chen vorausgesagt werden. Dabei müssen alle möglichen Bahnen und ihre jeweilige Wahrscheinlichkeit berücksichtigt werden, um die Wahrschein-lichkeit eines zukünftigen Ereignisses zu berechnen (Audretsch und Mainzer 1996). Ein brillanter mathematischer Physiker wie Paul Dirac war daher der Ansicht, dass exakte Formeln ohne anschauliche Deutung ausreichen, um die Quantenwelt zu berechnen.

Richard P. Feynman (1918–1988) gehörte einer jüngeren Physiker-generation an und wollte sich mit abstrakten Formeln nicht zufrieden-geben. Menschen arbeiten im Unterschied zu herkömmlichen Computern nun einmal mit Anschauung und Bildern. Das hängt mit unseren in der Evolution hoch ausgebildeten visuellen Fähigkeiten zusammen. Mit großem Gespür für Didaktik schlug Feynman anschauliche Diagramme für die Quantenelektrodynamik vor, mit denen die Wechselwirkungen von Elementarteilchen illustriert werden. In der Quantenelektrodynamik wird die Wechselwirkung von Elektronen durch Austauschteilchen wie Photonen (Lichtteilchen) beschrieben (Feynman et al. 1966). In Abb. 3 werden zwei Elektronen e gezeigt, die sich durch Austausch eines Photons gegenseitig abstoßen. Teilchen wie Elektronen werden durch gerade Linien symbolisiert, die kurzlebigen (virtuellen) Austauschteilchen durch gewellte Kurven. Aber dieses Diagramm zeigt nur einen möglichen Fall der Begegnung. Denkbar ist auch der Austausch von zwei oder mehr Photonen, allerdings mit weitaus geringerer Wahrscheinlichkeit. Jedenfalls steht jedes dieser anschaulichen Bilder für einen mathematischen Term. Durch Multiplikation dieser Terme erhält man die Wahrscheinlichkeit, mit der die Wechselwirkung stattfindet.

Ganze Physikergenerationen sind der Suggestion dieser Feynman-Diagramme bis heute gefolgt. Sie erklären eigentlich nichts, sondern helfen uns Menschen, durch einen hoch abstrakten mathematischen Apparat und komplizierte Rechnungen hindurch zu finden. Die Physikergeneration von Feynman wurde zum ersten Mal von einer Datenflut der Hochenergiephysik überschwemmt. Feynman hatte als junger Physiker bereits im Manhattan-Projekt am Bau der Atombombe teilgenommen. Dabei wird sich ihm die Bedeutung von Daten und die entscheidende Rolle von Ingenieuren eingeprägt haben. Tatsächlich erinnern seine Diagramme an die Schaltbilder der Elektrotechnik. Auch sie lassen sich unmittelbar in Differentialgleichungen übersetzen, mit denen Stromdaten berechnet werden können. Später kamen in den USA Forschungsreaktoren und Teilchenbeschleuniger hinzu, mit denen immer neue Elementarteilchen entdeckt wurden.

Ein Beispiel für erfolgreiche, aber nicht erklärte Rezepte in der Physik ist das sogenannte *Renormierungsverfahren* der Quantenelektrodynamik (Wilson 1975, zur Geschichte vgl. auch Salam 1973). Dabei müssen Strahlungskorrekturen für spontan abgestrahlte Photonen berücksichtigt werden. Bei der Berechnung divergierten allerdings entsprechende Integrale gegen unendlich. Unendliche Werte machen in der Physik des endlichen Universums keinen Sinn. Das Renormierungsverfahren war nun nichts weiter als ein geschicktes Berechnungsverfahren. Die unendlichen Anteile der Terme wurden als physikalisch bedeutungslos erklärt. Nur endliche Teile wurden als gültig akzeptiert. Masse und Ladung eines Elektrons wurden so definiert, dass die unerwünschten Teile nicht mehr auftraten. Dieses Rezept funktionierte tadellos und wurde auch in anderen physikalischen Theorien mit Erfolg angewendet. Dem praktisch arbeitenden Physiker reichte das, um vorläufig erfolgreich zu sein. Eine Erklärung war das nicht.

In den 1950er und 1960er Jahren entdeckte man eine Fülle von neuen Teilchen, die mit der starken Kraft in Wechselwirkung stehen und deshalb Hadronen (griechisch für „stark") genannt werden. Mit stärkeren Teilchenbeschleunigern und Energien ließen sich immer weitere Hadronen erzeugen. Die Entdeckung und Untersuchung dieser Teilchen wurde abhängig vom Entwicklungsstand der Hochenergietechnologie. Von einer grundlegenden Theorie der starken Kraft war man allerdings zu dieser Zeit weit entfernt. Wissenschaftshistorisch zeigte die Physik der starken Kräfte ein bemerkenswertes Entwicklungsschema. Am Anfang stand „Big Data" mit

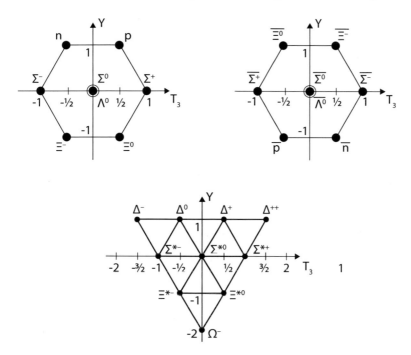

Abb. 4　Symmetrien von Teilchenmultipletts

einer unübersehbaren Vielfalt von ungeordneten Messdaten und Teilchenentdeckungen, die geradezu zu einem „Zoo der Hadronen" führte. In einer zweiten Phase wurden Gemeinsamkeiten, Analogien und Korrelationen bemerkt, die zu Ordnungsschemata führten. Aber sie waren weitgehend nur Approximationen und keine exakten physikalischen Erklärungen. Gemeint sind die sogenannten Ladungsmultipletts (Itzykson und Zuber 1980, S. 513 ff.), mit denen man Teilchen nach ihren Ladungen in geometrisch-anschaulichen Ornamenten anordnete (Abb. 4).

Gelegentlich führten diese Bilder zur Entdeckung neuer Teilchen. Trotz dieser heuristischen Erfolge wirkten die Teilchenmultipletts auf viele Physiker wie die mystischen Symmetrien der Kabbalistik, deren einfache Kombinationsregeln zwar gelernt werden konnten, deren Begründung aber im Dunkeln blieb. Einen mathematisch wichtigen Schritt taten 1962 Murray Gell-Mann und Yuval Ne'eman, als sie mathematische Symmetrien in diesen Ornamenten mit der mathematischen Gruppentheorie beschreiben konnten. Mit Anspielung auf die buddhistische Weisheitslehre sprach man auch vom „achtfachen Weg", der notwendig ist, um hinter der Teilchenvielfalt die zugrundeliegende Symmetrie zu erkennen (Gell-Mann und Ne'eman 1964). Trotzdem blieben einige Eigenschaften ungeklärt und die Multipletts bestenfalls denkökonomische, ästhetische und approximative Beschreibungen im Big Data des Hadronenzoos.

Die entscheidende Erklärung gaben Gell-Mann und George Zweig 1963 mit dem Vorschlag, alle Hadronen auf wenige elementare Bausteine zurückzuführen. Für diese als „Quarks" bezeichneten Teilchen lassen sich tatsächlich exakte fundamentale Symmetriegruppen angeben, mit denen Big Data der Hadronen exakt berechnet und prognostiziert werden kann.

5   Warum passen Symmetrien und Symmetriebrechungen so gut auf die Welt?[3]

Chemie dient als Brücke zwischen Mikro- und Makrowelt. Biochemie und Molekularbiologie sind Erklärungsgrundlagen der Lebensvorgänge von Organismen wie z. B. Bakterien, Pflanzen und Tieren. Dennoch sind Organismen nicht einfach komplexe Aggregate von Atomen und Molekülen. Einige Symmetrieeigenschaften sind zwar durch molekulare Bausteine (z. B. Dissymmetrie der Proteine) bestimmt. Auf dem höheren Organisationsniveau der Organismen entstehen jedoch neue Eigenschaften von Symmetrie, Dissymmetrie und Asymmetrie, die durch funktionale Erfordernisse (z. B. Anpassung an die Umwelt, Arterhaltung, Stoffwechsel) notwendig werden.

Mathematische Symmetrien und Symmetriebrechungen lassen sich also überall in den Wissenschaften nachweisen. Die erkenntnistheoretische Frage, die sich seit der Antike stellt, lautet: Sind Symmetrien nur Konstruktionen des menschlichen Geistes oder reale Strukturen der Welt? Sind Symmetrien nur Eigenschaften wissenschaftlicher Theorien und Modelle, die von menschlichen Gehirnen produziert werden, um Komplexität zu reduzieren? Falls sie aber nur mathematische Konstruktionen sind, warum liefern Beobachtungen, Messungen und Voraussagen diese Regularitäten?

---

[3] Zum folgenden Abschnitt vgl. Wigner (1960) und Mainzer (2014, Kap.14).

Entscheidend ist dabei eine Fähigkeit des Menschen, die ihn als evolutionäres Erbe auszeichnet: Gemeint ist die Mustererkennung in Beobachtungsdaten, die überlebenswichtig war. Im Zeitalter von Big Data in der Wissenschaft geht es um Mustererkennung in unübersichtlich vielen Messdaten. Zudem hängen mittlerweile unsere wissenschaftlichen Theorien in einem komplexen Theoriengebäude zusammen, so dass Mustererkennung auch für theoretische Zusammenhänge von Modellen und Theorien notwendig wird.

Sicher sind die mathematischen Strukturen und Modelle von uns Menschen in einer langen Kultur- und Wissenschaftsgeschichte entwickelt worden. Aber andererseits erlauben uns diese Denkinstrumente mit ihrer einzigartigen Präzision komplexe Muster und Zusammenhänge zu erkennen, die zu neuen Erkenntnissen führen. Daher wurde unsere evolutionäre Fähigkeit der Mustererkennung mit mathematischen Methoden zu äußerster Präzision getrieben, um gesetzmäßige Zusammenhänge auch in komplexen Datenmengen zu erfassen. Dass sich z. B. Zeit dehnt und Uhren bei Geschwindigkeit langsamer gehen, konnte Einstein erst prognostizieren, als er neben den Bezugssystemen der Mechanik auch die Gesetze der Elektrodynamik berücksichtigte. Zusammen mit der Konstanz der Lichtgeschwindigkeit, die als Naturkonstante bereits in den Maxwell'schen Gleichungen vorkommt, musste eine neue Gruppe von Transformationen eingeführt werden, um die Raum-Zeit-Koordinaten von Bezugssystemen für Mechanik und Elektrodynamik berechnen zu können. Das war die Gruppe der Lorentz-Transformationen, mit der die mathematische Struktur der erweiterten Raum-Zeit von Mechanik und Elektrodynamik bestimmt wird.

Andererseits finden in der Natur grundlegende Symmetriebrechungen statt. Die physikalischen Grundkräfte, die sich während der kosmischen Expansion abspalteten, sind durch Teilsymmetrien charakterisiert. Mit jeder dieser Teilkräfte entsteht eine Vielzahl von neuen Elementarteilchen, die sich schließlich zu Atomen, Molekülen, Gasen und Materialien verbinden. Symmetrie und Einfachheit gehen dabei verloren und spalten sich in kosmische Vielfalt auf. Symmetrie und Symmetriebrechung sind also komplementär aufeinander bezogen: Symmetrien von Theorien eröffnen Einsichten in invariante Grundstrukturen der Welt. Symmetriebrechungen eröffnen Einsichten in die Vielfalt und Komplexität der Welt. Wir müssen die passenden mathematischen Strukturen durch Messverfahren, Experimente und Beobachtungsdaten auswählen. Symmetrien bleiben dabei wie seit der Antike eine regulative Leitidee der Forschung.

Zitierte Literatur

Audretsch, Jürgen, Mainzer, Klaus (Hrsg.): Vom Anfang der Welt. Wissenschaft, Philosophie, Religion, Mythos. C.H. Beck, München, 2. Aufl. (1990).

Audretsch, Jürgen, Mainzer, Klaus (Hrsg.): Philosophie und Physik der Raum-Zeit. Grundlagen der exakten Naturwissenschaften Bd. 7. B.I. Wissenschaftsverlag, Mannheim, 2. Aufl. (1994).

Audretsch, Jürgen, Mainzer, Klaus (Hrsg.): Wieviele Leben hat Schrödingers Katze? Zur Physik und Philosophie der Quantemechanik. Spektrum Akademischer Verlag, Heidelberg, 2. Aufl. (1996).

Bohr, Harald August: Fastperiodische Funktionen. Springer, Berlin (1932).

Ehlers, Jürgen (1973): The nature and structure of spacetime. In: Mehra, Jagdish (Hrsg.), The Physicist's Conception of Nature, S. 71–91. Kluwer Academic, Dordrecht (1973).

Feynman, Richard Philips; Leighton, Robert; Sands, Matthew: The Feynman Lectures on Physics. Addison-Wesley, Reading, MA, 2. Aufl. (1966).

Gell-Mann, Murray, Ne'eman, Yuval: The Eightfold Way. W.A. Benjamin, New York (1964).

Georgi, Howard: Why unify? Nature **288**, 649–651 (1980).

Georgi, Howard, Glashow, Sheldon Lee: Unity of all elementary-particle forces. Physical Review Letters **32**, 438–441 (1974).

Higgs, Peter Ware: Broken symmetries, massless particles and gauge fields. Physics Letters **12**, 132–133 (1964).

Itzykson, Claude, Zuber, Jean-Bernard: Quantum Field Theory. McGraw-Hill, New York (1980).

Mainzer, Klaus: Geschichte der Geometrie. B.I. Wissenschaftsverlag, Mannheim (1980).

Mainzer, Klaus: Symmetrien der Natur. De Gruyter, Berlin (1988). (Engl. Übers. 1996).

Mainzer, Klaus: Die Berechnung der Welt. Von der Weltformel zu Big Data. C.H. Beck, München (2014).

Mittelstraß, Jürgen: Die Rettung der Phänomene. Ursprung und Geschichte eines antiken Forschungsprinzips. De Gruyter, Berlin (1970).

Salam, Abdus: Progress in renormalization theory since 1949. In: Mehra, Jagdish (Hrsg.), The Physicist's Conception of Nature, S. 432–446. Reidel, Dordrecht (1973).

Weinberg, Steven: Vereinheitlichte Theorie der elektro-schwachen Wechselwirkung. In: Dosch, Hans Günter (Hrsg.), Teilchen, Felder und Symmetrien, S. 6–15. Spektrum der Wissenschaft, Heidelberg, 2. Aufl. (1985).

Weyl, Hermann: Gravitation und Elektrizität. Sitzungsberichte der Preußischen Akademie der Wissenschaften, 465–480 (1918).

Wigner, Eugene: The unreasonable effectiveness of mathematics in the natural sciences. Communications on Pure and Applied Mathematics **13**(1), 1–14 (1960).

Wilson, Kenneth Geddes: Renormalization group methods. Advances in Mathematics **16**, 1–186 (1975).

Weiterführende Literatur

Genz, Henning und Decker, Roger: Symmetrie und Symmetriebrechung in der Physik. Vieweg, Braunschweig (1991).

Heisenberg, Werner: Wandlungen in den Grundlagen der Naturwissenschaften. 9. Aufl., S. Hirzel, Stuttgart (1959).

Mainzer, Klaus: Symmetries in nature. Chimia **12**, 161–171 (1988).

Mainzer, Klaus: Symmetries in mathematics. In: Grattan-Guiness, Ivor (Hrsg.), Companion Encyclopedia of the History and Philosophy of the Mathematical Sciences Vol. 2, S. 1612–1623. Routledge, London/New York (1994).

Mainzer, Klaus: Symmetries in the physical sciences. In: Prawitz, Dag; Westerståhl, Dag (Hrsg.), Logic and Philosophy of Science, S. 453–464. Kluwer Academic, Dordrecht (1994).

Mainzer, Klaus: Symmetrien und Symmetriebrechung innerhalb und außerhalb der Mathematik. DMV (Deutsche Mathematiker Vereinigung)-Mitteilungen **1**, 49–52 (1998).

Mainzer, Klaus: Symmetry and complexity in dynamical systems. European Review (Academia Europaea) **13**(2), 29–48 (2005).

Mainzer, Klaus: Symmetrie und Symmetriebrechung. Von der Urmaterie zu Kunst und Leben. In: Kleinknecht, K. (Hrsg.), Quanten 2. Schriftenreihe der Heisenberg-Gesellschaft Bd. 2, S. 9–58. S. Hirzel, Stuttgart (2014).

Weyl, Hermann: Symmetrie. Birkhäuser, Basel (1952).

Das Standardmodell

Oder: Nichts hält länger als ein Provisorium

Robert Harlander

1   Vorbemerkungen

Populärwissenschaftliche Artikel über die Entwicklung und Struktur des Standardmodells gibt es mittlerweile zuhauf.[1] Anstelle einer solchen sachlichen und nach Vollständigkeit strebenden Darstellung soll hier ein übergeordneter Blick auf die *Struktur* des Standardmodells geworfen werden. Zunächst wird dazu ein Einblick in die Art und Weise seiner Entstehung gegeben. Mit Hilfe einer Analogie wollen wir verdeutlichen, dass das Standardmodell ein historisch gewachsenes Konstrukt ist, mit vielen vorläufigen Zwischenstadien, die immer wieder durch Zusätze ergänzt wurden.

In diesem Sinne ist es verwunderlich, wie gut das daraus entstandene theoretische Modell funktioniert. Das gute Zusammenspiel einiger seiner Komponenten wirkt dabei oft wie ein Zufall. Trotz seiner Erfolge in der Beschreibung der Natur macht das Standardmodell dadurch den Eindruck eines Provisoriums, das früher oder später durch eine umfassendere und elegantere Theorie ersetzt werden wird.

Wir gehen in diesem Artikel davon aus, dass die Leserin oder der Leser auf dem Niveau der oben angesprochenen populärwissenschaftlichen Arti-

---

[1] Einen Einstieg bietet beispielsweise diese Webseite des DESY: https://www.weltmaschine.de/physik/standardmodell_der_teilchenphysik.

R. Harlander(✉)
RWTH Aachen University, Aachen, Deutschland
E-Mail: harlander@physik.rwth-aachen.de

© Der/die Autor(en), exklusiv lizenziert an Springer-Verlag GmbH, DE, ein Teil von Springer Nature 2023
H. Fink und M. Kuhlmann (Hrsg.), *Unbestimmt und relativ?*,
https://doi.org/10.1007/978-3-662-65644-0_9

kel schon einmal vom Standardmodell gehört hat, etwa dass es drei der vier fundamentalen Wechselwirkungen zwischen den Elementarteilchen beschreibt (elektromagnetische, schwache und starke Wechselwirkung, nicht aber Gravitation), dass es das Higgsboson gibt, oder dass das Positron das Anti-Teilchen des Elektrons ist. Weitergehende Erfahrung in der Teilchenphysik sollte aber nicht erforderlich sein, um den wesentlichen Punkten des Artikels folgen zu können, auch wenn der Schwierigkeitsgrad kontinuierlich ansteigt. Es wird also nicht einfach, aber hoffentlich spannend!

2   Die Natur des Standardmodells

2.1   Eine Analogie

Wir stellen uns vor, eine Gruppe von Außerirdischen wird auf die Erde geschickt mit dem Auftrag, die dortige Zivilisation zu erforschen. Zufällig landen sie in einer großen Lagerhalle. Die Außerirdischen untersuchen die Teile, die dort lagern, und finden, dass viele davon offensichtlich zusammengehören. Sie fangen also an zu bauen, und erkennen irgendwann, dass sich ein Gegenstand entwickelt, der zur Fortbewegung oder zum Transport dient. Immer wieder stellen sie fest, dass zwei Teile nur dann zusammenpassen, wenn es noch ein Zwischenstück gibt. Dann machen sie sich auf die Suche, und früher oder später finden sie das passende Teil. Manchmal denken sie auch, das Puzzle sei fertig. Dann entdecken sie aber auf ihren Streifzügen durch die Halle wieder ein bislang unbekanntes Teil und müssen lange grübeln und eventuell weitere Zwischenstücke suchen, bis sie auch dieses Teil wieder eingefügt haben.

Eines Tages stellen die Außerirdischen mal wieder fest: Das Puzzle sieht fertig aus. Allerdings enthält es viele Teile, deren Sinn sie nicht verstehen: Zylinder, Kolben, Zündkerzen usw. Nach intensivem Experimentieren und Nachdenken stellen sie folgende Theorie auf. Wenn in den Tank eine explosive Flüssigkeit mit bestimmter Zündtemperatur und anderen wohldefinierten Eigenschaften eingefüllt wird, könnte eine selbsterhaltende Reihe von Explosionen im Zylinder erzeugt werden, die dann das Fahrzeug antreibt. Sie machen sich auf die Suche, finden einen vollen Benzinkanister – und bestätigen die Theorie.

Ganz ähnlich wie diese Geschichte der Entdeckung des Autos durch die Außerirdischen verlief die Entwicklung des Standardmodells der Teilchenphysik. Die einzelnen Teilchen (Elektron, Myon, Photon, W-Boson, usw., siehe Abb. 1a) entsprechen dabei den Teilen des Autos. Als erstes „entdecktes"

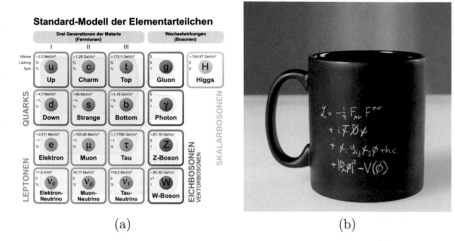

(a) (b)

Abb. 1 **(a)** Die Elementarteilchen des Standardmodells, und **(b)** die zugehörige Theorie. (Quellen: Wikimedia Commons, MissMJ, CC-By 3.0 (2021) und CERN (2019))

Teilchen des Standardmodells wird meist das Elektron im Jahr 1897 durch Thomson[1906] angeführt,[2] gefolgt vom Photon 1900 durch Planck[1918], usw.

Kleiner Exkurs – Was soll das heißen, dass Planck das Photon „entdeckt" hat? Das Photon ist das Lichtteilchen (die kleinste Energie- und Impulseinheit, die Licht mit einer bestimmten Wellenlänge annehmen kann). Und Licht kannte man natürlich auch schon vor Planck. Letzterer hat auch ebenso wenig wie jeder andere ein einzelnes Photon gesehen. Er hat aus theoretischen Überlegungen zur Hohlraumstrahlung geschlossen, dass die Energie von Licht mit der Wellenlänge λ nur ganzzahlige Vielfache von h/λ annehmen kann, wobei h das nach ihm benannte „Wirkungsquantum" bezeichnet. Und endgültig etabliert hat das Photon auch erst Einstein[1921] durch seine darauf basierende Erklärung des lichtelektrischen Effektes. Und wenn wir schon dabei sind: Auch Thomson hat kein einzelnes Elektron gesehen. Er hat nur verstanden, dass die Eigenschaften der bereits bekannten Kathodenstrahlen, wenn er sie durch elektrische oder magnetische Felder schickt, unausweichlich („inescapably") zu der Schlussfolgerung führen, dass diese Strahlen aus geladenen Teilchen bestehen. Aber das nur nebenbei. – *Exkurs Ende*

Zurück zu unserer Analogie. Um zu verstehen, warum das Auto fährt, mussten die Außerirdischen die Funktionsweise seines Motors durchschauen. Entsprechend kann man verstehen, wie das Standardmodell „funktioniert", d. h. wie die darin enthaltenen Teilchen zusammenspielen – wie sie „wechselwir-

---

[2] Hochgestellte Jahreszahlen bezeichnen in diesem Artikel das Jahr, in dem die Person mit dem Nobelpreis für Physik ausgezeichnet wurde.

ken". Tatsächlich umfasst der Begriff *Standardmodell* nicht nur die Elementarteilchen selbst, sondern auch die zugrunde liegende Theorie, die das Wechselwirken dieser Teilchen untereinander beschreibt. Die zugehörige Formel ist derart zentral für das Standardmodell, dass man sie, auf Kaffeetassen gedruckt, am CERN käuflich erwerben kann (Abb. 1b).

2.2   Das Zusammenspiel von Theorie und Experiment

Natürlich hinkt die obige Analogie mit den Außerirdischen – so wie jede Analogie an irgendeiner Stelle hinken muss (Harlander 2020). Wir könnten versuchen, sie etwas besser an die tatsächliche Geschichte des Standardmodells anzupassen, aber das soll hier nicht Ziel des Artikels sein. In der Teilchenphysik hatte man beispielsweise schon nach der Entdeckung der ersten fundamentalen Teilchen eine Theorie für den zugrunde liegenden „Motor" entwickelt. Allein aus der Kenntnis von Elektron und Photon und den Gesetzen der Quantenphysik hat man in der ersten Hälfte des 20. Jahrhunderts einen Prototyp des Standardmodells gebaut, die sogenannte Quantenelektrodynamik (QED). Anfangs stand diese Theorie zwar noch auf sehr wackeligen Füßen, aber mit dem Verständnis des Konzeptes *Renormierung* durch Feynman[1965], Schwinger[1965] und Tomonaga[1965] war das theoretische Umfeld für die Entwicklung des Standardmodells geebnet.

Die Entdeckung der Neutrinos (1956 durch Cowan und Reines[1995]) (bzw. bereits deren Postulierung 1930 durch Pauli[1945]) machte einen größeren „Motor" erforderlich, die sogenannte „Elektroschwache Wechselwirkung", diese wiederum forderte aus Konsistenzgründen neue Teilchen, die W- und Z-Bosonen, die anschließend am CERN entdeckt wurden, und so setzte sich das Wechselspiel aus experimenteller Entdeckung und anschließender theoretischer Einbettung, oder auch theoretischer Forderung und anschließender experimenteller Bestätigung in einigen Variationen fort, bis 2012 schließlich der letzte theoretisch geforderte Baustein, das Higgsboson, am Large Hadron Collider (LHC) entdeckt worden war.

2.3   Feynman-Diagramme

Im vorangegangenen Abschnitt war davon die Rede, dass bestimmte Teilchen von der Theorie „aus Konsistenzgründen" gefordert wurden. Um dies genauer zu verstehen, müssen wir zunächst das Funktionsprinzip des Motors im Standardmodell beschreiben, d. h. wie die Wechselwirkung der Teilchen untereinander theoretisch erfasst werden kann. Die sogenannten Feynman-Diagramme erlauben es, dies auf eine erstaunlich einfache und anschauliche Art zu tun, die aber dennoch in den wesentlichen Zügen wissenschaftlich korrekt bleibt.[3] In der Tat sind Feynman-Diagramme nicht etwa nur ein Mittel zur Veranschaulichung von Teilchenreaktionen, sondern ein wichtiges Werkzeug in der aktuellen Forschung.

Feynman-Diagramme eignen sich besonders gut, um Teilchen-Zerfälle oder Teilchen-Kollisionen zu beschreiben, also genau die Reaktionen, die man an Teilchenbeschleunigern wie dem Large Hadron Collider (LHC) beobachtet. Wir erinnern uns zunächst daran, dass die Elementarteilchen den Gesetzen der Quantenphysik gehorchen. Das bedeutet, dass das Ergebnis eines Experimentes in der Regel nicht zu 100 % durch die Ausgangsbedingungen festgelegt ist. Vielmehr liefert die Quantenphysik nur *Wahrscheinlichkeiten* dafür, dass ein bestimmtes Ergebnis beobachtet wird. Man kennt das aus radioaktiven Zerfällen. Der Kern eines Caesium-137-Atoms zerfällt mit einer Wahrscheinlichkeit von 50 % innerhalb von 30 Jahren. Wann genau er zerfällt, lässt sich nicht vorhersagen. Niemand, dem man einen Caesium-137-Kern zeigt, kann sagen, wie alt er ist, und wie viel von den 30 Jahren schon abgelaufen ist. Die Quantenmechanik besagt, dass dies *prinzipiell unmöglich* ist. Noch dazu kann Caesium-137 auf zwei verschiedene Arten zerfallen. Zu 5,4 % zerfällt es direkt in Barium-137, zu 94,6 % aber wird ein Zwischenzustand eingenommen („angeregtes Barium-137"), und erst nach Emission eines Photons der Endzustand Barium-137 erreicht.

Genauso ist es bei Streureaktionen. Schießt man ein Elektron e^- und ein Positron e^+ aufeinander, können verschiedene Dinge geschehen. So können z. B. zwei Photonen entstehen („Paar-Vernichtung"), oder ein Paar aus Myon und Anti-Myon ($\mu^+\mu^-$), oder ein Quark-Antiquark-Paar ($q\bar{q}$), usw. Das anfängliche Elektron-Positron-Paar kann auch einfach, ähnlich wie Billardkugeln, elastisch streuen und als e^+e^- in irgendeiner Richtung wieder davonfliegen. Was davon mit welcher Wahrscheinlichkeit passiert, lässt sich auf der Basis des Standardmodells mit Hilfe der Feynman-Diagramme berechnen.

Die Wahrscheinlichkeit für die Erzeugung eines Myon-Antimyon-Paares ergibt sich beispielsweise – in erster Näherung – aus den Diagrammen in Abb. 2. Jede Linie entspricht einem bestimmten Teilchen. Das linke Ende eines Diagramms bezeichnet dabei den Anfangszustand (e^+e^-), das rechte den Endzustand ($\mu^+\mu^-$). Nur diese „äußeren" Teilchen sind in einem Prozess direkt beobachtbar, in dem Sinne, dass sie Spuren in irgendwelchen Detektoren hinterlassen können. Was zwischen dem Anfangs- und dem Endzustand passiert, ist dagegen *nicht* direkt beobachtbar. Die Teilchen, die den „inneren"

---

[3] Wie faszinierend diese Tatsache angesichts der Komplexität der zugrundeliegenden Mathematik ist, habe ich versucht, an anderer Stelle zu beschreiben (Harlander 2021).

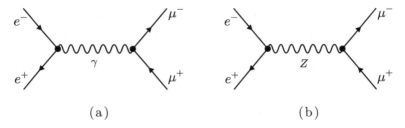

Abb. 2   Feynman-Diagramme zum Prozess $e^+e^- \to \mu^+\mu^-$. Alle Diagramme in diesem Artikel wurden mit Hilfe des Programms `FeynGame` produziert (Harlander et al. 2020)

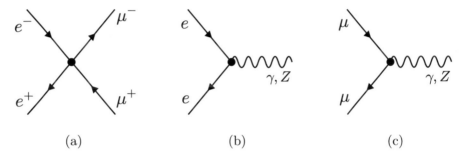

Abb. 3   Beispiele für Vertices: **(a)** existiert im Standardmodell nicht; **(b)** und **(c)** induzieren den Prozess aus Abb. 2

Linien entsprechen, in diesem Fall ein Photon γ oder ein Z-Boson (entsprechend den Abb. 2a und b), werden deshalb als „virtuell" bezeichnet. Gemäß der Quantenmechanik müssen alle Möglichkeiten, was im Rahmen der zugrunde liegenden Theorie zwischen dem Anfangs- und dem Endzustand passieren *könnte,* aufaddiert (und anschließend quadriert) werden.[4]

Die Wechselwirkungen der Elementarteilchen sind durch die sogenannten „Vertices" festgelegt, also die Punkte im Feynman-Diagramm, an denen drei (oder mehr) Linien aufeinander treffen. Einen Vertex wie in Abb. 3a, an dem vier Linien für $e^-e^+\mu^-\mu^+$ zusammentreffen, gibt es im Standardmodell nicht. Stattdessen muss die Streureaktion $e^+e^- \to \mu^+\mu^-$ über zwei Vertices vom Typ Abb. 3b und c, und damit über ein virtuelles Photon oder Z-Boson vermittelt werden, was letztlich auf die Diagramme in Abb. 2 führt.

Tatsächlich lässt sich das Standardmodell sogar *definieren* über die in ihm enthaltenen Teilchen (Linien) und deren Wechselwirkungen (Vertices).[5] Mit

---

[4] An dieser Aussage wird deutlich, dass die Beschreibung über Feynman-Diagramme weit über die Anschauung hinausgeht. Durch eine eindeutige Zuordnung von mathematischen Ausdrücken zu den Linien und Vertices (s. u.) erhält man auch unmittelbar ein *quantitatives* Resultat für die Wahrscheinlichkeit des dargestellten Prozesses. In diesem Sinn ist es zu verstehen, wenn man von der Addition oder dem Quadrieren von Feynman-Diagrammen spricht.

[5] Dies schließt natürlich die zugehörigen mathematischen Ausdrücke mit ein, siehe Fußnote 4.

dieser Information lassen sich dann (buchstäblich!) spielend leicht alle möglichen Reaktionen ableiten, die beim Zusammenstoß eines Elektron-Positron-Paares passieren können. Das kann man mit dem Programm `FeynGame`[6] ganz einfach selbst probieren. Viel Spaß dabei!

2.4 Die Rolle des Higgsbosons

Was bedeutet es nun, wenn wir sagen, dass ein Teilchen „aus Konsistenzgründen" gefordert wird? Zwar kann das Standardmodell nur Wahrscheinlichkeiten für bestimmte Reaktionen vorhersagen, aber natürlich müssen sich die Wahrscheinlichkeiten für alle Möglichkeiten zu 100 % addieren, nicht mehr, und nicht weniger. Diese Eigenschaft eines Prozesses nennt man auch „Unitarität".[7] Nun gibt es Reaktionen, für die sich eine Wahrscheinlichkeit von *mehr als* 100 % ergeben würde, wenn man nicht alle Teilchen des Standardmodells berücksichtigt. Die Unitarität wäre in diesem Fall also verletzt. Auf diese Weise wusste man bereits lange vor der Entdeckung des Higgsbosons, dass das Standardmodell ohne dieses (oder ein ähnliches) Teilchen nicht vollständig sein kann. So würde die Wahrscheinlichkeit für W^+W^--Produktion ohne das Higgsboson die 100 %-Marke überschreiten, sobald die Energie der Kollision größer wird als etwa 1000 GeV.[8] Zur Überprüfung dieser Vorhersage war allerdings der Bau des Large Hadron Collider (LHC) nötig, weil keiner der davor existierenden Beschleuniger eine derart hohe Energie erreichen konnte.

Am Large Hadron Collider (LHC) konnte man also nicht verlieren, irgendetwas muss schließlich die 100 %-Grenze bewahren. Entweder das Higgsboson in seiner Minimalversion, wie sie ursprünglich von Weinberg[1979] vorgeschlagen worden war, oder eine der unzähligen Erweiterungen (Supersymmetrie, 2-Higgs-Dublett-Modell, Composite Higgs, Technicolor, etc.), oder vielleicht doch etwas, woran bisher niemand gedacht hatte…?

Am 4. Juli 2012 war es dann so weit. Am CERN wurde die Beobachtung einer Überhöhung in den Daten verkündet, die mit dem Higgsboson des Standardmodells kompatibel war, was seitdem mit immer mehr Daten untermauert wurde. Das Standardmodell ist damit komplett und stellt eine Theorie dar, die mathematisch schlüssig ist bis zu ultrahohen Energien; so hoch, dass man sie wohl niemals an einem Teilchenbeschleuniger erreichen wird.

---

[6] Das Programm ist frei verfügbar über https://web.physik.rwth-aachen.de/user/harlander/software/feyngame (Harlander et al. 2020).

[7] Vom Lateinischen *unus* = eins, also 100 %.

[8] 1 GeV[Gigaelektronenvolt] $\approx 1{,}6 \cdot 10^{-10}$ J.

3   Standardmodell oder Standardprovisorium?

Wie das Auto unserer Außerirdischen ist auch das Standardmodell ein komplexes Konstrukt, dessen Funktionsweise sehr empfindlich vom Zusammenspiel seiner Bauteile abhängt. Und ähnlich wie man den Prototyp eines Autos in unterschiedlichsten Situationen testen muss, hat man das Standardmodell an Teilchenbeschleunigern mit höchster Präzision überprüft. Dabei wurde immer wieder bestätigt: Alle bekannten Teilchen verhalten sich genau wie vom Standardmodell beschrieben.

Einerseits ist das natürlich ein gewaltiger Erfolg für die Physik. Andererseits wissen wir aber auch, dass das Standardmodell nicht die ultimative Theorie sein kann, die die Welt beschreibt. Beispielsweise ist die Schwerkraft (Gravitation) nicht darin enthalten, und auch bestimmte astronomische und kosmologische Beobachtungen, die auf die Existenz von Dunkler Materie oder Dunkler Energie schließen lassen, gehen über die vom Standardmodell beschriebenen Phänomene hinaus. Wenn es also eine allumfassende Theorie gibt, ist das Standardmodell nur ein Teil davon – wenn auch einer, der für sich allein genommen sehr gut funktioniert. Es ist in etwa so, als ob unsere Außerirdischen gar kein Auto gebaut hätten, sondern nur ein Flugzeug ohne Flügel. Weil man prima damit fahren kann, fällt es zunächst nicht auf, dass die Flügel fehlen. (Einige Außerirdische hatten sich allerdings schon lange darüber gewundert, dass das Auto über einen Propeller und nicht direkt über die Räder angetrieben wird, aber das nur nebenbei.)

Bislang haben die Physikerinnen und Physiker aber die „Flügel" des Standardmodells noch nicht gefunden. Es könnte sogar sein, dass man an das Standardmodell in seiner jetzigen Form überhaupt keine Flügel montieren kann. Die Einbettung der Gravitation ins Standardmodell scheint beispielsweise theoretisch nicht auf konsistente Art und Weise möglich zu sein. In diesem Sinne wirkt das Standardmodell weniger wie ein Flugzeug ohne Flügel, sondern eher wie eine behelfsmäßige, vorläufige Beschreibung bestimmter Aspekte der Welt auf dem Weg zu einer endgültigen, allumfassenden Theorie. In anderen Worten: wie ein Provisorium.

3.1   Flickwerk der Theorien

Grund für die Überzeugung, dass es die oben erwähnte allumfassende Theorie tatsächlich gibt, ist einerseits die Wissenschaftsgeschichte. Newtons Erkenntnis, dass der Mond auf seiner Bahn um die Erde exakt dem gleichen physikalischen Gesetz folgt wie der berühmte Apfel, der vom Baum fällt, hat solche bis dahin vollkommen unterschiedlichen Phänomene auf ein und dieselbe Ursache zurückgeführt: die gravitative Anziehung zwischen massiven Körpern. Ebenso sind Maxwells Vereinheitlichung von Magnetismus und Elektrizität, Einsteins Identifikation von Gravitation und Beschleunigung, und natürlich die Zusammenführung von elektromagnetischer und schwacher Wechselwirkung im Standardmodell beeindruckende historische Beispiele für die Vereinheitlichung von zuvor unverbundenen Theorien.

Wir möchten hier den Blick aber gar nicht so weit schweifen lassen, und stattdessen das Standardmodell nochmal genauer unter die Lupe nehmen. Ein Provisorium erkennt man ja oft schon auf den ersten Blick. Man denke etwa an den im*provis*ierten CO_2-Filter bei der Apollo-13-Mission (bzw. die entsprechende Requisite im zugehörigen Hollywood-Film): zweckentfremdete Materialien, Fixierung mit Isolierband, usw. – echte Wertarbeit sieht anders aus.

Das Standardmodell wirkt in mancher Hinsicht ähnlich zusammengeflickt. Schon beim ersten Versuch von Glashow[1979], die elektromagnetische und die schwache Wechselwirkung in einer einheitlichen Theorie zu beschreiben, musste er einen willkürlichen Parameter einführen, den sogenannten „schwachen Mischungswinkel".[9] Experimentell ergibt sich dafür der Wert 28,7°. Warum genau dieser Wert, und ob diese Frage überhaupt sinnvoll ist, weiß niemand so genau. Viel schlimmer war aber, dass Glashows Modell eigentlich nur für den hypothetischen Fall funktioniert, in dem alle Teilchen masselos sind. Bei Berücksichtigung der Teilchenmassen bricht es die Unitarität (s. o.), wird also inkonsistent. Um das zu verhindern, hatte Weinberg[1979] die Idee, ein zusätzliches Teilchen in das Modell einzubauen: das Higgsboson.

Ähnlich wie das Photon das Lichtteilchen ist, also die kleinste Energiemenge des elektromagnetischen Feldes, so ist das Higgsboson die kleinste Energiemenge des Higgsfeldes. Und dieses Feld muss sehr seltsame Eigenschaften haben, um seine ihm angedachte Aufgabe zu erfüllen. Insbesondere kann man es nicht abschalten, wie man das mit einem elektrischen Feld im Kondensator oder einem Magnetfeld in einer Spule machen kann. Das Higgsfeld hat also immer und überall einen von Null verschiedenen konstanten Wert, den sogenannten *Vakuum-Erwartungswert*. Durch Wechselwirkung der Teilchen mit diesem omnipräsenten Higgsfeld werden ihre Massen erzeugt – oder sollte man besser sagen: simuliert? –, ohne dass das Modell in Konflikt mit der Unitarität kommt.

Oft wird ja betont, dass das Standardmodell zum großen Teil auf Symmetrien beruht (z. B. Harlander 2013a, b). In mancherlei, allerdings sehr abstrakter

---

[9] Oft auch als „Weinberg-Winkel" bezeichnet, obwohl von Glashow eingeführt.

Hinsicht ist das richtig. Andererseits hat das Standardmodell auch frappante Unförmigkeiten. Eine davon ist die *Verletzung der Spiegelsymmetrie.* Manche Teilchen des Standardmodells haben so etwas wie eine rechte und eine linke Hand.[10] Die schwache Wechselwirkung greift dabei nur an der linken Hand an; die elektromagnetische dagegen an beiden Händen. Experimentell wurde diese Asymmetrie das erste Mal 1956 im berühmten Wu-Experiment nachgewiesen.[11] Bislang fehlt uns jegliche überzeugende Idee, woher diese Rechts-Links-Asymmetrie der Natur kommt. Sie ergibt sich keineswegs zwingend aus der Mathematik des Standardmodells, sondern ist gewissermaßen „per Hand" dort eingebaut, damit es mit den experimentellen Beobachtungen übereinstimmt.

Weinberg selbst fand sein Modell derart willkürlich („arbitrary"), dass er es zunächst nicht ernst nehmen konnte. Nichtsdestotrotz wurde er 13 Jahre später dafür mit dem Nobelpreis ausgezeichnet – und das Modell zum „Standard" erhoben.

Ähnlich wie beim Auto unserer Außerirdischen wurden im Laufe der Jahre immer wieder neue Teile gefunden, die ins Standardmodell eingebaut werden mussten, insbesondere die Teilchen der zweiten und dritten Spalte in Abb. 1a (wobei einige Teilchen der zweiten Spalte schon bekannt waren), sowie die CKM-Matrix, über die wir weiter unten noch kurz sprechen werden. Dabei ist es bemerkenswert, dass alle diese Bausteine entweder experimentell erforderlich wurden (wie etwa durch die Entdeckung des Charm-Quarks), sich dabei aber nahtlos in die bestehende Struktur des Standardmodells einfügten; oder sie ergaben sich durch diese Erweiterungen als notwendiges theoretisches Konstrukt (wie etwa die CKM-Matrix, oder genauer deren komplexe Phase), und wurden anschließend tatsächlich experimentell beobachtet. So willkürlich wie von Weinberg befürchtet scheint das Modell also doch nicht zu sein.

3.2 Ein zufälliger Volltreffer?

Das Standardmodell hat 19 freie Parameter, d. h. Zahlen, die nicht durch seine Konstruktion festgelegt sind. Darunter sind beispielsweise die Massen der Teilchen, die Stärken der Wechselwirkungen (Feinstrukturkonstante usw.), oder der oben bereits erwähnte schwache Mischungswinkel. Diese Parameter müs-

---

[10] Der Fachausdruck ist tatsächlich „Chiralität", vom Griechischen $\chi\varepsilon\iota\rho$ = Hand. Rechts- und linkshändig bezieht sich dabei auf die Spinrichtung des Teilchens bei hohen Energien. Da die Neutrinos keine elektrische und keine starke Ladung haben, besitzen nur die linkshändigen Neutrinos überhaupt eine Ladung (nämlich eine schwache). Ob rechtshändige Neutrinos existieren, wissen wir nicht. Sie würden demnach nur über die Gravitation wechselwirken.

[11] C.-S. Wu und Mitarbeiter konnten zeigen, dass radioaktives ^{60}Co Elektronen vorwiegend in Richtung seines Spins emittiert.

sen experimentell bestimmt werden. Nun ist es so, dass die Konsistenz des Standardmodells zum Teil empfindlich von den numerischen Werten für diese Parameter abhängt. Ein Extremfall sind dabei die elektrischen Ladungen der Quarks. A priori erlaubt das Standardmodell dafür beliebige Werte. Zum Beispiel könnte das Up-Quark das 0,2534-fache der Elektron-Ladung betragen. Wenn man aber Quanteneffekte berücksichtigt, zeigt sich, dass die Summe der Ladungen von Up- und Down-Quark genau entgegengesetzt gleich der Elektron-Ladung sein muss, damit das Standardmodell konsistent bleibt.[12]

Aus Experimenten ergibt sich die Ladung des Down-Quarks zu 1/3, die des Up-Quarks zu −2/3, die Summe also zu −1/3 der Elektron-Ladung. Den fehlenden Faktor 3 liefert die Tatsache, dass die Quarks jeweils in dreifacher Kopie („Farbladung") im Standardmodell enthalten sind. Kleinste Abweichungen von diesen gemessenen Werten würden das Standardmodell in seiner jetzigen Form zunichte machen. Obwohl es, abgesehen davon, keinen Grund gibt, warum die Quarkladungen nicht andere Zahlenwerte haben sollten, werden sie bei den oben erwähnten 19 freien Parametern üblicherweise nicht mitgezählt: Sie werden einfach als Teil der Konstruktion angesehen.

Ein weiterer „gefährlicher" Parameter des Standardmodells ist die Higgsmasse. Weinberg konnte in seinem Modell keine Aussage über ihren Wert machen: Die Funktion des Higgsfeldes ist davon unabhängig. Ein genauerer Blick offenbart aber, dass die Masse des Higgsbosons nicht zu klein sein darf. Man kann nämlich zeigen, dass unser Universum *als Ganzes* sonst zerfällt, in einen Zustand mit niedrigerer Energie – und ohne uns… Wenn die Higgsmasse dagegen zu groß ist, haben wir wieder das Problem mit der Unitaritätsverletzung. Und in der Tat ist der letztendlich gemessene Wert der Higgsmasse genau in dem Bereich, in dem beide Probleme weitestgehend vermieden werden. Das Universum bleibt uns aller Voraussicht nach noch eine Zentillion (10^{600}) Jahre erhalten, und die Unitarität ist bis zu Energien gewährleistet, die wohl nie an einem Beschleuniger erreicht werden können.

Die gemessenen Werte der Parameter des Standardmodells liegen also genau an den richtigen Stellen. Alles deutet damit darauf hin, dass das Standardmodell mehr mit der Wahrheit zu tun hat, als man aufgrund seines provisorischen Charakters hoffen konnte.

3.3   GUTs: Vorbild oder Trugbild?

Vielleicht würde das Standardmodell nicht halb so konstruiert wirken, gäbe es nicht Theorien, die es prinzipiell besser machen. Ein Paradebeispiel da-

---

[12] Andernfalls kommt es zu sogenannten „Anomalien".

für sind *Grand Unified Theories,* also „Große Vereinheitlichte Theorien", oder kurz *GUT*s. Statt dreier Wechselwirkungen gibt es hier nur eine einzige. Allerdings gilt dies nur bei sehr hohen Energien, z. B. als kurz nach dem Urknall die Teilchen bei ultrahohen Temperaturen (= Energien) ineinandergerauscht sind. Bei Unterschreitung einer bestimmten Grenz-Temperatur/Energie, soll es dann im Verlauf der Ausdehnung und damit Abkühlung des Universums einen Phasenübergang gegeben haben, in dem sich die eine Wechselwirkung in unsere bekannten drei aufgespalten hat. In der Tat beobachtet man umgekehrt, dass die Stärke der drei Wechselwirkungen des Standardmodells sich zu höheren Energien ein kleines bisschen aneinander angleicht. Die Extrapolation dieses Verhaltens könnte auf eine „Vereinheitlichung" der Kräfte bei etwa 10^{16} GeV hindeuten – leider einen Faktor 10^{12} zu hoch, um das beim Large Hadron Collider (LHC) überprüfen zu können.

Auf den ersten Blick erscheinen GUTs so wunderbar, dass Georgi und Glashow, als sie 1974 die erste GUT vorgeschlagen haben, sie als „unausweichlich" bezeichneten (allerdings nicht ohne den angemessenen Vorbehalt, den seriöse Wissenschaft erfordert). So addieren sich bei einer GUT die Ladungen aller Teilchen automatisch zu Null, d. h. der erste oben angesprochene Gefahrenherd existiert überhaupt nicht. Außerdem ist der ominöse schwache Mischungswinkel (siehe oben) nicht mehr willkürlich, wie im Standardmodell, sondern folgt aus der Mathematik der GUT – und stimmt im Georgi-Glashow-Modell mit dem gemessenen Wert bis auf 1° überein! Aber knapp vorbei ist auch daneben. Die Messgenauigkeit ist mittlerweile so gut, dass 1° Abweichung zum Totschlagkriterium für viele GUTs geworden ist.

Noch schlimmer als dieses Mischungswinkel-Dilemma ist aber, dass in GUTs das Proton instabil ist. Im Mittel zerfällt es zwar erst nach etwa 10^{31} Jahren (das Alter des Universums ist dagegen nicht einmal ein Wimpernschlag), aber doch immer noch schneller als die momentanen experimentellen Schranken. Vieles davon kann man umgehen, wenn man die Grenz-Energie (s. o.) der GUT entsprechend hoch annimmt. Leider zu hoch, um dann noch GUT-spezifische Prozesse am Large Hadron Collider (LHC) (oder auch jedem realistischen Nachfolgebeschleuniger) zu beobachten.

Es gibt noch einige andere Dinge im Standardmodell, über die man sich wundern könnte. Eines davon ist die sogenannte CKM-Matrix[13], ein Satz von neun Zahlen, die als Quadrat angeordnet sind. Abb. 4a zeigt den Betrag dieser Zahlen als Kreisflächen. Man erkennt eine sehr hierarchische und symmetrische Anordnung. Bisher fehlt jeder Anhaltspunkt, warum die CKM-Matrix

---

[13] Benannt nach Cabbibo, Kobayashi[2008] und Maskawa[2008].

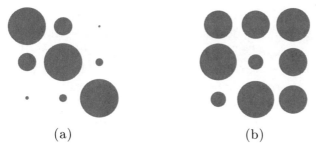

$$(a) \qquad\qquad (b)$$

Abb. 4 **(a)** Beträge der Zahlen in der CKM-Matrix. **(b)** Eine Möglichkeit, wie die CKM-Matrix auch aussehen könnte, basierend auf Zufallszahlen

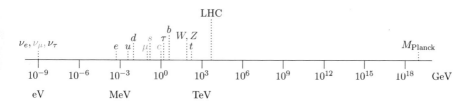

Abb. 5 Massen der Teilchen des Standardmodells

diese Form hat, und die Zahlen nicht gleichmäßiger verteilt sind, wie beispielsweise in Abb. 4b.

Am befremdlichsten aber wirkt ein Blick auf Abb. 5. Wäre es nicht seltsam, wenn zwischen den Teilchen des Standardmodells und der sogenannten Planckmasse bei $M_{Pl} \approx 10^{19}$ GeV, bei der Gravitationseffekte wichtig werden, keine weiteren Elementarteilchen mehr liegen würden?

Andererseits ist durchaus erstaunlich, dass sich in dem kleinen Massenbereich, in dem die Standardmodell-Teilchen liegen, ein „Provisorium" konstruieren lässt, das auch bei Energien noch funktioniert, die einen Faktor 10^{16} über denjenigen des derzeit stärksten Beschleunigers liegen. Das ist in etwa so, als hätte man mit dem improvisierten CO_2-Filter von Apollo 13 nicht nur zurück zur Erde, sondern zum Rand des Universums und zurück fliegen können – und deshalb alle zukünftigen Missionen statt mit den ursprünglichen CO_2-Filtern mit eben diesem Provisorium ausgestattet.

4 Schlussgedanken

Der Erfolg des Standardmodells in der Beschreibung der Natur ist zugleich ein Problem. Getreu dem Motto „Never change a running system" ist bisher jeder Versuch, es durch eine „bessere" Theorie zu ersetzen, gescheitert. Andererseits kennen wir auch seine Grenzen (Dunkle Materie usw.). Die spannende Frage der Teilchenphysik der nächsten Jahre wird also sein, ob und wann die Menge an experimentellen Daten, oder die Vorstellungskraft der Physikerinnen und Physiker – oder beides – eine kritische Masse erreichen wird, um das „Standardprovisorium" über Bord zu werfen und durch eine umfassendere Theorie zu ersetzen. Es könnte also durchaus sein, dass wir bald Zeitzeugen eines wissenschaftlichen Paradigmenwechsels werden.

Literatur

CERN: Cern-photo-201910-352-6, 2019. http://cds.cern.ch/record/2695040. [online; abgerufen am 14. Juni 2022].

Harlander, R.: Wie Teilchen zu ihrer Masse kommen | Eichsymmetrien und Higgs-Mechanismus. *Physik in unserer Zeit* **44**, 220–227, 2013a.

Harlander, R.: Verletzung der perfekten Symmetrie. *Physik in unserer Zeit* **44**, 270, 2013b.

Harlander, R.: Erzeugung und Vernichtung von Teilchen. In O. Passon, T. Zügge und J. Grebe-Ellis (Hrsg.): *Kohärenz im Unterricht der Elementarteilchenphysik: Tagungsband des Symposiums zur Didaktik der Teilchenphysik, Wuppertal 2018*, S. 13–35. Springer, Berlin, Heidelberg, 2020. ISBN 978-3-662-61607-9.

Harlander, R.: Feynman diagrams – From complexity to simplicity and back. *Synthese* **199**, 15087, 2021.

Harlander, R. V., Klein, S. Y. und Lipp, M.: FeynGame. *Comput. Phys. Commun.* **256**, 107465, 2020.

Wikimedia Commons: Standard model of elementary particles, 2020. https://commons.wikimedia.org/w/index.php?title=File:Standard_Model_of_Elementary_Particles-de.svg&oldid=521452056. [online; abgerufen am 2. März 2021].

Gibt es Grenzen der physikalischen Naturbeschreibung?
Die Sehnsucht nach einer vereinheitlichten Theorie

Claus Kiefer

1 Hawkings Antrittsvorlesung

Der Lucasische Lehrstuhl für Mathematik gilt als einer der renommiertesten Lehrstühle für Mathematik und Theoretische Physik weltweit. Einer seiner ersten Inhaber war Isaac Newton, der Begründer der modernen Physik und Entdecker des Gravitationsgesetzes von der gegenseitigen Anziehung aller Massen. Es ist deshalb nicht erstaunlich, dass die Antrittsvorlesung seines späten Nachfolgers Stephen Hawking im Jahre 1979 besondere Beachtung fand. Darin wagt Hawking die Prognose, dass die fundamentale Beschreibung der Natur im Rahmen der Physik innerhalb weniger Jahrzehnte an ihr Ende komme. Er leitet seinen Vortrag mit den Worten ein (Hawking 1980):

> In dieser Vorlesung will ich die Möglichkeit diskutieren, dass das Ziel der Theoretischen Physik in nicht zu ferner Zukunft erreicht werden könnte, vielleicht am Ende des Jahrhunderts. Damit meine ich, dass wir eine vollständige, konsistente und vereinheitlichte Theorie aller physikalischen Wechselwirkungen haben könnten, die alle möglichen Beobachtungen beschreibt.[1]

---

[1] Das englische Original lautet: „In this lecture I want to discuss the possibility that the goal of theoretical physics might be achieved in the not too distant future, say, by the end of the century. By this I mean that we might have a complete, consistent, and unified theory of the physical interactions which would describe all possible observations."

C. Kiefer(✉)
Institut für Theoretische Physik, Universität zu Köln, Köln, Deutschland
E-Mail: kiefer@thp.uni-koeln.de

H. Fink und M. Kuhlmann (Hrsg.), *Unbestimmt und relativ?*,
https://doi.org/10.1007/978-3-662-65644-0_10

181

Wie Newton ist Hawking insbesondere für seine Beiträge zum Verständnis der Gravitation hervorgetreten. Die von ihm angesprochene vereinheitlichte Theorie sollte diese Wechselwirkung auf konsistente Weise einbeziehen und zu einer einheitlichen Naturbeschreibung führen. Hawking erwähnt als Kandidatin für eine solche Theorie eine bestimmte Version der sogenannten Supergravitation. Diese Theorie wurde in den siebziger Jahren entwickelt und ist dadurch ausgezeichnet, dass sie die Gravitation mit einer neuartigen Symmetrie verbindet – mit der Supersymmetrie, die Teilchen mit halbzahligem Spin (Fermionen) und Teilchen mit ganzzahligem Spin (Bosonen) einheitlich beschreibt.

Nun liegt das Ende des letzten Jahrhunderts über zwanzig Jahre hinter uns, doch Hawkings Prophezeiung hat sich bisher nicht erfüllt. Was sind die Gründe? Gibt es vielleicht grundsätzliche Grenzen der physikalischen Naturbeschreibung, die nicht überschritten werden können? Im Folgenden soll der Stand der Dinge kurz zusammengefasst und beleuchtet werden.

Was zeichnet eine vollständige und vereinheitlichte physikalische Theorie aus? Nach Hawking gehören dazu vor allem zwei Bestandteile: Zum einen *Naturgesetze* in der Form von Differentialgleichungen, die alle Wechselwirkungen auf einheitliche Weise beschreiben; zum anderen *Anfangsbedingungen,* die unser Universum (im Unterschied zu anderen „möglichen Welten") auszeichnen. Man sollte hier vielleicht allgemeiner von Randbedingungen sprechen, da nicht klar ist, ob man Bedingungen, die den Anfang der Welt beschreiben, jemals wissen kann. So ist es etwa in der modernen Kosmologie üblich, als „Anfangsbedingungen" diejenigen Bedingungen zu nehmen, die sich aus der Beobachtung des heutigen Universums ergeben; hieraus kann man dann die Zukunft *und* die Vergangenheit des Universums zumindest im Prinzip berechnen. Der Theoretische Physiker Eugene Wigner hat in seiner Nobelpreisrede von 1963 betont, dass die überraschende Entdeckung des Newton'schen Zeitalters gerade die klare Trennung zwischen den Naturgesetzen auf der einen und den Anfangsbedingungen auf der anderen Seite sei; die Naturgesetze liegen fest, Anfangsbedingungen sind mehr oder weniger willkürlich. Ohne diese Trennung ist die moderne Physik undenkbar.

Was ist eine physikalische Theorie?[2] Zu einer Theorie gehören zum einen bestimmte Regelmäßigkeiten (Klassen von Erscheinungen), die man in der Natur beobachtet, zum anderen mathematische Gleichungen, die man nach gewissen Vorschriften auf diese abbildet; die Regelmäßigkeiten werden dann durch diese Gleichungen *beschrieben.* Wesentlich für eine Theorie ist zudem die Angabe des Gültigkeitsbereiches. Dieser steht im allgemeinen bei der Aufstellung einer Theorie nicht zur Verfügung, sondern kann erst im Nachhinein

---

[2] Vgl. hierzu auch Kiefer (2014).

von der Warte einer grundlegenderen Theorie aus abgesteckt werden. So wurde etwa der Gültigkeitsbereich der Newton'schen Gravitationstheorie erst nach ihrer Einbettung in die umfassendere Einstein'sche Gravitationstheorie (in der Allgemeinen Relativitätstheorie) sichtbar. Wegen der Singularitätstheoreme, die im Rahmen der Relativitätstheorie bewiesen werden können und die auf Grenzen dieser Theorie hinweisen, ist die Einstein'sche Theorie besser aufgestellt als die Newton'sche.

Hawking spricht von einer vereinheitlichten Theorie aller Wechselwirkungen. Damit will er ausdrücken, dass es einen einheitlichen mathematischen Formalismus gibt, mit dem sich alle Erscheinungen in der Natur – die bereits bekannten und alle noch zu beobachtenden – zumindest im Prinzip beschreiben lassen. In gewissem Sinne wäre die Grundlagenphysik dann an ihr Ende gelangt; die fundamentalen Gleichungen wären alle bekannt, und es gäbe nur noch Anwendungen.

Nun ist freilich nicht klar, ob eine fundamentale Ebene der Naturbeschreibung überhaupt existiert und, falls ja, ob sie entdeckt werden kann. Es ist denkbar, dass es stattdessen eine unendliche Abfolge von hierarisch angeordneten Ebenen gibt, wie sie sich etwa Leibniz vorgestellt hat. Und falls sie existiert, ist nicht klar, ob es sich hier um „kleinste Teilchen“ in einem räumlichen Sinne handelt oder um abstrakte mathematische Gesetze weitab von jeder Anschauung, ähnlich den platonischen Ideen.

Bisher scheint es, dass die fundamentalen physikalischen Gleichungen Differentialgleichungen bis zur zweiten Ordnung in Raum und Zeit sind. Das entspricht der oben betonten Trennung in Naturgesetze und Anfangsbedingungen, da solche Gleichungen es erlauben, zum Beispiel den Ort und die Geschwindigkeit eines Körpers zu einer „Anfangszeit“ beliebig vorzugeben und die Bewegung für andere (spätere *und* frühere) Zeiten eindeutig zu bestimmen. Die Gleichungen sind also deterministisch, auch wenn sie für sogenannte „chaotische Systeme“ nur eine begrenzte Vorhersagekraft besitzen. Das gilt auch für die Quantentheorie: Die Schrödinger-Gleichung ist deterministisch; der Zufall kommt erst dann ins Spiel, wenn man nach klassischen Größen, zum Beispiel Ort und Impuls eines Teilchens, fragt. Differentialgleichungen, die höherer als zweiter Ordnung in Raum und Zeit sind, werden gelegentlich ins Auge gefasst; sie weisen aber außer in Spezialfällen Probleme auf (führen etwa zu instabilem Verhalten der Dynamik) und werden deshalb meistens vermieden.

Vielleicht lohnen an dieser Stelle einige Bemerkungen zum Verhältnis von Mathematik und Physik. In einem Vortrag, den Albert Einstein im Januar 1921 an der Preußischen Akademie zu Berlin hielt, findet sich die bekannte Sentenz (Einstein 1977, S. 119):

Insofern sich die Sätze der Mathematik auf die Wirklichkeit beziehen, sind sie nicht sicher, und insofern sie sicher sind, beziehen sie sich nicht auf die Wirklichkeit.

Meiner Meinung nach drückt sich darin die Tatsache aus, dass Naturgesetze *entdeckt,* mathematische Strukturen aber *erfunden* werden. Es bleibt der Intuition des Forschers überlassen, diejenigen Strukturen zu finden, die der Formulierung der Gesetze angemessen sind. Diesen Punkt hat Einstein bis an sein Lebensende vertreten.

2   Symmetrien

Dass es Naturgesetze überhaupt gibt und dass wir sie entdecken können, ist alles andere als selbstverständlich. Dass dies der Fall ist, liegt vermutlich an den *Symmetrien* unserer Welt. Unter idealisierten Bedingungen hängen Zustände zum Beispiel nicht davon ab, wo, wann und in welcher Orientierung sie vorliegen. Dass etwa Himmelskörper näherungsweise kugelsymmetrisch sind, spiegelt direkt die entsprechende Symmetrie des Gravitationsgesetzes wider. Die Symmetrien der Welt finden sich wieder in den Symmetrien der mathematischen Gleichungen.

Es ist nicht zuletzt der Existenz von Symmetrien zu verdanken, dass es in der Geschichte der Physik gelungen ist, ursprünglich unabhängige Phänomene auf einen gemeinsamen Ursprung zurückzuführen und dadurch zu vereinheitlichen.[3] Wissenschaftstheoretisch entspricht dies dem Programm des Reduktionismus. So konnte der dänische Physiker Hans Christian Ørsted, beeinflusst von der Philosophie der Romantik und deren Glauben an die Einheit der Natur, um 1820 durch seinen bekannten Versuch mit der Magnetnadel den Zusammenhang von Elektrizität und Magnetismus entdecken. Dass Elektrizität, Magnetismus und auch Optik besondere Fälle einer allgemeinen Theorie der Elektrodynamik sind, drückt sich in den von dem schottischen Physiker James Clerk Maxwell um 1865 aufgestellten und nach ihm benannten berühmten Gleichungen aus. Die Maxwell'schen Gleichungen öffneten die Tür zu dem modernen Zeitalter der elektromagnetischen Wellen.

In der Physik geht man gegenwärtig von vier fundamentalen Wechselwirkungen aus. Neben den seit der Antike beziehungsweise frühen Neuzeit bekannten Phänomenen der Gravitation und der Elektrodynamik gehören hierzu die starke und die schwache Wechselwirkung, beide im 20. Jahrhundert entdeckt; die starke Wechselwirkung beschreibt den Aufbau und den Zusammen-

---

[3] Vgl. z. B. Simonyi (2001) für eine ausgezeichnete Darstellung der Geschichte der Physik.

halt der Atomkerne, die schwache das Phänomen der Radioaktivität. Schwache und elektrodynamische Wechselwirkung wurden Ende der sechziger Jahre des letzten Jahrhunderts zur sogenannten elektroschwachen Theorie vereinigt und bilden zusammen mit der starken Wechselwirkung seit über vierzig Jahren das Standardmodell (besser die Standardtheorie) der Teilchenphysik. Seine größten experimentellen Erfolge hat das Standardmodell in den siebziger und achtziger Jahren gefeiert, mit der Entdeckung des Higgs-Teilchens am *Large Hadron Collider* (LHC) des CERN in Genf im Jahr 2012 als nachgeliefertem spätem Erfolg. Die Formulierung des Standardmodells beruht ganz wesentlich auf Symmetrien, hier den Symmetrien einer sogenannten Eichtheorie, einem der wesentlichen Konzepte in der Physik des 20. Jahrhunderts. Eichsymmetrien wurden zum ersten Mal 1918 von dem großen Mathematiker Hermann Weyl für die Gravitation postuliert, erlebten ihren eigentlichen Durchbruch aber zehn Jahre später, als Weyl im Rahmen der Quantentheorie eine Eichtheorie für die Kopplung von elektrischen Ladungen und Photonen aufstellte. Die meisten Physiker gehen davon aus, dass das Eichprinzip in allen grundlegenden Theorien eine, wenn nicht die zentrale Rolle spielt.[4]

3   Vom Mikro- zum Makrokosmos

Abb. 1 zeigt die Simulation eines Ereignisses am LHC, bei dem ein durch Stöße von Protonen erzeugtes Higgs-Teilchen in andere Teilchen zerfällt. Die Abbildung illustriert, wie ein gesuchtes Ereignis aus einer Vielzahl von Daten mit aufwendigen Computermethoden herausgefischt werden muss. Ohne den modernen Umgang mit *Big Data* ist eine Entdeckung wie die des Higgs-Teilchens undenkbar.

Das Standardmodell der Teilchenphysik enthält noch etwa zwanzig freie Parameter (Massen, Kopplungskonstanten) und kann deshalb kaum als die fundamentalste Ebene der Naturbeschreibung gelten. Die Frage ist, ob sich alle Wechselwirkungen zu einer *Theory of Everything* oder Alltheorie vereinigen lassen, und zwar unter Einschluss der Gravitation, die bisher abseits des Standardmodells steht. Gibt es die Weltformel?

Stephen Hawking setzt in seiner Antrittsvorlesung auf die Supergravitation als endgültige Theorie. Bisher wurden freilich keine Anzeichen von Supersymmetrie in irgendwelchen Experimenten entdeckt, weder vor dem Jahr 2000 noch danach. Tatsächlich sind alle durchgeführten Messungen am LHC und anderswo in Einklang mit dem Standardmodell und seinen zwanzig Parame-

---

[4] Für eine historische, philosophische, mathematische und physikalische Einführung in Eichtheorien siehe De Bianchi und Kiefer (2020).

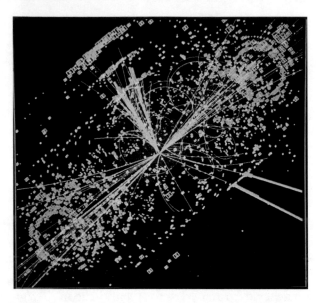

Abb. 1 Ein Blick in die mikroskopische Welt: Simulation des hypothetischen Zerfalls eines Higgs-Teilchens in andere Teilchen am Detektor CMS des CERN. Abbildungsnachweis: Lucas Taylor / CERN - http://cdsweb.cern.ch/record/628469 (Creative Commons License)

tern, ohne dass sich bisher der kleinste Hinweis auf eine tieferliegende Theorie gezeigt hätte. Hawkings Prophezeiung hat sich bisher nicht erfüllt.

Viele Forscher folgen Hawking darin, dass die noch nicht berücksichtigte Gravitation eine wesentliche Rolle bei der Suche nach einer Alltheorie spielen wird. Die moderne Theorie der Gravitation, die mit allen bisher durchgeführten Experimenten und Beobachtungen in Einklang ist, Einsteins Allgemeine Relativitätstheorie, wird als einzige Theorie noch immer durch den Formalismus der klassischen Physik beschrieben, im Unterschied zur Quantenphysik, die dem Standardmodell zugrunde liegt, und welche die mikroskopische Welt der Moleküle, Atome, Kerne und Teilchen erfolgreich beschreibt. Zu den Erfolgen von Einsteins Theorie zählen die Vorhersagen von Gravitationswellen und Schwarzen Löchern sowie die konsistente Beschreibung des Universums als Ganzes, die Kosmologie. Gravitationswellen, von Einstein 1916 vorausgesagt, wurden etwa hundert Jahre später in einer gemeinsamen internationalen Anstrengung zum ersten Mal direkt gemessen, was mit den Nobelpreisen für Physik des Jahres 2017 gewürdigt worden ist. Auch die Existenz Schwarzer Löcher ist unbestritten, und Forschung auf diesem Gebiet wurde mit den Nobelpreisen des Jahres 2020 ausgezeichnet. Das betrifft insbesondere die detaillierte Erforschung des supermassiven Schwarzen Lochs von über vier Millionen Sonnenmassen im Zentrum unserer Milchstraße. Schließlich funktionieren moderne Navigationssysteme wie das GPS oder Galileo nur dann zuverlässig, wenn Effekte von Einsteins Theorie (insbesondere die gravitative Zeitdilatation) implementiert werden.

Werfen wir einen Blick auf die von Einsteins Theorie so erfolgreich beschriebene Welt im Großen. Abb. 2 zeigt eine Aufnahme des Weltraumteleskops Hubble, das berühmte *Hubble Ultra Deep Field*. Mit wenigen Ausnahmen von Vordergrundsternen sind hier nur Galaxien zu sehen. Da sich Licht mit endlicher Geschwindigkeit ausbreitet, offenbart sich uns hier ein Blick in weit entfernte Gegenden des Universums *und* in die ferne Vergangenheit. Tatsächlich sieht man auf dem Bild viele Galaxien in ihrem Frühzustand, wenige hundert Millionen Jahre nach dem vor knapp 14 Milliarden Jahren erfolgten Urknall.

Man sieht hier buchstäblich an die Grenzen des Universums in der Zeit. Auch des Raumes? Wegen der endlichen Lichtlaufzeit können wir, unabhängig von der tatsächlichen Größe des Universums, nur einen Ausschnitt sehen, der bis zu dem „kosmischen Horizont" reicht; dieser errechnet sich aus der Strecke,

Abb. 2 Ein Blick in die makroskopische Welt: das *Hubble Ultra Deep Field*, aufgenommen in einem Zeitraum von September 2003 bis Januar 2004 in einer kleinen Himmelsregion im Sternbild Chemischer Ofen. Abbildungsnachweis: NASA and the European Space Agency (gemeinfrei)

die das Licht seit der Entstehung des Universums maximal durchlaufen kann. Weiter als bis zu dieser Grenze können wir nicht sehen.

Es ist freilich kaum anzunehmen, dass das Universum an diesem Horizont endet. Aber wo endet es, wenn überhaupt? Überlegungen dazu bringen das Bild eines „Multiversums" auf unvorstellbar großen Skalen ins Spiel, das aus vielen (unendlich vielen?) Regionen besteht, wovon mindestens eine unserem Universum (gemeint ist: dem uns zugänglichen Ausschnitt des Universums) in seiner großräumigen Struktur gleicht. Wegen der prinzipiellen Unbeobachtbarkeit des Multiversums stellen viele Forscher den Sinn dieses Begriffs in Frage, siehe z. B. Ellis et al. (2018). Andere Forscher betrachten hingegen alles als real, was von gesicherten Theorien vorhergesagt wird, unabhängig von der Möglichkeit einer Beobachtung zum heutigen Zeitpunkt. Auch bei den in Abb. 2 zu sehenden Galaxien gibt es vermutlich Milliarden von Planeten, die sich für immer einer Beobachtung entziehen werden. Sollten wir deren Existenz deshalb anzweifeln?

Die Suche nach einer vereinheitlichten Theorie hat nicht nur prinzipielle Bedeutung. Der Anfang des Universums wie auch das Innere von Schwarzen Löchern entziehen sich der Beschreibung durch Einsteins Theorie. Formal ausgedrückt wird dieser Zusammenbruch der Theorie durch die von Roger Penrose, Stephen Hawking und anderen in den sechziger Jahren bewiesenen Singularitätentheoreme. Hier zeigen sich die Grenzen der Naturbeschreibung durch die Klassische Physik. Es wird allgemein angenommen, dass eine Quantentheorie aller Wechselwirkungen, unter Einschluss der Gravitation, diese Lücke füllt.

4   Quantengravitation?

Eine Theorie der Quantengravitation verbindet die Welt im Großen und im Kleinen. Kombiniert man die wichtigsten Konstanten der Physik, Planck'sches Wirkungsquantum, Lichtgeschwindigkeit und Gravitationskonstante, so ergeben sich universelle Größen mit den Dimensionen einer Länge, einer Zeit und einer Masse – die „Planck'schen Einheiten" (z. B. Kiefer 2012). Die Planck-Länge etwa ist von der Größenordnung 10^{-35} Meter und liegt deshalb weit unter allen bisher direkt messbaren Skalen. Der entscheidende Punkt ist aber, dass es überhaupt eine Längenskala gibt, die indirekt auf einen kleinsten sinnvollen Abstand hindeutet. Gäbe es einen solchen, würden Raum und Zeit nicht durch ein Kontinuum beschrieben, sondern durch eine diskrete Struktur; es gäbe dann im mikroskopischen Bereich prinzipielle Grenzen und keine unbeschränkte Teilbarkeit. Das „Unendlichkleine" hätte dann keine Bedeutung

(Ellis et al. 2018). Vielleicht gilt diese Beschränkung auch für den makroskopischen Bereich, und es gibt kein „Unendlichgroßes". Viele Forscher halten jedenfalls den Begriff des Unendlichen für physikalisch bedeutungslos. Aber auch ein endlich großes Multiversum kann unvorstellbar groß sein.

Theorien der Quantengravitation gibt es einige, doch ist derzeit nicht klar, ob eine davon den gewünschten Erfolg bringen wird (siehe etwa Kiefer 2008, 2012). Unter diesen Theorien ist jedenfalls nur eine, die den Gedanken der Vereinheitlichung aller Wechselwirkungen ernst nimmt: die Stringtheorie, in ihrer modernen Ausgestaltung auch als M-Theorie bezeichnet. Diese Theorie benötigt nicht nur die schon erwähnte Supersymmetrie, sondern auch eine Welt mit zehn oder elf Dimensionen für die Raumzeit. Da man nur vier Dimensionen beobachtet, müssen die restlichen sechs oder sieben Dimensionen unbeobachtbar klein oder sonstwie verborgen sein. Trotz unzähliger Veröffentlichungen und aufwendiger mathematischer Untersuchungen ist es in den letzten vierzig Jahren nicht gelungen, eine Verbindung der Stringtheorie mit Beobachtungen herzustellen. Dennoch betrachten Hawking und sein Kollege Mlodinow die M-Theorie als einzige Kandidatin für eine vollständige Theorie des Universums (Hawking und Modinow 2010). Die M-Theorie nimmt hier die Rolle der von Hawking 1979 favorisierten Supergravitation ein.

Das Hauptproblem der Stringtheorie ist die Beziehung zwischen den postulierten zehn oder elf Dimensionen und den vier Dimensionen der beobachteten Welt. Die Zahl der Möglichkeiten, ein vierdimensionales Universum im Rahmen einer Theorie mit elf Dimensionen zu beschreiben, ist unvorstellbar groß: Es werden Werte der Größenordnung 10^{500} gehandelt, was viel mehr ist als die Anzahl der Teilchen im beobachtbaren Teil des Universums. Es ist nicht einmal klar, dass unter diesen 10^{500} möglichen Welten die unsere überhaupt zu finden ist. Und selbst wenn, ließe sich der Weg dahin womöglich nur über das anthropische Prinzip finden: Wir befinden uns eben in dem Teil des String-Multiversums, der unsere Existenz ermöglicht. Die zwanzig Parameter des Standardmodells wären dann von kontingenter Natur und könnten aus der Theorie nicht berechnet werden. Die Physik wäre bei der Suche nach einer endgültigen Theorie an ihr Ende gelangt, freilich in einem anderen Sinn als von Hawking prophezeit.

Die Aufstellung der Quantentheorie vor fast hundert Jahren wäre nicht möglich gewesen ohne die Vielzahl an unerklärten experimentellen Befunden. Das ist heute bei der Suche nach einer vereinheitlichten Theorie nicht der Fall. Werden am LHC keine Hinweise auf eine Verletzung des Standardmodells gefunden, ist der Bau noch größerer und noch teurerer Anlagen schwer vorstellbar.

Es ist also durchaus möglich, dass die Zeit der Entdeckungen fundamentaler Gesetze vorübergeht, ohne dass sich Hawkings Prophezeiung einer endgültigen Theorie erfüllt hat. Richard Feynman hat diese Möglichkeit schon 1964 vorhergesehen (Feynman 1990, S. 172):

> Das Zeitalter, in dem wir leben, ist das Zeitalter, in dem wir die grundlegenden Gesetze der Natur entdecken, und diese Zeit wird niemals wiederkommen. Sie ist sehr aufregend, sie ist wunderbar, aber diese Aufregung wird vergehen müssen.[5]

Vielleicht seien mir zum Schluss noch einige persönliche Anmerkungen erlaubt. Hawkings 75. Geburtstag, der am 8. Januar 2017 stattfand, wurde im Juli 2017 in Cambridge mit einer großen internationalen Konferenz zum Thema *Gravity and Black Holes* begangen. Ich hatte die Ehre, an der Geburtstagsfeier im Haus des Jubilars teilnehmen zu dürfen. Es war ein milder Sommerabend. Wir saßen im Garten unter hohen, alten Bäumen, und es herrschte eine ausgelassene Stimmung, wozu natürlich auch das im Haus aufgebaute Büfett und die edlen Weine beitrugen. Der Hausherr selbst war in bester Verfassung, und wohl keiner der Gäste hat an diesem Abend bezweifelt, dass wir so auch seinen achtzigsten Geburtstag feiern würden. Dazu kam es leider nicht mehr. Hawking ist am 14. März 2018 verstorben, an Einsteins Geburtstag. Nicht nur ich habe das Gefühl, dass damit eine ganze Ära vergangen ist. Ob es auch in Zukunft Forscher wie ihn geben wird, die zu ähnlich aufregenden Visionen fähig sind, selbst wenn sich diese als unerfüllt oder unerfüllbar erweisen?

Literatur

De Bianchi, Silvia und Kiefer, Claus (Hg.): *One Hundred Years of Gauge Theory*, Springer, Cham, Schweiz (2020).

Einstein, Albert: Geometrie und Erfahrung, in: *Mein Weltbild*, Ullstein, Frankfurt am Main (1977).

Ellis, George F. R., Meissner, Krzysztof und Nicolai, Hermann: The physics of infinity, in: *Nature Physics*, Band **14**, 770–772 (2018).

Feynman, Richard: *The Character of Physical Law*, M.I.T. Press, Cambridge, Massachusetts (1990).

Hawking, Stephen W.: *Is the end in sight for theoretical physics? An inaugural lecture*, Cambridge Univ. Press, Cambridge (1980).

---

[5] Das englische Original lautet: „The age in which we live is the age in which we are discovering the fundamental laws of nature, and that day will never come again. It is very exciting, it is marvellous, but this excitement will have to go."

Hawking, Stephen und Mlodinow, Leonard: *Der große Entwurf: Eine neue Erklärung des Universums*, Rowohlt, Reinbek (2010).

Kiefer, Claus: *Der Quantenkosmos. Von der zeitlosen Welt zum expandierenden Universum*. S. Fischer, Frankfurt am Main (2008).

Kiefer, Claus: *Quantum Gravity*, dritte Auflage, Oxford Univ. Press, Oxford (2012).

Kiefer, Claus: On the concept of law in physics. *European Review* **22,** S26–S32 (2014).

Simonyi, Károly: *Kulturgeschichte der Physik*, dritte Auflage, Harri Deutsch, Frankfurt am Main (2001).

Gibt es grundsätzliche Erkenntnisgrenzen der Physik?
Realistische vs. instrumentalistische Interpretationen

Paul Hoyningen-Huene

1 Einleitung

Wenn im Titel dieses Aufsatzes von „grundsätzlichen Erkenntnisgrenzen der Physik" die Rede ist, dann ist gar nicht klar, was damit genau gemeint ist. Beispielsweise kann man die Erkenntnisgrenzen diskutieren, die sich aus der Physik selbst ergeben. So legt uns die spezielle Relativitätstheorie grundsätzliche Erkenntnisgrenzen auf: Die Lichtgeschwindigkeit ist endlich, deshalb können wir mit manchen Ereignissen des Universums grundsätzlich nicht interagieren, was ihre Erkennbarkeit für uns einschränkt oder sogar unmöglich macht. Auch die Quantenmechanik mit ihren Unbestimmtheitsrelationen schränkt unsere Erkenntnismöglichkeiten ein, jedenfalls in ihrer Standardinterpretation, möglicherweise sogar auf radikalere Weise als die Relativitätstheorie. Wenn die Quantenmechanik behauptet, dass zwei komplementäre Größen grundsätzlich nicht gleichzeitig gemessen werden können, dann sagt sie nicht, dass wir bloß unglücklicherweise keinen gleichzeitigen Messzugriff auf die beiden Größen haben. Vielmehr sagt sie, dass diese Messwerte gar nicht auf die Weise existieren, wie wir sie uns klassisch vorstellen und messen wollen. Diese Art der grundsätzlichen Erkenntnisgrenzen, die sich aus physikalischen Theorien selbst ergeben, ist aber hier nicht mein Thema. Vielmehr beziehe ich mich auf den möglichen *Wahrheitsanspruch* der Physik

P. Hoyningen-Huene (✉)
Institut für Philosophie, Universität Hannover, Hannover, Deutschland
E-Mail: hoyningen@ww.uni-hannover.de

© Der/die Autor(en), exklusiv lizenziert an Springer-Verlag GmbH, DE, ein Teil von Springer Nature 2023
H. Fink und M. Kuhlmann (Hrsg.), *Unbestimmt und relativ?*,
https://doi.org/10.1007/978-3-662-65644-0_11

als Ganzer, und das heißt insbesondere, dass ich nicht den spezifischen Wahrheitsanspruch einzelner Theorien in Frage stelle. So kann man etwa den Wahrheitsanspruch der Stringtheorie in Frage stellen, indem man bezweifelt, dass es überhaupt die postulierten Strings gibt. Hier geht es vielmehr um die viel weitere Frage, ob die Physik für ihre besten Theorien Wahrheit beanspruchen kann, oder ob das selbst im allergünstigsten Fall nicht gerechtfertigt ist. Es könnte ja sein, dass die Physik aufgrund ihres Vorgehens grundsätzlich nicht in der Lage ist, nachweisbar die Wahrheit über die Natur herauszufinden. Die Hauptfrage dieses Aufsatzes lautet also: Erreicht die physikalische Erkenntnis die Wahrheit oder nicht? Sollte die Physik die Wahrheit nicht erreichen, schließt sich natürlich sofort die Folgefrage an, was sie denn dann erreicht. Solche Fragen beziehen sich auf den „epistemischen Status" der Physik.

Die Frage nach dem epistemischen Status der Physik stellt sich mit besonderer Schärfe bezüglich unbeobachtbarer Gegenstände, wie z. B. dem Urknall, schwarzen Löchern, Gravitationswellen, Quarks, Strings etc. Solche Gegenstände können nicht selbst beobachtet werden, sei es grundsätzlich nicht, weil es sich z. B. um vergangene Ereignisse handelt, sei es, dass wir faktisch keinen Messzugang zu ihnen haben. Was man aber beobachten kann, sind Phänomene, die man als Konsequenzen der unbeobachtbaren Gegenstände verstehen kann. Aber wie schließt man von bestimmten beobachtbaren Phänomenen auf ihre unbeobachtbaren Ursachen? Diese Schlüsse werden durch Theorien vermittelt. Beispielsweise lassen sich die Ergebnisse bestimmter Streuexperimente von Teilchen dadurch erklären, dass man postuliert, dass manche Teilchen u. a. aus nicht direkt beobachtbaren Quarks zusammengesetzt sind. Die für Quarks einschlägige Theorie ist das Standardmodell der Teilchenphysik, das dann erklärt, wie das beobachtbare Ergebnis des Streuexperiments durch die unbeobachtbaren Quarks hervorgebracht wird.

Wie an diesem Beispiel sichtbar, ist der Schluss von den Phänomenen auf ihre unbeobachtbaren Ursachen indirekt; technisch gesprochen handelt es sich um abduktive Schlüsse. Die zentrale Frage ist nun, welchen epistemischen Status ein durch solche indirekte, abduktive Schlüsse gewonnenes Wissen über unbeobachtbare Gegenstände beanspruchen kann. Ist dieses Wissen wahr? Oder ist es wenigstens annähernd wahr (und was heißt das genau?)? Oder ist es bloß richtig, und was hieße das genau? Oder handelt es sich bei solchem Wissen um bloße Modellvorstellungen, die für Vorhersagen und technische Anwendungen verwendbar sein mögen, aber *keinerlei* Wahrheitsgehalt aufweisen? Solche Fragen sind für die konkrete Forschungspraxis der Physik irrelevant, denn innerhalb der Physik wird nur über die Angemessenheit einzelner, *konkreter* Theorien gestritten. So war es beispielsweise in der Physik in den 1960er Jahren kontrovers, ob es Quarks wirklich gibt oder nicht. Solche innerphysikalischen Fragen werden dann typischerweise aufgrund von empirischen Daten und der Diskussion alternativer Erklärungen entschieden. Hier geht es vielmehr darum, was ganz allgemein der epistemische Status von Theorien ist, auf die sich die Physiker weitestgehend geeinigt haben.

Obwohl also die Frage nach dem epistemischen Status der Physik nicht innerhalb der Physik gestellt wird, wird diese Frage heutzutage nicht nur von Philosophen, sondern auch von Physikern diskutiert, z. B. von so prominenten Physikern wie Stephen Hawking, Roger Penrose (Nobelpreis 2020), Steven Weinberg (Nobelpreis 1979), oder Anton Zeilinger (Nobelpreis 2022). Hier zwei Zitate zur Illustration. Stephen Hawking schrieb 1996:

> Ich nehme den positivistischen Standpunkt ein: Eine physikalische Theorie ist lediglich ein mathematisches Modell. Es ist sinnlos zu fragen, ob sie mit der Realität übereinstimmt. Alles was man verlangen kann ist, dass ihre Vorhersagen mit den Beobachtungen übereinstimmen (Hawking 1996, S. 3–4; ähnlich auch in Hawking und Mlodinow 2010, bes. Kap. 3).

Roger Penrose antwortete ihm darauf:

> Stephen Hawking sagt, dass er glaubt, dass er ein Positivist ist, während ich ein Platonist sei. Es ist in Ordnung, dass er ein Positivist ist, aber es ist wirklich wichtig, dass ich eher ein Realist bin (Penrose 1996, S. 134).

Hier gibt es also eine Gegenüberstellung von „Positivismus" und „Platonismus", und letztere Position korrigiert Penrose zu „Realismus"[1]. Wie dem auch sei: Was wir jetzt benötigen, ist eine genauere Darstellung der möglichen *Positionen* hinsichtlich des epistemischen Status der Physik (Abschn. 2), bevor wir uns den Argumenten für und gegen diese Positionen zuwenden können (Abschn. 3). Und es ist bereits offensichtlich, dass der physikalische Sachverstand für eine Entscheidung zwischen den verschiedenen Positionen nicht ausreichend ist. Das ist nicht wirklich verwunderlich, weil es sich eben nicht mehr um rein innerphysikalische Fragen handelt.

---

[1] Penrose hat hier durchaus einen Punkt, denn „Platonismus" ist eher eine Position in der Philosophie der Mathematik, während „Realismus" tatsächlich eine Position in der Philosophie der Physik ist.

2   Positionen

Die Frage, die wir jetzt stellen müssen, lautet: Worin besteht der Wahrheits-
(oder Richtigkeits-)anspruch der Physik genau? Es gibt hier drei Hauptpositionen: den Realismus, den konvergenten Realismus und den
Antirealismus oder Instrumentalismus, der auch „Positivismus" genannt
wird. Es gibt hier viele Untervarianten, auf die ich aber nicht eingehe. Mir
geht es jetzt um die Hauptpositionen und nachher um die Hauptargumente,
die für und gegen diese Hauptpositionen vorgebracht werden können. Ich
beginne mit dem Realismus.

2.1   Realismus

Der Realismus ist eine vergleichsweise einfache Position. Er behauptet,
dass die akzeptierten physikalischen Theorien wahre Aussagen über die
Natur formulieren, und genau deshalb sind sie akzeptiert. Dies war eine
im 18. und 19. Jahrhundert gängige Position, und zwar aufgrund des über-
wältigenden empirischen Erfolgs der klassischen Physik. Kant hatte dann
sogar, hundert Jahre nach Newton, Argumente für die Endgültigkeit der
klassischen Physik geliefert. Tatsächlich aber begann die Überzeugung von
der Endgültigkeit und Wahrheit der klassischen Physik in der zweiten Hälfte
des 19. Jahrhunderts zu bröckeln, um dann im 20. Jahrhundert durch die
Relativitätstheorie und Quantenmechanik endgültig widerlegt zu werden.
Dies hat in der Physik selbst und in der Philosophie der Physik ganz überwiegend zu der Überzeugung geführt, dass nachgewiesene und endgültige
Wahrheit in der Physik nicht zu haben ist. Daher ist der strikte Realismus
heute bei Physikern und Philosophen praktisch ohne Anhänger. Was man
also benötigt, ist eine Abschwächung des Realismus. Hierfür gibt es zwei
Hauptvarianten: den „konvergenten Realismus" und den „Instrumentalismus".

2.2   Konvergenter Realismus

Der konvergente Realismus schwächt den Realismus weniger stark ab. Er
besteht aus mehreren Thesen. Zunächst besagt die Position, dass akzeptierte
physikalische Theorien nicht vollständig, sondern nur *approximativ wahr*
sind. Diese Aussage hat zwei Teile. Der erste Teil besagt, dass die von den
akzeptierten Theorien postulierten unbeobachtbaren Entitäten tatsächlich

existieren bzw. – im Fall vergangener Ereignisse – tatsächlich existierten. Demnach gibt es bzw. gab es z. B. Elektronen, Quarks, Felder, den Urknall, die dunkle Materie und die dunkle Energie wirklich. Der zweite Teil besagt, dass die Aussagen über die Eigenschaften dieser unbeobachtbaren Entitäten zwar nicht ganz, aber immerhin annähernd wahr sind. Das bezieht sich beispielsweise auf quantitative Angaben wie Ladungen oder Massen von Teilchen, das Alter des Universums oder den Anteil der dunklen Energie an dessen Gesamtenergie. Die dritte These des konvergenten Realismus besagt, dass diese quantitativen Eigenschaften unbeobachtbarer Entitäten im Verlauf der Physikentwicklung immer genauer bestimmt werden können. Man kann den konvergenten Realismus durch eine vierte These ergänzen, die eigentlich namensgebend für ihn ist: Die Aussagen über die (korrekt identifizierten) unbeobachtbaren Entitäten werden im Verlauf der Physikentwicklung nicht nur immer genauer, sondern konvergieren sogar zum wahren Wert. Diese vierte These ist eine Verstärkung der dritten These, denn es könnte ja auch sein, dass die Theorien zwar immer genauer werden, aber dennoch eine bestimmte Distanz zur Wahrheit nicht unterschreiten können.

Der konvergente Realismus ist eine von vielen Physikern vertretene Position. Der Nobelpreisträger Steven Weinberg hat sie in seinem einflussreichen Buch *Dreams of a Final Theory* prägnant formuliert (Weinberg 1992).

2.3 Instrumentalismus oder Antirealismus

Der Instrumentalismus oder Antirealismus schwächt den Realismus nun so stark ab, dass vom Wahrheitsanspruch hinsichtlich unbeobachtbarer Entitäten nichts mehr übrigbleibt. In dieser Interpretation der Physik liefern akzeptierte physikalische Theorien lediglich funktionierende Modelle von Naturphänomenen, nicht aber eine auch nur annähernd wahrheitsgemäße Darstellung. Theorien sind daher nur Instrumente für Vorhersagen und evtl. technische Anwendungen, sie repräsentieren die Natur aber nicht. Wie auch eine Schere nicht dazu da ist, Aspekte der Welt darzustellen, sondern eine bestimmte Leistung zu erbringen, so ist auch die Funktion von Theorien zu sehen; daher der Name „Instrumentalismus". „Antirealismus" betont die Ablehnung der Wahrheitsansprüche realistischer Positionen. Ganz offenbar ist der Instrumentalismus eine skeptischere Konsequenz aus dem Scheitern des Realismus als der konvergente Realismus.

Vom Instrumentalismus gibt es zwei Hauptvarianten. Variante 1 wird bei Hawking „Positivismus" genannt, was aus historischen Gründen geschieht.

In dieser Variante ist die Frage nach der Wahrheit einer physikalischen Theorie grundsätzlich sinnlos, weil sie falsch gestellt ist. Analog ist etwa die Frage, ob Primzahlen grün oder rot sind, falsch gestellt, weil Primzahlen überhaupt keine Farbe haben, oder die Frage, ob eine bestimmte Schere wahr ist. Variante 2 ist nicht ganz so radikal, sie lässt die Frage nach der Wahrheit physikalischer Theorien zu, beantwortet sie aber immer negativ: Physikalische Theorien sind – strikt gesprochen – immer falsch. In der Praxis ist der Unterschied zwischen diesen beiden Varianten nicht besonders groß, denn sie haben die gleiche Konsequenz: Von physikalischen Theorien soll nur *instrumenteller* Gebrauch gemacht werden, nämlich die Erzeugung von Vorhersagen und möglichen Anwendungen. In beiden Varianten sollen Theorien nicht als Darstellungen der Natur mit Wahrheitsgehalt aufgefasst werden.

3   Argumente

Die Hauptpositionen hinsichtlich des epistemischen Status der Physik sind heute also der konvergente Realismus und der Instrumentalismus. Weil der eigentliche Realismus ausgeschieden ist, werde ich im Folgenden den konvergenten Realismus auch einfach als „Realismus" bezeichnen. Welche Position ist die angemessenere, der (konvergente) Realismus oder der Instrumentalismus? Zunächst ist festzuhalten, dass sich der Unterschied zwischen den beiden Positionen in der Forschungspraxis der Physik kaum niederschlägt. Beispielsweise ist in den Arbeiten des Instrumentalisten Stephen Hawking zu schwarzen Löchern kein Instrumentalismus sichtbar. Hawking spricht über schwarze Löcher genau in der gleichen Weise wie sein realistischer Kollege Roger Penrose, nämlich wie über real existierende Objekte (z. B. Hawking 1971). Tatsächlich ist ein Realismus auf der Objektebene, in der konkreten physikalischen Forschung, durchaus verträglich mit einem Antirealismus auf der Metaebene, der Reflexion über physikalische Forschung und ihre Ergebnisse (Hoyningen-Huene 2018, S. 6–9).

Obwohl sich der Unterschied von (konvergentem) Realismus und Instrumentalismus also nicht in der Forschungspraxis der Physik niederschlägt, ist dieser Unterschied nicht irrelevant, denn hier geht es um unser grundsätzliches Verständnis von Physik. Es geht um die Frage, ob die Physik uns ein Bild der Natur liefert, das – metaphorisch gesprochen – wenigstens annähernd so ist, wie der liebe Gott oder Allah oder Jahve die Natur sieht, oder ob die Physik uns nur praktisch funktionierende Modelle liefert, die mit der Realität der Natur nichts gemein haben – außer, dass sie für Vorhersagen taugen. Das ist die Frage nach der grundsätzlichen Erkenntnisfähigkeit des Menschen hinsichtlich der Natur, denn hier ist die Physik zusammen mit den anderen Naturwissenschaften das einzige legitime Unternehmen der Erkenntnisgewinnung. Wenn wir also nach der Stellung des Menschen im Kosmos fragen, dann müssen wir die Naturwissenschaften fragen, so unvollkommen sie auch sein mögen, denn wir haben nichts Besseres. Und dann müssen wir nach dem epistemischen Status von denjenigen Erkenntnissen fragen, hinsichtlich derer sich die Naturwissenschaften ziemlich sicher sind, also ihrer besten Theorien: Dürfen wir diese Theorien approximativ-realistisch interpretieren?

Es lohnt sich also, über die beiden Positionen des Realismus und Instrumentalismus nachzudenken. Im Folgenden möchte ich verschiedene Argumente diskutieren, die pro und contra Realismus und Instrumentalismus vorgebracht werden können. Die Situation ist insgesamt ziemlich unübersichtlich, weil sich diese Diskussion in der gegenwärtigen Form bereits über viele Jahrzehnte hinzieht, und in verschiedenen abgewandelten Formen eigentlich seit der Antike lebendig ist, mit einem besonderen Höhepunkt bei Kant. Es ist gleich anzumerken, dass alle diese Argumente höchst umstritten sind, aber das gilt in der Philosophie ja ganz allgemein. Das ändert sich auch nicht, wenn Physiker/innen solche Argumente formulieren, wie die Diskussion gezeigt hat.

Um der Unübersichtlichkeit etwas Herr zu werden, werde ich den Ablauf der Argumente folgendermaßen strukturieren. Auf ein historisches (Abschn. 3.1) und ein systematisches (Abschn. 3.4) Argument für den (konvergenten) Realismus folgen jeweils historische (Abschn. 3.2 und 3.5) und systematische (Abschn. 3.3 und 3.6) Gegenargumente.

3.1 Historisches Argument für den (konvergenten) Realismus

Es ist unbestritten, dass es seit Entstehung der modernen Physik im 17. Jahrhundert einen dauernden Fortschritt der Physik gibt. Gemäß dem jetzt zu diskutierenden Argument lässt sich diese sukzessive Theorienverbesserung am besten als eine schrittweise Annäherung an die Wahrheit verstehen. In einem ersten Schritt versucht man zu belegen, dass physikalische Theorien tatsächlich approximativ wahr sind, d. h. dass die von ihnen postulierten Entitäten tatsächlich existieren und ihre Eigenschaften ungefähr richtig beschrieben werden. Das wird dann besonders überzeugend, wenn es mehrere, physikalisch heterogene Verfahren gibt, die alle auf die Existenz der entsprechenden Entitäten hinweisen. Als Atome noch nicht direkt beobachtbar waren, war es ein besonders überzeugendes Argument für ihre Existenz, dass man die Zahl der Atome in einer bestimmten Stoffmenge auf ganz unterschiedliche Weisen feststellen konnte (die Avogadro-Konstante), und diese auf verschiedenen physikalischen Prinzipien beruhenden Verfahren innerhalb der Messgenauigkeit zum gleichen Ergebnis führten. Wie könnte man diese Übereinstimmung anders erklären, als dass es in dem Volumen eben gerade diese Zahl von Atomen wirklich gibt? Analog verlässt man sich auch in anderen Gebieten der Physik für die Existenz und die Eigenschaften von unbeobachtbaren Entitäten nicht auf ein einziges Verfahren.

Wenn man nun weiß, dass die erfolgreichen physikalischen Theorien approximativ wahr sind, kann man ein weiteres Faktum der Physikgeschichte beiziehen. Es hat sich gezeigt, dass zwischen sukzessiven physikalischen Theorien häufig mathematische Grenzwertbeziehungen bestehen. So geht die Wellenoptik für kleine Wellenlängen in die Strahlenoptik über, die Spezielle Relativitätstheorie für kleine Geschwindigkeiten in die klassische Mechanik, die Quantenmechanik für größere Energien und Abstände in die klassische Mechanik, etc. Obwohl diese Grenzübergänge zum Teil mathematisch delikat sind, bezweifelt niemand ihre Existenz. Das bedeutet, dass die späteren Theorien Verallgemeinerungen der älteren Theorien auf größere Parameterbereiche sind. Der approximative Wahrheitsgehalt der älteren Theorien in ihrem ursprünglichen Anwendungsbereich wird dadurch nicht in Frage gestellt, was man auch daran sehen kann, dass diese älteren Theorien in ihrem ursprünglichen Bereich bei geringerem Genauigkeitsbedarf weiterhin verwendet werden. So wird die klassische Elektrodynamik in unzähligen Bereichen weiterverwendet, in denen die Quantennatur der Strahlung keine merkliche Rolle spielt.

Diese Perspektive auf die Physikgeschichte ist es, die den konvergenten Realismus so überzeugend macht. Mit ein wenig Optimismus kann man dann auch die vierte These des Realismus glauben, nämlich dass die Theorienentwicklung der Physik tatsächlich zur Wahrheit hin *konvergiert*.

3.2   Historisches Gegenargument

Das historische Argument gegen den konvergenten Realismus hebt einen anderen Aspekt der Wissenschaftsgeschichte hervor. Hier ist die zentrale Beobachtung, dass sich in jeder größeren Revolution der Physik die Natur der postulierten fundamentalen physikalischen Objekte derart stark ändert, dass es unmöglich ist, von einer Konvergenz der Theorien zu sprechen. Betrachten wir ein Beispiel, Gravitation. Aristoteles hatte eine ganz andere Vorstellung von dem, was wir als Gravitation bezeichnen, als wir. Für ihn war der Kosmos isotrop: Es gab einen Mittelpunkt des Universums. Schwere Körper streben zu diesem Mittelpunkt hin, was u. a. erklärt, warum der Erdmittelpunkt mit diesem Punkt zusammenfällt; leichte Körper streben von diesem Punkt weg. Die Gestirne und Planeten kreisen aufgrund ihrer besonderen Materieart, dem Äther, um diesen Mittelpunkt. Ganz anders wurde die Gravitation bei Descartes verstanden, insbesondere, was die Planetenbewegung anbelangt. Descartes vertrat die Theorie, dass es einen gewaltigen Materiewirbel gibt, der die Planeten auf ihren Bahnen um die Sonne hält. Bei Newton dagegen ist die Gravitation eine Fernwirkung, die er mathematisch beschreibt, und deren Natur er offenlässt, nachdem alle Versuche, sie mechanisch zu erklären, gescheitert waren. Später wurde die Gravitation als ein Feld interpretiert. Einstein schließlich erklärte die Gravitation zu einer Scheinkraft, indem er sagte, dass ihre eigentliche physikalische Grundlage die (physikalische) Geometrie ist.

Diese Vorstellungen von der Gravitation haben in ihrer Abfolge keine erkennbare Richtung, geschweige denn Anzeichen für Konvergenz. Erstaunlicherweise ist das erste Glied der (hier lückenhaft skizzierten) Folge dem letzten am ähnlichsten, weil sowohl bei Aristoteles als auch bei Einstein die Geometrie zum Fundament der Gravitation wird. Aber wie steht es dann mit der Relevanz der Grenzwertbeziehungen, die eine Kontinuität zwischen Theorien anzuzeigen scheinen? Schon Niels Bohr hat in seinen Überlegungen zum Verhältnis von klassischer Mechanik zur Quantenmechanik darauf hingewiesen, dass das Bestehen von *numerischen* Korrespondenzbeziehungen zwischen Theorien (das sind in Bohrs Sprache die Grenzwertbeziehungen) nicht eine *begriffliche* oder *ontologische* Kontinuität zwischen diesen Theorien impliziert (Bohr 1931 [1928], S. 55). Daher ist das Bestehen von Grenzwertbeziehungen kein Argument für eine Theorienkonvergenz, geschweige denn für eine Approximation an die Wahrheit. Im Übrigen können auch manifest falsche Theorien und Modelle empirisch sehr erfolgreich sein, was generell verbietet, empirischen Erfolg allein als Indikator für Wahrheit oder Wahrheitsnähe zu nehmen. Das bedeutet: Theorien, die empirisch erfolgreicher sind als ihre Vorgänger, sind nicht allein deshalb näher an der Wahrheit – was immer das auch genau heißen soll. Dazu komme ich gleich.

3.3   Systematische Argumente gegen Theorienkonvergenz

Es gibt nun mehrere Argumente, die zeigen, dass die Theorienkonvergenz, also die Annäherung von Theorien an die Wahrheit, also an *die* wahre Theorie, höchst problematisch ist. Diese Argumente bauen aufeinander auf.

Das erste Argument weist auf die fundamentale begriffliche Schwierigkeit hin, zu explizieren, was Theorienkonvergenz überhaupt bedeuten soll. Für diesen Begriff benötigt man einen Theorienraum und ein Abstandsmaß (etwas vergröbert). Konvergenz bedeutet dann, dass sich der Abstand der Folgenglieder zum Grenzwert, der wahren Theorie, immer weiter vermindert. Nun ist die wahre Theorie natürlich nicht bekannt, was man aber durch die Idee umgehen könnte, dass bei Konvergenz der Abstand der Folgenglieder untereinander immer kleiner werden muss (Cauchy-Kriterium). Das Hauptproblem ist, dass der Theorieraum die wahre Theorie enthalten muss (bzw. an dessen Rand liegen muss), damit es Konvergenz zu ihr geben kann, wir diese Theorie aber nicht kennen. Wie lässt sich dann aber ein angemessener Theorieraum einführen?

Selbst wenn man dieses Problem lösen könnte, formuliert das zweite Argument eine mathematische Schwierigkeit. Wie immer man Theorienkonvergenz auch definiert hat und wie immer die empirische Sachlage bezüglich der involvierten Theorien ist, es ist mathematisch unzulässig, aus endlich vielen Gliedern einer Folge auf ihre Konvergenz zu schließen. Die Wissenschaftsgeschichte liefert uns aber immer nur eine endliche Menge von konsekutiven Theorien, und auch wenn sich diese endliche Folge von Theorien so anfühlt, als würde sie konvergieren, ist das keineswegs ein gutes Argument für ihre tatsächliche Konvergenz.

Selbst wenn man dieses Problem lösen könnte, formuliert das dritte Argument ein weiteres gravierendes Problem (Hoyningen-Huene 2013). Wir nehmen also an, die Theorienfolge konvergiert tatsächlich. Aber zu welchem Grenzwert konvergiert sie? Die Folge der Theorien wird empirisch immer besser, so ist sie konstruiert. Aber können wir ausschließen, dass diese Theorien gegen eine bezüglich der unbeobachtbaren Entitäten fundamental *falsche* Theorie konvergieren, die aber hochpräzise empirische Vorhersagen macht? Das wäre eine Theorie, die in ihren ontologischen Aussagen fundamental falsch läge, aber dennoch in ihren Vorhersagen aller messbaren Variablen eine traumhafte prozentuale Genauigkeit hätte, sagen wir 10^{-100}. Könnten wir eine solche Theorie als Grenzwert ausschließen? Ich glaube nicht, denn wir haben dafür keine Ressourcen. Dieser „Sackgasseneinwand" schließt die systematischen Argumente gegen die Theorienkonvergenz ab.

3.4   Systematisches Argument für konvergenten Realismus: Das Wunderargument

Jetzt werde ich wieder für den Realismus argumentieren, und zwar auf systematische Weise. Das bekannteste Argument für den Realismus ist das sog. Wunderargument (*miracle argument*). Besonders Hilary Putnam hat es für unsere Zeit berühmt gemacht:

> Das positive Argument für den Realismus ist, dass er die einzige Philosophie ist, die den Erfolg der Wissenschaft nicht zu einem Wunder [miracle] macht (Putnam 1975, S. 73)

Das Argument ist in der Folge noch stärker gemacht worden, indem der genannte „Erfolg der Wissenschaft" als „neuartige Vorhersagen" spezifiziert wurde. Neuartige Vorhersagen einer Theorie sind aus der Theorie abgeleitete empirisch zutreffende Aussagen, die beim Aufstellen der Theorie nicht verwendet wurden. Ein Beispiel ist die Ableitung der Existenz der homöopolaren Bindung aus der Quantentheorie (Heitler und London 1927). Die homöopolare Bindung war zuvor physikalisch unverstanden und wurde bei der Entwicklung der Quantenmechanik nicht verwendet, konnte aber schließlich aus ihr abgeleitet werden. Das Wunderargument fragt nun, wie das Potential von Theorien für neuartige Vorhersagen zu erklären ist. Aus der Sicht des Realismus gibt es eine schlagende Erklärung. Weil die realen, aber unbeobachtbaren Objekte der Welt durch die besten physikalischen Theorien annähernd wahr erfasst werden, sind neuartige Vorhersagen über diese Objekte möglich. Das sieht man, wenn man sich vorstellt, diese Objekte würden nicht existieren: Wie könnten dann die Theorien empirisch richtige Aussagen über sie liefern, die über das hinausgehen, was man in die Theorien hineingesteckt hat? Das erscheint als unmöglich – oder: Es wäre ein Wunder. Und weil es nun einmal keine Wunder gibt, kann nur der konvergente Realismus die Existenz neuartiger Vorhersagen in der Physik erklären, und stellt sich damit als die überlegene Position heraus. Dieses Argument halten viele Verteidiger des Realismus für so überzeugend, dass sie es als das ultimative Argument für den Realismus bezeichnen (z. B. Musgrave 1988).

3.5 Historisches Gegenargument: Die pessimistische Metainduktion

Das historische Gegenargument gegen den epistemischen Optimismus des Realismus hat eine lange Geschichte und es wurde von den verschiedensten Autoren benutzt, u. a. von George Bernard Shaw 1930. Das Argument beginnt mit einem historischen Faktum: Vielen unbeobachtbaren physikalischen Objekten, deren Existenz einmal angenommen wurde, wurde 50 oder 100 Jahre später die Existenz abgesprochen. Beispielsweise waren instantane Fernwirkungskräfte, der Wärmestoff, Phlogiston, der elektromagnetische Äther und vieles andere mehr einmal wohletablierte Entitäten der Naturwissenschaften. So schreibt der große Physiker James Clerk Maxwell beispielsweise über den elektromagnetischen Äther:

> Was immer die Schwierigkeiten sind, eine konsistente Idee über die Konstitution des Äthers aufzustellen, *es kann keinen Zweifel geben*, dass der interplanetare und interstellare Raum nicht leer ist, sondern durch eine materielle Substanz […] ausgefüllt ist (Maxwell 1875–89, meine Hervorhbg.).

Das jetzt zu diskutierende Argument ist eine induktive Verallgemeinerung dieser Fälle. Wenn es schon in der Vergangenheit so war, dass sich auch die bestbestätigten unbeobachtbaren Entitäten als inexistent herausgestellt haben, dann kann das auch den heutigen bestetablierten unbeobachtbaren Entitäten geschehen. Induktive Verallgemeinerungen werden normalerweise bezüglich empirischer Daten gemacht, um zu allgemeinen Hypothesen zu gelangen. Hier findet die Induktion auf der Metaebene statt, weil sie sich auf Hypothesen und nicht auf Daten bezieht. Darum ist das Argument eine Metainduktion, und pessimistisch ist sie mit Bezug auf den Realismus. Das Argument kann übrigens auch ohne einen Induktionsschluss formuliert werden (Lyons 2002).

Interessanterweise kann man dieses Argument auch direkt mit dem Wunderargument kollidieren lassen. Es finden sich in der Vergangenheit nämlich eine Reihe von Fällen, in denen Theorien neuartige Vorhersagen gemacht haben, diese Theorien aber aus heutiger Sicht klar falsch sind, weil sie nichtexistierende unbeobachtbare Entitäten postuliert hatten (z. B. Carrier 1991; Lyons 2002; Vickers 2013).

3.6 Systematisches Gegenargument: Unterbestimmtheit von Theorien durch Daten

Das jetzt folgende Gegenargument gegen den Realismus versucht zu begründen, warum aus dem empirischen Erfolg einer Theorie, inklusive womöglich neuartiger Vorhersagen, nicht auf die Legitimität ihrer realistischen Interpretation geschlossen werden kann. Das Argument beginnt mit der unbezweifelten Feststellung, dass naturwissenschaftliche Theorien letztlich durch empirische Daten gestützt werden. Nun kann man fragen: Wenn ich einen bestimmten Satz von Daten habe, passt dann zu diesen Daten nur eine Theorie? Das ist typischerweise nicht der Fall, normalerweise passen viele Theorien zu einem Datensatz. Dann kann man fragen: Kann man mehr und mehr Daten erheben und hinzufügen, so dass schließlich nur noch eine Theorie zu diesen Daten passt? Die sogenannte Unterbestimmtheits-These sagt dazu, dass das nicht der Fall ist: Theorien gehen in ihrem Gehalt immer über die existierenden empirischen Daten hinaus und sind daher durch die Daten nicht eindeutig festgelegt (z. B. Hoyningen-Huene 2011). Das bedeutet aber, dass es zu den besten physikalischen Theorien empirisch ebenso gut gestützte Alternativen geben kann, die aber ganz andere unbeobachtbare Entitäten postulieren.

Ganz besonders beunruhigend ist die Möglichkeit, dass es zu den heute akzeptierten Theorien Alternativen geben könnte, an die noch niemand gedacht hat und an die heute auch niemand denken kann, sogenannte „unconceived alternatives" (Stanford 2006). Die Geschichte der Wissenschaften ist voll von solchen zu der jeweiligen Zeit unausdenkbaren Alternativen. So wurde zur Zeit der Wellentheorie des Lichts nicht an die Möglichkeit einer Quantentheorie des Lichts gedacht: natürlich, denn die Quantentheorie lag noch ganz weit in der Zukunft. Ähnlich wurde zur Zeit der Gravitationstheorie Newtons nicht an die Möglichkeit der Allgemeinen Relativitätstheorie gedacht, etc. Das heißt: Wir müssen damit rechnen, dass es zu jeder empirisch erfolgreichen Theorie mindestens ebenso erfolgreiche Rivalen gibt, die grundsätzlich andere Annahmen über die Natur machen, zu denen wir aber keinen Zugang haben. Daraus folgt dann aber, dass wir den grundsätzlichen Annahmen über die Natur auch unserer besten Theorien nicht unbesehen glauben können.

4   Fazit

Der hier diskutierte epistemische Status der Physik betrifft die Frage, ob wir die besten physikalischen Theorien realistisch interpretieren dürfen, d. h. ob wir den Aussagen dieser Theorien über die von ihnen postulierten unbeobachtbaren Entitäten Glauben schenken dürfen. Wir haben gesehen, dass der epistemische Status der Physik umstritten ist, nicht nur bei Wissenschaftsphilosophen, sondern auch bei Physikern. Der Grund ist, dass es eine Menge von relevanten Argumenten gibt, die aber in unterschiedliche Richtungen zerren, so dass es bislang zu keinem Konsens der Fachleute gekommen ist. Unbestritten ist, dass die Physik seit Galilei, also in den letzten vier Jahrhunderten, enorme Fortschritte gemacht hat. Aber wir müssen eingestehen, dass wir letzten Endes nicht wissen, wie wir diesen Fortschritt interpretieren sollen, als eine schrittweise Annäherung an die Wahrheit oder als eine nur instrumentelle Verbesserung der Physik.

Literatur

Bohr, Niels: Das Quantenpostulat und die neuere Entwicklung der Atomistik. In: Atomtheorie und Naturbeschreibung, S. 34–59. Springer, Berlin (1931 [1928]).

Carrier, Martin: What is wrong with the miracle argument? Studies in the History and Philosophy of Science **22**, 23–36 (1991).

Hawking, Stephen W.: Gravitational radiation from colliding black holes. Physical Review Letters **26**(21), 1344–1346 (1971).

Hawking, Stephen W.: Classical theory. In: Hawking, S., Penrose, R. (Hrsg.), The Nature of Space and Time, S. 3–26. Princeton University Press, Princeton (1996).

Hawking, Stephen W.; Mlodinow, Leonard: The Grand Design. Bantam, London (2010).

Heitler, Walter; London, Fritz: Wechselwirkung neutraler Atome und homöopolare Bindung nach der Quantenmechanik. Zeitschrift für Physik **44**, 455–472 (1927).

Hoyningen-Huene, Paul: Reconsidering the miracle argument on the supposition of transient underdetermination. Synthese **180**(2), 173–187 (2011).

Hoyningen-Huene, Paul: The ultimate argument against convergent realism and structural realism: The impasse objection. In: Karakostas, V., Dieks, D. (Hrsg.), EPSA11 Perspectives and Foundational Problems in Philosophy of Science, S. 131–139. Springer, Cham (2013).

Hoyningen-Huene, Paul: Are there good arguments against scientific realism? In: Christian, A., Hommen, D., Retzlaff, N., Schurz, G. (Hrsg.), Philosophy of

Science: Between the Natural Sciences, the Social Sciences, and the Humanities, S. 3–22. Springer International, Cham (2018).

Lyons, Timothy D.: Scientific realism and the pessimistic meta-modus tollens. In: Clarke, S. P., Lyons, T. D. (Hrsg.), Recent Themes in the Philosophy of Science: Scientific Realism and Commonsense, S. 63–90. Kluwer, Dordrecht (2002).

Maxwell, James Clerk: "Ether". In: Encyclopaedia Britannica, Ninth Edition, hrsg. von Thomas Spencer Baynes (1875–89).

Musgrave, Alan: The ultimate argument for scientific realism. In: Nola, R. (Hrsg.), Relativism and Realism in Science, S. 229–252. Kluwer Academic, Dordrecht (1988).

Penrose, Roger: Roger Penrose Replies. In: Hawking, S., Penrose, R. (Hrsg.), The Nature of Space and Time, S. 133–135. Princeton University Press, Princeton (1996).

Putnam, Hilary: What is mathematical truth? In: Mathematics, Matter and Method. Philosophical Papers, Vol. 1, S. 60–78. Cambridge University Press, Cambridge (1975).

Shaw, George Bernhard: Speech at a dinner in honor of Albert Einstein. London (1930). https://www.youtube.com/watch?v=1TIt0ITM_RM.

Stanford, P. Kyle: Exceeding Our Grasp: Science, History, and the Problem of Unconceived Alternatives. Oxford University Press, Oxford (2006).

Vickers, Peter: A confrontation of convergent realism. Philosophy of Science **80**(2), 189–211 (2013).

Weinberg, Steven, 1992: Dreams of a Final Theory. Pantheon, New York (1992).

Kontroversen um Universen

Sind Multiversum-Szenarien ein legitimer Teil der Wissenschaft?

Rüdiger Vaas

„Wir dürfen das Weltall nicht einengen, um es den Grenzen unseres Vorstellungsvermögens anzupassen, wie der Mensch es bisher zu tun pflegte. Wir müssen vielmehr unser Wissen ausdehnen, sodass es das Bild des Weltalls zu fassen vermag."

Francis Bacon (1561–1626)

Seit Menschengedenken und lange vor den evidenzbasierten, methodisch reflektierten Naturwissenschaften haben Menschen über das hinausgedacht, was ihnen unmittelbar durch die Sinneserfahrungen erscheint – Spekulationen über den unsichtbaren Mikro- und Makrokosmos eingeschlossen. Dieser Prozess ist noch nicht am Ende. Galt das Universum bislang *per definitionem* als einzigartig, mehren sich inzwischen die Indizien aus Kosmologie und Fundamentalphysik, dass es viele andere Universen geben könnte. Diese wären von unserem durch Raum, Zeit oder Extradimensionen getrennt – und hätten vielleicht doch bizarre Auswirkungen. Mit der Annahme eines solchen Multiversums sollen außerdem viele grundlegende Fragen beantwortet werden: zum Beispiel nach der Ursache des Urknalls, der Richtung der Zeit und den scheinbar extrem genauen „Feinabstimmungen" der Naturkonstanten, ohne die Leben, wie wir es kennen, unmöglich wäre. Welchen explanatorischen und wissenschaftstheoretischen Status können

R. Vaas (✉)
Redaktion Astronomie und Physik, bild der wissenschaft,
Leinfelden-Echterdingen, Deutschland
E-Mail: Ruediger.Vaas@t-online.de

209

H. Fink und M. Kuhlmann (Hrsg.), *Unbestimmt und relativ?*,
https://doi.org/10.1007/978-3-662-65644-0_12

solche Hypothesen oder Spekulationen legitimerweise beanspruchen? Haben sie überhaupt einen Erklärungswert? Oder sind sie, wenn beziehungsweise weil nicht widerlegbar, nicht eher ein Gegenstand der Metaphysik (was nichts Verwerfliches wäre) oder aber ein Beispiel für Pseudowissenschaft (was intellektuell unredlich wäre)?

1   Große Fragen

Warum gibt es etwas und nicht einfach nichts? Und warum ist das, was existiert, so, wie es ist? Diese beiden Fragen sind wohl die grundlegendsten (meta-)physischen Rätsel überhaupt. Und die Multiversum-Hypothese ist bestenfalls *ein* Versuch, sie teilweise zu beantworten. Allerdings kann dieser Ansatz keine erschöpfende oder ultimative All- oder Letzterklärung bieten, und das beansprucht er auch nicht. Ließe er sich jedoch empirisch irgendwie bestätigen oder theoretisch rigoros ableiten, wäre das eine der weitreichendsten Einsichten überhaupt.

Die Erklärungskraft der Multiversum-Hypothese wäre enorm, falls sie sich als notwendig herausstellt, um zu verstehen, wie es zum Urknall kam, weshalb es Zeitpfeile gibt, also eine eindeutige temporale Richtung, und warum die (oder einige) Naturgesetze und -konstanten so sind, wie sie sind, und vielleicht sogar eine Feinabstimmung als unwahrscheinliche Voraussetzung für die Existenz von Leben anzeigen.

Trotz und auch aufgrund dieser enormen Ansprüche oder Versprechen ist die Multiversum-Hypothese äußerst kontrovers und wird sowohl von skeptischen Wissenschaftlern als auch von kritischen Wissenschaftstheoretikern heftig attackiert. Das ist weder überraschend noch verwerflich, sondern richtig und lobenswert, denn außerordentliche Behauptungen erfordern außerordentliche Belege. Und solche Belege gibt es bislang nicht. Ist das Multiversum also Fakt oder Fiktion?

2   Jenseitige Welten

Ein wichtiges Ziel der Kosmologie ist es, die Entstehung und Entwicklung des Alls zu beschreiben und zu erklären. Dazu muss zunächst festgestellt werden, in welchem Universum wir eigentlich leben – es gilt also sein Alter, seine Zusammensetzung und seine Gestalt (Geometrie, Topologie) herauszufinden. Obschon hier noch viele Fragen unbeantwortet sind, lässt sich die Geschichte des Weltraums doch in Entfernungen bis zu vielen Milliarden Lichtjahren rekonstruieren sowie in eine Vergangenheit zurück auf weniger als eine Milliardstel Sekunde nach dem Urknall, aus dem vor etwa 13,8 Milliarden Jahren das gesamte beobachtbare All und noch viel mehr hervorging.

Für die Beschreibung des Universums gibt es im Prinzip unendlich viele kosmologische Modelle – sowohl im Rahmen der gut etablierten Allgemeinen Relativitätstheorie als auch deren spekulativen Erweiterungen (modifizierte Gravitations- und Quantengravitationstheorien sowie quantenkosmologische Theorien). Insofern ist die Existenz unzähliger Welten – eines theoretischen Multiversums – trivial. Doch immer mehr Kosmologen, Physiker und Philosophen sind inzwischen der Meinung, dass andere Universen außerhalb des unsrigen tatsächlich existieren: als physikalische Entitäten unabhängig von unserer Beobachtung oder sogar jeglicher Beobachtbarkeit.

Historisch betrachtet sind solche Mutmaßungen über „Welten" jenseits der uns zugänglichen nicht neu. Dabei lassen sich vier Phasen unterscheiden: (1) Naturphilosophische Spekulationen, (2) Extrapolationsversuche der klassischen Physik (Mechanik, Thermodynamik, Elektromagnetismus), (3) die moderne relativistische Kosmologie und (4) hypothetische Theorien der Quantengravitation und -kosmologie. Die Vermutungen und Kontroversen sind sowohl im Bereich der physikalischen Kosmologie angesiedelt als auch in der Philosophie – und die Grenze dazwischen ist durchlässig, unscharf sowie keineswegs statisch.

Es gibt hauptsächlich zwei – freilich häufig miteinander kombinierte – Arten der Begründung des Existenzpostulats fremder Welten: Zum einen soll das Postulat Fragen beantworten, bei denen alternative Ansätze versagen oder schlechter abschneiden; es ist also ein Schluss auf die beste Erklärung beziehungsweise die Erklärung selbst oder schlicht eine Not- oder Verlegenheitslösung. Zum anderen gilt das Postulat als Implikation einer anderweitig gut bestätigten Theorie; es wird somit als eine mehr oder weniger zwingende theoretische Schlussfolgerung betrachtet.

3   Das Multiversum als *Explanans*

Ein zentrales Argument für die Existenz eines Multiversums ist dessen Erklärungskraft. Es ist hier wissenschaftstheoretisch betrachtet also analog zu Gesetzen, Randbedingungen oder Ursachen die erklärende Entität (das *Explanans*).

Je nach physikalischer oder philosophischer Einstellung – klare Gütekriterien existieren hier nicht! – ist die Multiversum-Hypothese die beste oder sogar einzige Lösung von grundlegenden kosmologischen Problemen. Das betrifft gleichermaßen die Gültigkeitsgrenzen und die Voraussetzungen unserer besten Theorien. So versagt die Allgemeine Relativitätstheorie bei Singularitäten, wo Krümmung, Energiedichte sowie Temperatur unendlich werden und die Raumzeit verschwindet; und in der Quantentheorie existiert das notorische Problem des mutmaßlichen Kollaps der Wellenfunktion (beziehungsweise das Messproblem oder das Problem des Übergangs von Quantenzuständen zur klassischen Welt).

Singularitäten lassen sich im Rahmen der Allgemeinen Relativitätstheorie bei der Erklärung des Urknalls sowie des Gravitationskollaps in Schwarzen Löchern nicht vermeiden. Anstelle der Singularitäten könnte es hier Übergänge zwischen Universen (oder Stadien desselben Universums) geben, was von einer künftigen Quantengravitationstheorie beschrieben werden müsste.

Auch die bislang unerklärliche Richtung der Zeit – beziehungsweise die Asymmetrie von Vergangenheit und Zukunft – würde dann wohl verständlich werden, die im Rahmen der zeitsymmetrischen Relativitäts- und Quantentheorie rätselhaft ist. So könnte eine Makrozeit (mit Richtung) entstehen, wenn es in einem Quantenvakuum nur mit Mikrozeit (Ereignisse im thermodynamischen Gleichgewicht ohne Zeitrichtung) eine überschwellige Fluktuation gibt, die einem Urknall entspricht. Oder der Urknall war ein Übergang aus einem kollabierenden Universum (oder Schwarzen Loch) hin zu einer neuen Expansionsphase, weil sich nichts beliebig komprimieren lässt; dabei hatte das Vorläufer-Universum denselben oder aber den entgegengesetzten Zeitpfeil.

Ferner könnte die Multiversum-Hypothese die physikalischen Anfangs- und Randbedingungen unseres Universums erklären sowie die Anzahl und Werte der fundamentalen Naturkonstanten. Vielleicht sind manche Eigenschaften unseres Universums, etwa die physikalischen Parameter oder die Zahl der räumlichen Dimensionen, sogar Selektionsprodukte einer kosmischen Evolution. Auch die bekannten Naturgesetze könnten lediglich lokal gültig sein, innerhalb unseres Universums, wären dann quasi selbst nur Randbedingungen und mithin ableitbar als Manifestationen fundamentalerer Gesetze. Die Anfangsbedingungen, Naturkonstanten und -gesetze, mit denen die grundlegenden Eigenschaften unseres Universums beschrieben werden, ließen sich dann als Spezialfälle und Produkte eines größeren Ganzen verstehen.

Damit wären außerdem die ominösen „Feinabstimmungen" in der Natur erklärt: vermeintlich unwahrscheinliche Voraussetzungen für die Existenz von Leben und Intelligenz. Wären nämlich bestimmte Naturkonstanten (etwa die relativen Stärken der Grundkräfte oder die Massen mancher

Elementarteilchen) oder Randbedingungen (etwa die kosmische Expansions-
rate oder die Stärke und Verteilung der Dichtefluktuationen im Urgas) nur
geringfügig anders als sie faktisch sind, gäbe es weder Sterne noch schwere
Elemente. Teilweise hätten Abweichungen unter einem Prozentpunkt das
Universum wüst und leer werden lassen. Kann das Zufall sein oder steckt
womöglich ein maßgeschneidertes Design dahinter? Das ist nicht zwingend,
denn in einem Multiversum, in dem unzählige oder sogar alle möglichen
Randbedingungen, Werte der Naturkonstanten und vielleicht sogar Naturgesetze realisiert sind, wäre es nicht verwunderlich, dass unter den vielen
Welten auch solche existieren, in denen Beobachter entstehen können, wie
wir es sind, die sich über die vermeintlichen Besonderheiten Gedanken
machen – und daraus ein „Anthropisches Prinzip" ableiten, demzufolge das
Universum so sein muss, wie es ist, weil es nicht beobachtbar wäre, wenn es
anders wäre. Im Rahmen der Multiversum-Hypothese lassen sich die Feinabstimmungen also wegerklären (als Illusion entlarven) oder erklären (etwa
als kosmische Selektionsprodukte verstehen).

4 Das Multiversum als *Explanandum*

Ein anderes zentrales Argument für die Existenz eines Multiversums ist
seine Erklärung durch oder Vorhersage aus einer Theorie, die anderweitig
gut begründet oder experimentell bestätigt ist. Das Multiversum wäre somit
nicht nur ein postulierter, sondern ein abgeleiteter Teil einer wissenschaftlichen Erklärung. Hier ist das Multiversum also eine Implikation (das Ergebnis eines Schlusses), das heißt eine abgeleitete Folgerung aus einer etablierten
Theorie oder Hypothese, wissenschaftstheoretisch betrachtet also nicht das
Erklärende, sondern das zu Erklärende (das *Explanandum*).

Das quantenphysikalische und -kosmologische Argument für die
Existenz eines Multiversums basiert auf der Vielwelten-Hypothese der
Quantentheorie („many worlds" oder „many histories"). Diese Interpretation – oder, je nach Lesart, Extrapolation beziehungsweise Theorie
– der empirisch glänzend etablierten Quantenphysik geht davon aus, dass
jedes mögliche Quantenereignis realisiert wird und der gesamte Quantenkosmos als Überlagerung all dieser Möglichkeiten existiert. Beispielsweise
zerfällt zu einem bestimmten Augenblick ein radioaktives Uran-Atom oder
nicht, das Elektron eines Wasserstoff-Atoms ändert seinen Spin oder nicht,
ein Rhodopsin-Molekül verschluckt ein Photon oder nicht. Üblicherweise
werden diese Beispiele als Entweder-oder-Ereignisse gedeutet, wobei idealerweise eine Messung oder, allgemeiner, eine kausale Konsequenz zeigt, was

der Fall war. In der von Superpositionen und Verschränkungen gekenn-
zeichneten Quantenwelt sind es der Vielwelten-Hypothese zufolge jedoch
Sowohl-als-auch-Ereignisse: Es kommt zu einer „Aufspaltung" und fortan
simultanen Existenz von Universen sowohl mit als auch ohne Atom-Zerfall,
Spin-Umkehr und Photon-Absorption. (Technisch gesprochen „kollabiert"
im Quantenformalismus die Wellenfunktion nicht, die das Universum
beschreibt oder sogar *ist,* sondern bleibt in der Superposition.) In diesem
Szenario existiert also ein Multiversum in Form der räumlichen Überlagerung (nicht Trennung!) aller quasi-klassischen Einzelwelten.

Ein populäres kosmologisches Multiversum-Argument basiert auf dem
Szenario der Kosmischen Inflation. Inflation meint eine rasante Raumaus-
dehnung um mindestens den Faktor 10^{26} kurz nach (oder vor) dem Urknall,
die das Universum groß und weiträumig homogen gemacht hat. Diese
Hypothese kann mehrere Probleme der klassischen Urknall-Theorie lösen
und hat Voraussagen gemacht, die anhand von Messungen der Kosmischen
Hintergrundstrahlung mehrheitlich bereits bestätigt wurden. Gleichwohl ist
das Szenario noch immer spekulativ und nicht im Allgemeinen falsifizierbar;
die einzelnen Modelle sind es aber durchaus. Angetrieben wird die vielleicht
nur 10^{-30} Sekunden (oder kürzer) während exponentielle Expansion im
einfachsten Fall von einem Skalarfeld namens Inflaton. Zerfällt es, endet die
Inflation und die Feldenergie zerfällt zu Elementarteilchen – in diesem Sinn
wäre der Urknall die Entstehung der Materie, aber nicht der Raumzeit. In
den meisten Modellen hört die Inflation allerdings nur lokal auf, global geht
sie ewig weiter. In diesem Szenario existiert also ein Multiversum in Form
eines gigantischen, exponentiell expandierenden inflationären oder falschen
Vakuums, in dem sich laufend wesentlich langsamere Blasen eines echten
Vakuums herauskristallisieren, ähnlich wie Gasblasen im kochenden Wasser.
Unser beobachtbares Universum wäre dann lediglich ein winziger Teil einer
einzelnen Blase.

Das wichtigste Multiversum-Argument aus der Grundlagenphysik basiert
auf dem spekulativen Ansatz der String- oder M-Theorie. In diesem aussichts-
reichen und zumindest theoretisch sehr fruchtbaren Kandidaten für eine
Theorie der Quantengravitation oder „Weltformel" werden alle bekannten
Grundkräfte auf eine vereinheitlichte Weise beschrieben, ebenso die Materie.
Demnach besteht alles aus bis zu elfdimensionalen Strings oder Branen,
wobei nur die bekannten drei Dimensionen des Raums und die der Zeit
„groß" sind, alle anderen hingegen wären kompaktifiziert, das heißt aufgerollt
und somit winzig klein. Weil es enorm viele Arten dieser Kompaktifizierung
gibt (oft wird 10^{500} als Größenordnung genannt), sollten – so der kühne
Schluss – diese Möglichkeiten auch alle realisiert sein. Entsprechend viele

Stringvakua müssten daher in einer unermesslichen Stringlandschaft existieren; unser Universum entspräche einem dieser Vakuum-Grundzustände mit seinen spezifischen Naturgesetzen. In diesem Szenario existiert also ein Multiversum in Form einer Stringlandschaft, wobei die verschiedenen Einzeluniversen sich unter Umständen auch ineinander umwandeln können (Phasenübergänge) oder vielleicht miteinander wechselwirken (Branen-Kollisionen).

Das Multiversum der Quantenwelten ist eine andere Kategorie als die verschiedenen Multiversum-Hypothesen in der physikalischen Kosmologie. Aber es gibt Vorschläge, die Quantenwelten mit der Inflation oder der Stringlandschaft zu verbinden. Oft gilt die Vielwelten-Hypothese der Quantenphysik sogar als Voraussetzung für eine Quantenkosmologie. Und die Stringlandschaft könnte durch die Kosmische Inflation realisiert werden, insofern jede Blase einen separaten Grundzustand mit jeweils eigenen Naturkonstanten und -gesetzen hat.

5 Die Mehrdeutigkeit des Urknalls

Der Anfang des Universums ist ein äußerst vertracktes Problem – und zwar nicht nur logisch und konzeptuell, sondern auch metaphysisch und physikalisch-kosmologisch. War der Urknall vor 13,8 Milliarden Jahren der Beginn von Allem? Von Raum und Zeit? Von Materie und Energie? Oder nur von *unserem* Universum? Was gab es dann vorher? War der Urknall bloß ein Übergang? Existieren womöglich noch andere Universen? Kann es überhaupt einen Anfang *in* oder *mit* der Zeit geben oder gar der Zeit selbst? Oder ist diese Vorstellung ein Selbstwiderspruch, mithin begrifflicher Unsinn? Doch warum sollte die Welt von den Eigenschaften und Beschränkungen unserer Sprache abhängen?! Und können wir der zumindest scheinbar paradoxen Situation entkommen und trotzdem sinnvolle Aussagen über solche grundsätzlichen Fragen formulieren – und sie, wenigstens hypothetisch, vielleicht sogar beantworten?

Auch wenn der Urknall inzwischen als theoretisch wie empirisch gut etablierte Hypothese oder Tatsache gilt, impliziert das nicht, dass unser Universum – oder der Kosmos als Ganzes – einen absoluten Anfang besitzt. Zum einen ist das strenggenommen gar nicht der Inhalt der exzellent bestätigten Urknall-Theorie, zum anderen ist der Begriff „Urknall" mehrdeutig. Es sollten mindestens vier Bedeutungen unterschieden werden: (1) Die heiße, dichte Frühphase unseres Universums, in der sich die leichten Elemente gebildet haben, (2) die Anfangssingularität, (3) ein absoluter

Beginn von Raum, Zeit und Energie, und (4) der Beginn unseres Universums, das heißt seiner Teilchen, seines Vakuumzustands und möglicherweise seiner (lokalen) Raumzeit.

Dass unser Universum aus einem Urknall in der Bedeutung von (1) entstand, beschreibt die Urknall-Theorie; doch sie handelt eigentlich nicht vom Urknall selbst, sondern von seinen Folgen. Sie lässt offen, was den Urknall auslöste, woher die Elementarteilchen kamen und wodurch der Weltraum groß wurde. Die Anfangssingularität (2) markiert die Rückextrapolationsgrenze der Kosmologie im Rahmen der Allgemeinen Relativitätstheorie und das Ende ihres Gültigkeitsbereichs. Wahrscheinlich waren hier Quanteneffekte wirksam, die in Wirklichkeit keine Singularität zulassen. Deshalb wird versucht, mit Modellen der Quantenkosmologie und -gravitation diese Grenze zu überwinden. Verschiedene Szenarien solcher Ansätze explizieren den Terminus „Urknall" in der Bedeutung von (3) und (4): Die Modelle eines absoluten Beginns (3) lassen sich als Anfangskosmologien klassifizieren; sie postulieren einen ersten Moment beziehungsweise eine endliche, begrenzte Vergangenheit. Alternative Modelle (4) sind entweder Pseudo-Anfangskosmologien mit einem Anfang der Zeitrichtung (irreversible Makrozeit), der aus einem quasi-zeitlosen Substrat hervorging (ein ereignisloser Gleichgewichtszustand mit reversibler Mikrozeit); oder es sind Ewigkeitskosmologien, die global entweder eine lineare oder eine zyklische Zeit besitzen. Urknall-Modelle im Sinn von (4) erlauben auch die Möglichkeit, dass unser Universum nur eines von vielen ist (Multiversum-Hypothese), die jeweils mit ihrem eigenen Urknall entstanden sind und noch entstehen. Wie diese würde dann auch unser Universum zwar einen Anfang besitzen, aber es wäre nicht aus „nichts" ins Dasein gekommen. Somit wäre der oder „unser" Urknall nicht der absolute Anfang, sondern es hätte eine Zeit zuvor existiert oder eine Art zeit(richtungs)loser Zustand. Der Urknall muss also keineswegs der Beginn von allem gewesen sein, und unser Universum ist auch nicht notwendigerweise „alles", was es gibt.

6   Universum oder Multiversum?

Der Begriff „Universum" oder „Welt" wird ebenfalls mehrdeutig verwendet und hat sich in den letzten 2500 Jahren immer wieder verändert und erweitert. Die sechs wichtigsten Bedeutungen meinen
(1)   alles, was existiert (in physikalischer Hinsicht), immer, überall;
(2)   die Raumzeit-Region, die wir im Prinzip mit Teleskopen einsehen können (das Hubble-Volumen mit einem Durchmesser von fast

100 Milliarden Lichtjahren) – und alles, was damit interagiert hat (beispielsweise aufgrund eines gemeinsamen Ursprungs) und künftig damit interagieren wird;

(3)   jedes gigantische System kausal wechselwirkender Dinge, das als Ganzes (oder doch in einem großen Ausmaß und für eine lange Zeit) von anderen isoliert ist;

(4)   jedes System, das gigantisch werden könnte, selbst falls es in Wirklichkeit kollabiert, wenn es noch sehr klein ist;

(5)   in bestimmten Interpretationen der Quantenphysik die verschiedenen Zweige der globalen Wellenfunktion (vorausgesetzt, diese „kollabiert" nicht in einem spezifischen mathematischen Sinn), das heißt unterschiedliche Historien oder verschiedene klassische Welten, die in einem Zustand der Superposition sind, sich also gegenseitig quantenphysikalisch überlagern;

(6)   vollständig voneinander getrennte Systeme, die aus „Universen" in den Bedeutungen (2), (3), (4) oder (5) bestehen.

Im Sinn von (1) existieren andere Universen definitionsgemäß nicht. Die Möglichkeiten (2) bis (4) betreffen raumzeitliche kosmologische Modelle. Sie können mit (5) vereinbar sein, müssen dies aber nicht, denn (5) bezieht sich auf Hypothesen oder Deutungen von Quantenprozessen, oft als „Vielwelten-Interpretation" („Many Worlds") oder „dekohärente Historien" bezeichnet. Die unter (3), (4) und (6) subsumierten Universen können sich beträchtlich in ihren Randbedingungen, Naturkonstanten, Parametern, Vakuumzuständen, effektiven niederenergetischen Gesetzen oder sogar fundamentalen Naturgesetzen unterscheiden, müssen dies aber nicht.

Ob man von anderen Universen sprechen will und deren Gesamtheit als „Multiversum" bezeichnet (zuweilen auch „Metaversum" oder „Megaversum" genannt), oder ob man lieber von „Multi-Domain-", „Sub-" oder „Teiluniversen" oder „Welt-Ensembles" redet, weil man „Universum" *per definitionem* für die Gesamtheit des – zumindest physischen – Seins reservieren möchte, ist eine eher nebensächliche terminologische Frage. Heute wird der Begriff „Kosmos" oder „Multiversum" (oder „Omniversum") oder auch „Welt" (als Ganzes) oft so verwendet, dass er sich auf „Alles-was-existiert" bezieht. Demgegenüber erlaubt es das Wort „Universum", über verschiedene Universen innerhalb des Multiversums zu sprechen.

Missverständnisse sind leider häufig, denn „Multiversum" ist nicht gleich „Multiversum". Dies ist nicht nur eine Folge der begrifflichen Mehrdeutigkeit, sondern es konkurrieren auch allerlei physikalische und philosophische Hypothesen. Diese können verglichen und sollten jeweils separat kritisch diskutiert und geprüft werden. Dabei hilft eine kosmische Klassifikation, kosmische Konfusionen zu vermeiden. Zwar erklärt und belegt eine solche Taxonomie nichts, doch sind klare Begriffe eine Voraussetzung für den Erkenntnisfortschritt. Die meisten Unterscheidungen bestehen allerdings lediglich in Aufzählungen. Nützlicher ist eine Differenzierung hinsichtlich der Art und Weise, wie einzelne Universen voneinander getrennt sind (Tab. 1).

7   Kosmische Kontroverse

Die Multiversum-Hypothese hat sowohl bei Physikern und Kosmologen als auch bei Philosophen für beträchtliche Aufregung und Kritik gesorgt. Vorwürfe der Unwissenschaftlichkeit sind jedoch unzutreffend oder schlecht begründet. Die aktuellen Kontroversen bewegen sich durchaus im Rahmen der Rationalitätsstandards der Wissenschaft, einschließlich beispielsweise des Kritischen Rationalismus: Sie sind durch Probleme und Argumente getrieben, kritisierbar und wissenschaftlich fruchtbar. Sie besitzen eine Erklärungskraft (etwa im Hinblick auf die Zeitrichtung, die „Feinabstimmungen" der Naturkonstanten oder die Vorgänge beim Urknall und in Schwarzen Löchern), die größer ist als Alternativen wie Design, Koevolution, eine Weltformel-Letzterklärung oder ein unhintergehbarer Zufall. Zudem kann die Existenz fremder Universen als Implikation oder Voraussage von Theorien interpretiert werden, die anderweitig entweder gut bestätigt oder bislang noch spekulativ sind (Allgemeine Relativitätstheorie und Erweiterungen, Quantentheorie-Interpretation, Quantenfeldtheorien, Stringtheorie, Kosmische Inflation). So extravagant die Hypothese des Multiversums also auch ist, sie erfüllt wesentliche epistemologisch bewährte Kriterien. Daher ist sie nicht *a priori* als unwissenschaftlich oder gar irrational abzuweisen.

Für die Annahme der Existenz anderer Universen lassen sich mindestens drei Arten von Gründen anführen: empirische Evidenz, theoretische Erklärungskraft und philosophische Argumente (Tab. 2). Diese Begründungsversuche sind unabhängig voneinander, aber idealerweise miteinander verbunden. Die Multiversum-Hypothese ist ein Teil der wissenschaftlichen Forschung und nicht nur der Philosophie, insofern eine gewisse Einbettung in einen Theorierahmen der Physik oder Kosmologie besteht. Das ist auch dann der Fall, wenn es keine empirischen Indizien gibt. Philosophische Argumente können zudem wissenschaftliche Spekulationen motivieren.

Tab. 1 Kosmische Klassifikation: „Multiversum" ist nicht gleich „Multiversum", denn hierzu konkurrieren allerlei physikalische und philosophische Hypothesen. Sie lassen sich unterschiedlich ordnen – zum Beispiel hinsichtlich der Art und Weise, ob und wie sehr einzelne Universen voneinander getrennt sind. Manche Multiversum-Typen passen in mehrere Kategorien, weil sich die Kriterien nicht zwingend gegenseitig ausschließen. Die Tabelle gibt eine Übersicht über alle zurzeit diskutierten Grundideen. Welche davon stimmt, ist natürlich eine ganz andere Frage.

Trennung	Aspekte	Beispiele
raumzeitlich	räumlich	*(siehe auch: kausale Trennung)*
	• exklusiv	Ewige Inflation, Stringlandschaft, verschiedene Quantentunnel-Universen
	• inklusiv	*Einbettung (mit oder ohne Rückwirkung):* Universen in Atomen, Schwarzen Löchern oder Computersimulationen; ein unendliches Universum in einer endlichen Quantenfluktuation
	• klassisch	*schließt nichtlokale Quantenkorrelationen zwischen Universen nicht aus*
	temporal	Oszillierendes Universum, Zyklisches Universum, Recycling-Universum, Universen (oder Teilbereiche) mit verschiedenen Zeitpfeilen
	• linear	*in einer kausalen oder akausalen Reihe*
	• zyklisch	*in einer kreisförmigen Zeit oder bei exakter globaler Wiederkehr*
	• verzweigend	viele Quantenwelten/-historien
	dimensional	*meistens räumlich, aber es gibt auch zweidimensionale Zeit-Szenarien*
	• strikt	Tachyonen-Universum?
	• inklusiv	*niedrigerdimensionale Welt als Teil oder Rand einer höherdimensionalen Welt:* Flachland, Branen-Welten, große Extradimensionen, Holographisches Prinzip
	• abstrakt	Superspace, in dessen mathematischer Beschreibung die Universen nur einzelne „Blätter" sind wie in einem Papierstapel
kausal	strikt	Paralleluniversum, viele Quantenwelten in Superposition ohne Interaktion
	• ohne gemeinsamen Ursprung	verschiedene Universen oder Multiversen in Instanton-, Big-Bounce-, Soft-Bang-Szenarien; verschiedene „Bündel" mit Ewiger Inflation
	• genealogisch	Ewige Inflation, Kosmischer Darwinismus, kosmische natürliche oder artifizielle Selektion, viele Quantenwelten ohne Interaktion
	kontinuierlich	*durch einen wachsenden kosmischen Horizont*
	• immer	unendlicher Raum, Ewige Inflation, unendliche Branen
	• einst	*wegen der Kosmischen Inflation*
	• künftig	*wegen der beschleunigten Expansion durch die Dunkle Energie* Abspaltung (Chaotische Inflation, Kosmischer Darwinismus)
nomologisch	strukturell/Regularitäten	*verschiedene Naturkonstanten oder -gesetze*
modal	potenziell (möglich)	*nur in Vorstellung oder konzeptueller Repräsentation getrennt*
	simuliert	Modelle, Computersimulationen, Emulationen; *eingebettet*
	aktual (real)	modaler Realismus; *physisch (nomologisch), metaphysisch oder logisch getrennt*
mathematisch	strukturell/Axiome	Platonismus, Mathematische Demokratie, Ultimatives Ensemble
logisch	strukturell/Axiome	ultimatives Prinzip der Fülle (inkompatible Logiken der kategoriellen Algebra)

Die Multiversum-Hypothese ist nicht eine völlig aus der dünnen Luft gegriffene beziehungsweise vom Elfenbeinturm eines Luftschlosses heruntergezerrte Phantasterei, sondern wurde in der philosophisch-wissenschaftlichen Diskussion als Lösungsvorschlag im Kontext zahlreicher fundamentaler Probleme entwickelt. Zumindest einige Szenarien zu anderen Universen haben daher eine Berechtigung als Gegenstand der Naturwissenschaft. Allerdings darf der sehr spekulative Charakter dieses Forschungsthemas nicht unterschlagen werden. Es handelt sich hier um einen Grenz- und Randbereich der Theoretischen Physik, dem aber aus wissenschaftlicher und wissenschaftstheoretischer Sicht auch dann eine heuristische Bedeutung zukommt, wenn konkrete Überprüfungen noch ausstehen und vielleicht sehr lange auf sich warten lassen müssen.

Dieser Wert besteht in mindestens zweierlei: zum einen in Gedankenexperimenten als Konsistenztests und Auslotung der bisher bekannten Theorien und Naturgesetze sowie diverser Kandidaten für eine Theorie

Tab. 2 Argumente für die Existenz von anderen Universen: Die Multiversum-Hypothese gibt es in vielen Varianten, Motivationen, Kontexten und mit unterschiedlichen (also auch differenziert zu diskutierenden) Problemen der Erklärungskraft und Prüfbarkeit. Eine Verifikation im Sinn eines hypothetischen universellen Existenzsatzes plus theoretischer Einbettungen ist nicht prinzipiell und generell ausgeschlossen. Auch ist die Multiversum-Hypothese philosophisch fruchtbar.

Argumente für die Multiversum-Hypothese	Kommentare
Empirische Evidenz? Indizien für andere Universen?	sie können abhängig von einer Theorie sein
• einstige direkte Interaktion („bubble collisions")?	Spuren in Kosmischer Hintergrundstrahlung?
• Leerraum vor dem WMAP Cold Spot (kalte Stelle in der Hintergrundstrahlung, und damit korrelierte Radio-Daten)	gravitative Anziehung eines anderen Universums? (wohl widerlegt)
• Öffnungen zu anderen Universen (andere Spekulation zum WMAP Cold Spot)	Branen-Skyrmionen (Textur-Typ von extradimensionalen Löchern)
• Wurmlöcher als Tore zu anderen Universen?	detektierbar durch Gravitationslinsen-Effekte?
• Dunkler Fluss: über 1000 Galaxienhaufen bis zu fünf Milliarden Lichtjahre entfernt scheinen sich mit bis zu 1000 km/s in Richtung Centaurus/Vela zu bewegen (Hintergrundstrahlung und Röntgen-Daten)	realer Effekt? Aufgrund einer Massekonzentration jenseits des Horizonts? oder Indiz für fraktales Universum? oder „bubble collision"? oder gravitative Anziehung eines anderen Universums?
• diverse (auch vorhergesagte!) gemessene Indizien für die Kosmische Inflation	eventuell anders erklärbar?
• topologische Defekte als Relikte der Inflation	bislang unbekannt; eventuell anders erklärbar?
• gravitativer Abdruck anderer Branen? (Gravitonen bewegen sich durch höherdimensionalen Bulk)	setzt große Extradimension(en) voraus
• Dunkle Materie als Schatteneffekt von Materie in anderer Dimension?	setzt große Extradimension(en) voraus
• Relikte eines Vorläuferuniversums? (Gravitationswellen-Abdrücke in der Hintergrundstrahlung, Masse-Verteilung primordialer Schwarze Löcher)	Vorhersagen diverser Quantenkosmologien und Modellen der Kosmischen Inflation
• Werte bestimmter Naturkonstanten voraussagbar durch das Prinzip der Mittelmäßigkeit?	im Rahmen der Kosmischen Inflation?
• Werte bestimmter Naturkonstanten (etwa Kosmologische Konstante) erklärbar als Relaxationsprozess im Vorläuferuniversen?	Vorhersage von Modellen des Zyklischen Universums
• Eigenschaften des Elementarteilchen-Standardmodells erklärbar?	via String/M-Theorie?
• Quantenkorrelationen zwischen verschiedenen Universen? (Spuren in der Kosmischen Hintergrundstrahlung: zweiter Dipol, höhere Temperatur, modifiziertes Winkelleistungsspektrum?)	vielleicht im Rahmen der Inflation und/oder Stringlandschaft möglich
• Quantencomputer zur Exploration anderer Quantenwelten?	vielleicht im Rahmen der Vielwelten-Interpretation möglich
Notwendigkeit aufgrund einer Theorie?	falls es eine etablierte Theorie impliziert
• Quantentheorie	„many worlds, many histories" als Erklärung der Quantendynamik
• Szenario der Kosmischen Inflation	führt zu „bubble/pocket universes"
• String/M-Theorie	legt „landscape" nahe „Landschaft" aus vielen verschiedenen Stringvakua
• Urknall-Erklärungen (als ein „lokales" Ereignis unter vielen)	Vorläuferuniversum oder Fluktuationsmodelle
• Erklärungen für die Zeitpfeile (etwa der gegenwärtig geringen Entropie) beziehungsweise einer globalen Zeitrichtung	Vorläuferuniversum oder Fluktuationsmodelle
Philosophische Argumente? (oder Vorurteile?)	
• Implikation/Extrapolation („slippery slope")	Galaxien jenseits der Sichtbarkeit, der Fotografierbarkeit, des kosmischen Horizonts …
• allgemeine Erklärungskraft und -tiefe (nicht „just so stories")	Urknall, Feinabstimmung der Naturkonstanten, Messproblem der Quantenphysik, Zeitpfeile, keine Zeitparadoxien
• kosmische Evolution	Feinabstimmungen als Produkt einer kosmischen Selektion (quasi-darwinistisch?)
• Anthropisches Prinzip	Feinabstimmungen als Produkt eines Beobachter-Selektionseffekts
• Prinzip der Mittelmäßigkeit	Komplettierung des Kopernikanischen Prinzips
• Prinzip der Fruchtbarkeit/Fülle	räumlich? zeitlich? raumzeitlich?
• Wissenschaftstheorie, Naturphilosophie: Alternative (oder Ergänzung) zu anderen Universalerklärungsversuchen („Weltformel", Koevolution)	oder erklärt dies „zu viel"?
• Wissenschaftstheorie, Naturphilosophie: Alternative zum unerklärlichen reinen Zufall („brute fact")	explanatorische Überlegenheit
• Metaphysik: Alternative (oder Ergänzung) zu intentionalen oder teleologischen (etwa theistischen) Erklärungen	Sparsamkeit des Naturalismus

der Quantengravitation. Und zum anderen in der Erzeugung von Hypothesen, die die Grenzen der Physik erweitern, zu neuen Theorien und auch Experimenten anregen und womöglich sogar Fragestellungen in das Revier der Naturwissenschaft holen, die zuvor ausschließlich im Bereich der Metaphysik angesiedelt schienen. Dazu gehören vor allem die Probleme des Dass-, Wie- und So-Seins der Welt: Warum ist etwas und nicht nichts? Inwiefern ist das, was ist, mindestens teilweise strukturiert? Und weshalb ist es so, wie es ist?

Die Multiversum-Hypothese ist bestenfalls ein Versuch, diese Fragen teilweise zu beantworten. Allerdings kann weder dieser noch irgendein anderer Ansatz eine erschöpfende oder ultimative All- oder Letzterklärung bieten. Und das beansprucht er auch nicht. Ließe er sich jedoch empirisch irgendwie bestätigen oder theoretisch rigoros ableiteten, wäre das eine der weitreichendsten Einsichten überhaupt. Die Erklärungskraft der Multiversum-Hypothese wäre enorm, falls sie verständlich macht, wie es zum Urknall kam, weshalb es Zeitpfeile gibt, also eine eindeutige temporale Richtung, und warum die (oder einige) Naturgesetze und -konstanten so sind, wie sie sind, und vielleicht sogar eine Feinabstimmung als unwahrscheinliche Voraussetzung für die Existenz von Leben aufweisen. So könnten manche Eigenschaften unseres Universums – etwa die Werte der physikalischen Parameter oder die Zahl der räumlichen Dimensionen – Selektionsprodukte einer kosmischen Evolution sein. Eventuell erweist sich das Multiversum sogar als Implikation einer anderweitig gut bestätigten und etablierten Theorie.

Trotz und auch aufgrund dieser enormen Ansprüche oder Versprechen wird die Multiversum-Hypothese sowohl von skeptischen Wissenschaftlern als auch von kritischen Wissenschaftstheoretikern heftig attackiert (siehe folgender Kasten). Das ist weder überraschend noch verwerflich, sondern richtig und lobenswert, denn außerordentliche Behauptungen erfordern außerordentliche Belege. Vor allem bei außerordentlichen Konsequenzen. Und obschon das Alltagsallerlei von multiversalen Aussichten nicht tangiert wird, impliziert die Existenz anderer Universen eine radikale Revision unserer Stellung in Raum und Zeit.

Multiversale Kontroversen

Man kann den wissenschaftlichen Status verschiedener Multiversum-Szenarien verteidigen, muss aber auch die physikalischen Prämissen, epistemischen Grenzen und wissenschaftstheoretischen sowie ontologischen Probleme diskutieren. Oft bleibt als Konsens allenfalls eine vorläufige Übereinstimmung im Nichtübereinstimmen.

Sind andere Universen
... eine Krankheit, die sich für eine Heilung hält?
– das ist eine Frage der Perspektive, Vor- und Nachteile sind mitunter relativ und interessenabhängig

… schlicht unwissenschaftlich, weil weder beobachtbar noch falsifizierbar?
– beides ist nicht zwingend und kein prinzipieller Einwand gegen ihre wissenschaftliche Erforschung

… ein Paradebeispiel für eine legitime nichtempirische Theorie-Akzeptanz, weil
  es eine kohärente Einbindung in bestätigte Theorien gibt und unerwartete,
  nicht angestrebte Erklärungen sowie keine plausiblen Alternativen?
– eine solche Akzeptanz ist generell umstritten und ihre Anwendung
  auf die Multiversum-Hypothese willkürlich, teils subjektiv oder schlicht
  unzutreffend; doch diese Gegenargumente sind selbst kontrovers

… eine Vorhersage von Theorien?
– teilweise, doch umstritten ist deren Status oder wie zwingend die
  Implikationen sind

… physikalisch extravagant?
– ja, aber das ist oft in den Wissenschaften der Fall (etwa in der Relativitäts-
  und Quantentheorie)

… eine Frage der Wahrscheinlichkeit?
– kontrovers, auch hinsichtlich der (subjektiven) Annahmen für Abschätzungen

… eine Grenzüberschreitung der spekulativen Vernunft?
– vielleicht, oder aber eine konsequente Extrapolation

… eine Erklärung von allem und daher von nichts?
– meistens nein, sondern eine Erklärung von etwas oder vielem, nicht aber
  von allem

… eine Implikation des Prinzips der Fülle? (alles ist real, was nicht explizit von
  Naturgesetzen verboten wird)
– dies wird bei manchen Varianten der Multiversum-Hypothese so konstatiert,
  ist jedoch für einige Proponenten ein argumentativer Vorteil, kein Einwand

… eine Einladung zu einem surrealen „anything goes"?
– dies ist bei manchen Varianten ein Problem, denn ohne irgendwelche
  begründbaren Beschränkungen wären auch magische Märchenwelten und
  wahnsinnige Götter möglich

… gegen das Prinzip der Einfachheit und Sparsamkeit („Ockhams Rasiermesser")?
– nicht unbedingt, denn zwar wird die Existenz vieler Objekte (Universen)
  postuliert, doch es gibt üblicherweise eine Sparsamkeit bezüglich der not-
  wendigen Prinzipien, Restriktionen, Algorithmen, Arten von Entitäten;
  außerdem sind Multiversum-Hypothesen im Einklang mit einem sparsamen
  philosophischen Naturalismus/Physikalismus und stützen diesen sogar

… aktualen Unendlichkeiten verpflichtet?
– gilt nicht für alle Varianten der Multiversum-Hypothese; und ist das generell
  ein Problem? Dies ist eine separate Kontroverse!

Weiterführende Publikationen des Autors

mit ausführlicheren Argumenten und Angaben zur Forschungsliteratur:

Ein Universum nach Maß? Kritische Überlegungen zum Anthropischen Prinzip in der Kosmologie, Naturphilosophie und Theologie. In: Hübner, J., Stamatescu, I.-O., Weber, D. (Hrsg.): Theologie und Kosmologie, S. 375–498. Mohr Siebeck, Tübingen (2004).

Time before Time (2004); arXiv:physics/0408111

Das Münchhausen-Trilemma in der Erkenntnistheorie, Kosmologie und Metaphysik. In: Hilgendorf, E. (Hrsg.): Wissenschaft, Religion und Recht, S. 441–474. Logos, Berlin (2006).

Multiverse Scenarios in cosmology: Classification, cause, challenge, controversy, and criticism. Journal of Cosmology **4**, 666–676 (2010); arXiv:1001.0726

Time After Time – Big Bang Cosmology and the Arrows of Time. In: Mersini-Houghton, L., Vaas, R. (Hrsg.): The Arrows of Time, S. 5–42. Springer, Heidelberg (2012).

Jenseits von Einsteins Universum. 4. Aufl., Kosmos, Stuttgart (2017).

Tunnel durch Raum und Zeit. 8. Aufl., Kosmos, Stuttgart (2018).

Hawkings neues Universum. 6. Aufl., Kosmos, Stuttgart (2018).

Kritische Welterkenntnis. Karl R. Popper und die Kosmologie. Aufklärung und Kritik **26**, 232–253 (1/2019).

Life, Intelligence, and the Selection of Universes. In: Georgiev, G. Y., Smart, J. M., Flores Martinez, C. L., Price, M. E. (Hrsg.): Evolution, Development and Complexity, S. 93–133. Springer Nature, Cham (2019).

Am Anfang der Ewigkeit. Rätselhafte Ränder der Raumzeit oder unendliche Ungeheuerlichkeiten? Universitas **76**, Nr. 897, 4–34 (3/2021).

Vom Gottesteilchen zur Weltformel. 4. Aufl., Nicol, Hamburg (2021).

Das Matrjoschka-Multiversum. bild der wissenschaft, Nr. 6, 26–31 (2022).

Vor dem Urknall. bild der wissenschaft, Nr. 2, 12–31 (2023).

Die Autoren

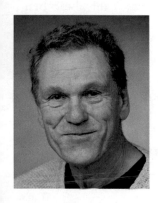

Prof. Dr. Andreas Bartels studierte Mathematik, Physik und Philosophie in Gießen; 1979 Diplom in Mathematik; 1984 Promotion zum Dr. phil. in Gießen mit einer Arbeit über *Kausalitätsverletzungen in allgemeinrelativistischen Raumzeiten.* Habilitation in Philosophie 1992 in Gießen mit der Arbeit *Bedeutung und Begriffsgeschichte. Die Erzeugung wissenschaftlichen Verstehens.* 1990–1991 Visiting Fellow am *Center for Philosophy of Science,* University of Pittsburgh. 1993–1997 Vertretungs-Professor an den Universitäten Heidelberg, FU Berlin, Gießen, Jena, LMU München und Erfurt. 1997–2000 Professur für Wissenschaftstheorie und Philosophie der Technik an der Universität Paderborn. 2000–2019 Professur für Natur- und Wissenschaftsphilosophie an der Universität Bonn, 2014–2018 Dekan der Philosophischen Fakultät. Koordinator der VW-Forschungsgruppen *Wissen und Können – Kognitive Fähigkeiten biologischer und künstlicher Systeme* (2005–2008) sowie *Natürliche Voraussetzungen kognitiver und sozialer Fähigkeiten* (2008–2010). *Principal Investigator* in der DFG-Forschungsgruppe *Induktive Metaphysik* (2016–2019). Buchveröffentlichungen u. a. *Grundprobleme der modernen*

© Der/die Autor(en), exklusiv lizenziert an Springer-Verlag GmbH, DE, ein Teil von Springer Nature 2023
H. Fink und M. Kuhlmann (Hrsg.), *Unbestimmt und relativ?,*
https://doi.org/10.1007/978-3-662-65644-0_13

Naturphilosophie (1996); *Strukturale Repräsentation* (2005); *Wissenschafts-theorie. Ein Studienbuch* (Hrsg. mit Manfred Stöckler, 2009); *Naturgesetze in einer kausalen Welt* (mentis 2015); *Wissenschaft* (de Gruyter 2021).

Helmut Fink ist Theoretischer Physiker mit Interesse an philosophischen Fragen, speziell zur Interpretationsdebatte um die Quantentheorie und zur Relevanz naturwissenschaftlicher Erkenntnisse für unser Weltbild. Er ist seit 2013 Vorstandsmitglied der Heisenberg-Gesellschaft e. V. und seit 2017 Vorsitzender der Ludwig-Feuerbach-Gesellschaft e. V., ferner Referent für Wissenschaft und Philosophie des Instituts für populärwissenschaftlichen Diskurs *Kortizes* in Nürnberg. Herausgeber von Sammelbänden zu Schwerpunktthemen der Hirnforschung (mit Rainer Rosenzweig), zuletzt *Was hält uns jung? Neuronale Perspektiven für den Umgang mit Neuem* (2020); *Hirn im Glück. Freude, Liebe, Hoffnung im Spiegel der Neurowissenschaft* (2020); *Wo sitzt der Geist? Von Leib und Seele zur erweiterten Kognition* (2022); Hrsg. der Bände *Der neue Humanismus. Wissenschaftliches Menschenbild und säkulare Ethik* (2010) und *Die Fruchtbarkeit der Evolution. Humanismus zwischen Zufall und Notwendigkeit* (2013) im Alibri Verlag, sowie *Friedrich Jodl und das Erbe der Aufklärung* als Heft 3/2014 und *Ludwig Feuerbach. Beiträge zu Leben, Werk und Wirkung*, mit Helmut Walther, als Heft 3/2018 von *Aufklärung und Kritik*.

Der Theoretische Physiker **Prof. Dr. Robert Harlander** hat 1998 an der Universität Karlsruhe (heute KIT) promoviert. Nach Forschungsaufenthalten am *Brookhaven National Laboratory* (New York) sowie am CERN (Genf) kehrte er 2003 an die Universität Karlsruhe als Leiter einer Emmy-Noether-Nachwuchsgruppe zurück. Im Jahre 2005 wurde er auf eine Professur an die Universität Wuppertal berufen, seit 2015 ist er Professor an der RWTH Aachen. Robert Harlander beschäftigt sich vorwiegend mit der Physik des *Large Hadron Collider* (LHC). Durch seine Berechnungen hat er unter anderem dazu beigetragen, das 2012 am LHC entdeckte Teilchen als das Higgs-Boson des

Standardmodells zu identifizieren. Neben den universitären Lehr- und Forschungsaufgaben ist ihm die Vermittlung aktueller Forschung an die interessierte Öffentlichkeit ein wichtiges Anliegen. Darüber hinaus ist er Gründungsmitglied der Forschungskooperation „Die Epistemologie des Large Hadron Collider", eines interdisziplinären Zusammenschlusses mit Mitgliedern aus Physik, Philosophie, Geschichte und Soziologie.

Prof. Dr. Paul Hoyningen-Huene ist promovierter Theoretischer Physiker, pensionierter Professor für Theoretische Philosophie an der Leibniz Universität Hannover und Lehrbeauftragter für *Philosophy of Economics* an der Universität Zürich. Sein primäres Forschungsgebiet ist die allgemeine Wissenschaftsphilosophie. Seine Arbeiten beziehen sich u. a. auf die Philosophien von Thomas S. Kuhn und Paul Feyerabend, auf Inkommensurabilität, Reduktion, Emergenz, wissenschaftlichen Realismus, die Abgrenzung von Wissenschaft und Alltagswissen und auf Fußball. Buchveröffentlichungen u. a.: *Die Wissenschaftsphilosophie Thomas S. Kuhns. Rekonstruktion und Grundlagenprobleme* (Vieweg 1989); *Formale Logik. Eine philosophische Einführung* (Reclam 1998); *Systematicity. The Nature of Science* (Oxford University Press 2013).

Prof. Dr. Gert-Ludwig Ingold studierte Physik an der Universität Stuttgart und promovierte dort 1988 nach einem Auslandsjahr an der *State University of New York at Stony Brook*. 1993 folgte die Habilitation an der Universität Gesamthochschule Essen. Seit 1994 ist er Professor für Theoretische Physik an der Universität Augsburg. 1999 erhielt er den Preis für gute Lehre des Bayerischen Staatsministers für Wissenschaft, Forschung und Kunst und war 2015–2019 als Vorstandsmitglied der Deutschen Physikalischen Gesellschaft für Bildung und wissenschaftlichen Nachwuchs zuständig. Seine Hauptarbeitsgebiete sind gedämpfte Quantensysteme, mesoskopische Physik und der Casimireffekt, wobei er mit Forschungsgruppen vor allem in Frankreich und Brasilien zusammenarbeitet. Er ist Autor zweier populärwissenschaftlicher Bücher über moderne Physik: *Quantentheorie – Grundlagen der modernen*

Physik (2002, 5. Aufl. 2015); *Die 101 wichtigsten Fragen – Moderne Physik* (mit Astrid Lambrecht, 2008).

Prof. Dr. Claus Kiefer studierte Physik und Astronomie an den Universitäten Heidelberg und Wien. Er promovierte 1988 bei Dieter Zeh in Heidelberg über den Zeitbegriff in der Quantengravitation, habilitierte sich 1995 in Freiburg und lehrte an den Universitäten Zürich und Freiburg. Längere Aufenthalte unter anderem an der *University of Cambridge*, der *Université de Montpellier* und dem Wissenschaftskolleg zu Berlin. Seit 2001 ist er Professor für Theoretische Physik an der Universität zu Köln. Er ist Autor mehrerer populärwissenschaftlicher Bücher, unter anderem zur Einführung in die Quantentheorie und Gravitationsphysik, und eines Fachbuchs über Quantengravitation. 2000–2004 war er Vorsitzender des Fachverbandes Gravitation und Relativität und 2012–2014 Vorstandsmitglied für Öffentlichkeitsarbeit in der Deutschen Physikalischen Gesellschaft. Buchveröffentlichungen u. a. *Der Quantenkosmos* (S. Fischer 2008); *Gravitationswellen* (mit Domenico Giulini, Springer Spektrum 2016).

PD Dr. Meinard Kuhlmann studierte Physik und Philosophie an den Universitäten Bochum, München, St. Andrews (Schottland) und Köln; 1995 Diplom in Physik in Köln; 2000 Promotion und 2008 Habilitation in Philosophie in Bremen. Forschungsaufenthalte an den Universitäten Chicago und Irvine (1998), Oxford (2002/2003), Pittsburgh (2010) und London (2011). 2010–2022 Professurvertretungen an den Universitäten Hannover, Jena, Bielefeld und Mainz. 2012–2021 Sprecher der Arbeitsgemeinschaft Philosophie der Physik der Deutschen Physikalischen Gesellschaft. Hauptarbeitsgebiete: Wissenschaftstheorie, Naturphilosophie und Analytische Ontologie; dabei speziell die Ontologie physikalischer Theorien, Erklärungstheorien sowie die Philosophie komplexer Systeme (insbes. Econophysics). Monographien: *Ontological Aspects of Quantum Field Theory* (Hrsg. mit H. Lyre und A. Wayne, 2002); *The Ultimate Constituents of the Material World – In Search of an Ontology for Fundamental Physics* (2010).

Prof. Dr. Klaus Mainzer war nach Studium der Mathematik, Physik und Philosophie, Promotion und Habilitation in Münster Heisenberg-Stipendiat; Professor für Grundlagen der exakten Wissenschaften, Dekan und Prorektor der Universität Konstanz; Lehrstuhlinhaber für Philosophie und Wissenschaftstheorie, Direktor des Instituts für Philosophie und Gründungsdirektor des Instituts für Interdisziplinäre Informatik an der Universität Augsburg; Lehrstuhlinhaber für Philosophie und Wissenschaftstheorie, Direktor der Carl von Linde-Akademie und Gründungsdirektor des *Munich Center for Technology in Society* (MCTS) an der Technischen Universität München. Er lehrt als *Emeritus of Excellence* an der Technischen Universität München und seit 2019 als Seniorprofessor an der Eberhard Karls Universität Tübingen. Er ist u. a. Mitglied der *Academy of Europe* (Academia Europaea) und der Deutschen Akademie der Technikwissenschaften (acatech) sowie seit 2020 Präsident der Europäischen Akademie der Wissenschaften und Künste und Vorsitzender des Stiftungsrats der Udo-Keller-Stiftung. Seine Forschungsschwerpunkte sind mathematisch-physikalische Grundlagenforschung, Komplexitäts- und Berechenbarkeitstheorie, Grundlagen der Künstlichen Intelligenz, Wissenschafts- und Technikphilosophie, Zukunftsfragen der technisch-wissenschaftlichen Welt.

PD Dr. Oliver Passon, Jahrgang 1969, hat in Wuppertal Physik, Mathematik, Erziehungswissenschaften und Philosophie studiert und wurde 2002 in der Elementarteilchenphysik am CERN promoviert. Anschließend hat er das Referendariat für das gymnasiale Lehramt für Mathematik und Physik absolviert und als Lehrer an einem Gymnasium gearbeitet. Seit 2013 ist er Mitarbeiter in der Arbeitsgruppe Physik und ihre Didaktik an der Bergischen Universität Wuppertal, wo 2020 auch seine Habilitation erfolgte. Seine Interessens- und Forschungsgebiete umfassen die Didaktik, Geschichte und Philosophie der modernen Physik, Goethes Farbenlehre und allgemeine Wissenschaftstheorie. In seiner Freizeit imkert er. Buchveröffentlichungen u. a. *Bohmsche Mechanik* (Harri Deutsch 2. Aufl. 2010), *Kohärenz im*

Unterricht der Elementarteilchenphysik (Hrsg. mit Thomas Zügge und Johannes Grebe-Ellis, Springer 2020), *Wider den Reduktionismus* (Hrsg. mit Christoph Benzmüller, Springer 2021), *Kurt Gödels Notizen zur Quantenmechanik* (Hrsg. mit Tim Lethen, Springer 2021).

Prof. Dr. Manfred Stöckler studierte Physik und Philosophie in Heidelberg und Gießen; Diplom in Theoretischer Physik; Promotion zum Dr. phil. und Habilitation für das Fach Philosophie der Naturwissenschaften am Fachbereich Physik der Universität Gießen (Themenbereiche: Philosophische Probleme der relativistischen Quantenmechanik und der Elementarteilchenphysik). Wissenschaftlicher Mitarbeiter am Zentrum für Philosophie und Grundlagen der Wissenschaften in Gießen und am Philosophischen Seminar der Universität Heidelberg. Forschungsaufenthalte am *Center for Philosophy of Science (University of Pittsburgh)*, und am *Minnesota Center for Philosophy of Science (Minneapolis)*. Von 1991 bis 2017 war er Professor für Theoretische Philosophie mit dem Schwerpunkt Naturphilosophie und Philosophie der Naturwissenschaften an der Universität Bremen. Seit 2010 ist er Mitglied der Akademie der Wissenschaften in Hamburg. Buchveröffentlichungen u. a. *Philosophische Probleme der relativistischen Quantenmechanik* (1984); *Zwischen traditioneller und moderner Logik* (Hrsg. mit Werner Stelzner, 2001); *Wissenschaftstheorie. Ein Studienbuch* (Hrsg. mit Andreas Bartels, 2009).

Rüdiger Vaas ist Philosoph, Publizist, Astronomie- und Physikredakteur des populären Monatsmagazin *bild der wissenschaft*, Mitherausgeber der Buchreihen *Frontiers Collection* und *Science and Fiction* sowie Autor von 14 in viele Sprachen übersetzten Büchern, überwiegend zur Grundlagenphysik und Kosmologie – darunter *Tunnel durch Raum und Zeit* (2005, 8. Aufl. 2018); *Hawkings neues Universum* (2008, 10. Aufl. 2018); *Vom Gottesteilchen zur Weltformel* (2013, 3. Aufl. 2021); *Jenseits von Einsteins Universum* (2015, 4. Aufl. 2017); *Signale der Schwerkraft* (2017) – sowie Mitherausgeber von *The Arrows of Time: A Debate in Cosmology* (2012). Sein Spezialgebiet ist die Naturphilosophie und Wissenschaftstheorie der modernen Kosmologie, worüber er auch Fachartikel zu Urknall-Erklärungs-modellen, zu den Rätseln der Zeit, zum Multiversum, der Ewigen Wiederkehr und der Stellung des Menschen im Kosmos publiziert hat. Außerdem hält er weltweit Vorträge und spielt gelegentlich (schlecht) Gitarre, Go und Schach.

Prof. Dr. Reinhard Werner studierte Physik in Clausthal, Marburg und Rochester (NY, USA). Er wurde 1982 bei Günther Ludwig in Marburg promoviert und habilitierte sich 1987 in Osna-brück, wo er bis 1996 beschäftigt war. 1988–1990 Forschungsaufenthalt am *Dublin Institute of Advanced Studies* in Dublin, 1989–1995 Heisenberg-Stipendium. Von 1997 bis 2009 hatte er eine Professur am Institut für Mathematische Physik der Technischen Universität Braunschweig inne, seit 2009 am Institut für Theoretische Physik an der Leibniz Universität Hannover. Nach frühen Arbeiten über Statistische Mechanik und Arbeiten zur Struktur der Quantentheorie und speziell zum Zeitbegriff in der Quantentheorie erfolgte ein Wechsel in die Quanten-Informationstheorie, stets jedoch verbunden mit starkem Interesse an den mathematischen und begrifflichen Grundlagen der Quantenmechanik.

Printed in the United States
by Baker & Taylor Publisher Services